山东城市地质菏泽专题
菏泽自然资源地质科技成果

菏泽城市地质

HEZE CHENGSHI DIZHI

马 龙　王华锋　贾 琛　亓贞才　陈洪海
焦何亭　张晓飞　彭焕敏　张 晔　　　　著

图书在版编目(CIP)数据

菏泽城市地质/马龙等著. —武汉:中国地质大学出版社,2025.3. —ISBN 978-7-5625-6162-0

Ⅰ.X321.252.3

中国国家版本馆 CIP 数据核字第 2025DP2532 号

菏泽城市地质	马 龙　王华锋　贾 琛　亓贞才　陈洪海 焦何亭　张晓飞　彭焕敏　张 晔　　　　著

责任编辑:唐然坤	选题策划:唐然坤	责任校对:徐蕾蕾

出版发行:中国地质大学出版社(武汉市洪山区鲁磨路 388 号)　　邮编:430074

电　　话:(027)67883511　　传　　真:(027)67883580　　E-mail:cbb@cug.edu.cn

经　　销:全国新华书店　　　　　　　　　　　　　　　　　　https://cugp.cug.edu.cn

开本:880mm×1230mm　1/16	字数:436 千字　印张:13.75
版次:2025 年 3 月第 1 版	印次:2025 年 3 月第 1 次印刷
印刷:河北虎彩印刷有限公司	

ISBN 978-7-5625-6162-0　　　　　　　　　　　　　　　　　　　定价:158.00 元

如有印装质量问题请与印刷厂联系调换

前言 PREFACE ▶▶▶

党的十九大报告要求加快生态文明体制改革，着力解决突出环境问题，加大生态系统保护力度，改革生态环境监管体制，建设美丽中国。城市地质工作对推进美丽中国建设具有非常重要的现实意义和战略意义。党的十九大报告对城市地质工作提出了新要求，要求城市地质工作适应自然资源改革需求，加快自然资源资产评估和清单建立，查清城市空间的资源和用途。

为贯彻山东省委、省政府关于生态文明建设和新型城镇化的决策部署，进一步落实《关于进一步加强山东地质工作的意见》文件精神，全面加强城市地质工作，促进城市国土空间科学开发和资源节约集约利用，2019年5月29日，山东省自然资源厅、山东省发展和改革委员会、山东省财政厅、山东省住房和城乡建设厅、山东省人民防空办公室联合印发了《山东省城市地质工作实施方案》（以下简称《方案》）。《方案》确立了为城市绿色、集约、智慧发展提供地质保障的总体目标，制订了开展城市基础性综合地质调查、开展城市地下空间地质调查评价、加强特色地质资源调查评价、统筹地上地下空间支撑国土空间规划、建设城市地质大数据共享平台、提交一批城市地质服务产品6项主要工作任务，精准对接城市发展需求。

菏泽市位于我国东部沿海发达地区和中西部地区的过渡地带，作为鲁西崛起的新高地、全省新旧动能转换的示范区，目前正集中力量建设成为鲁苏豫皖四省交界的区域性中心城市。随着城市的高速发展，"鲁西崛起、突破菏泽"工作的进一步推进，菏泽城区人口和城市开发边界日益扩大，对城市地质环境（土地资源、水资源、矿产资源、地下空间等）的开发利用强度不断增大，随之产生的地面沉降、水土污染等地质环境问题逐渐突显，严重制约了城市的可持续发展。为查明城市规划和发展运行中的地质环境条件、三维空间结构，统筹城市地上、地下建设，分析研究地质环境问题，需从基础地质、地下空间、资源环境等方面开展菏泽市城市地质调查评价工作，建立城市地质大数据共享平台，发挥地质工作在促进城市可持续发展的先行性、基础性作用，以实现国土空间规划的既定目标、保障菏泽市高质量发展。

菏泽市城市地质调查工作主要内容有：在资料收集、整理、分析的基础上，通过野外调查、物探、钻探、原位测试、岩矿试验等手段，基本查明了工作区的区域地质背景、浅层地热能和地热赋存资源量、地下水系统划分情况及地下水质量，对工作区进行了工程地质条件及城市建设适宜性评价、城市地下空间资源调查与评价，开展了城市环境地质现状及地质灾害分区研究，建立了菏泽市城市地质信息系统及100m以浅的城市三维可视化地质结构模型等内容。

通过开展菏泽市城市地质工作，查明了菏泽市城市地质环境条件和地质资源状况，建立了菏泽市城市地质信息数据库及城市三维地质模型，提升了城市地质信息化服务水平，为菏泽市城市发展规划、地下空间开发利用及重大工程选址提供了地质依据，为社会公众提供了地质信息服务。

多年来，菏泽市积累了大量的城市地质资料，但一直缺乏系统研究与总结性成果。为此，在菏泽市自然资源和规划局、山东省鲁南地质工程勘察院（山东省地质矿产勘查开发局第二地质大队）的组织下，一批多年来从事城市地质勘查和技术管理的专家成立课题组,经过两年的科研攻关,最终编写完成《菏泽城市地质》。编写分工为:第一章绪言由马龙、王华锋、贾琛、亓贞才、彭焕敏、张晔编写;第二章自然地理与社会经济发展由王华锋、陈洪海、亓贞才、焦何亭编写;第三章地质背景由马龙、王华锋、贾琛、亓贞才、彭焕敏、张晔编写;第四章城市地质资源由王华锋、陈洪海、亓贞才、焦何亭编写;第五章城市环境地质现状及地质灾害由王华锋、张晓飞、张晔编写;第六章城市工程地质及建设适宜性评价由王华锋、张晓飞、张晔编写;第七章城市地下空间资源调查与评价由马龙、王华锋、贾琛、亓贞才、彭焕敏、张晔编写;第八章三维可视化城市地质信息系统由王华锋、张晓飞、张晔编写;第九章城市规划建设的地质可行性与建议由马龙、王华锋、贾琛、亓贞才、彭焕敏、张晔编写。在项目实施和图书编写过程中,菏泽市自然资源和规划局的相关领导给予了大力支持,山东省鲁南地质工程勘察院(山东省地质矿产勘查开发局第二地质大队)有关同志从不同方面为项目实施和图书完成提供了支持与帮助。在此,向上述各位领导和同事表示真挚谢意!

笔　者
2025 年 1 月

目 录 CONTENTS

第一章 绪言 ………………………………………………………………………………… (1)
　第一节　城市地质概述 ……………………………………………………………………… (1)
　第二节　国内外研究现状 …………………………………………………………………… (2)
第二章 自然地理与社会经济发展 ………………………………………………………… (6)
　第一节　自然地理 …………………………………………………………………………… (6)
　第二节　土地、动植物资源与经济社会发展概况 ………………………………………… (22)
第三章 地质背景 ……………………………………………………………………………… (25)
　第一节　区域地质构造背景 ………………………………………………………………… (25)
　第二节　工作区地质背景 …………………………………………………………………… (32)
第四章 城市地质资源 ………………………………………………………………………… (34)
　第一节　矿产资源 …………………………………………………………………………… (34)
　第二节　水资源 ……………………………………………………………………………… (36)
　第三节　地热资源 …………………………………………………………………………… (40)
　第四节　浅层地热能资源 …………………………………………………………………… (49)
第五章 城市环境地质现状及地质灾害 …………………………………………………… (58)
　第一节　环境地质问题分布 ………………………………………………………………… (58)
　第二节　地质灾害分布与形成机理 ………………………………………………………… (58)
第六章 城市工程地质及建设适宜性评价 ………………………………………………… (97)
　第一节　工程地质条件 ……………………………………………………………………… (97)
　第二节　工程地质分层与岩土物理力学参数 …………………………………………… (98)
　第三节　岩土体工程地质特征 …………………………………………………………… (103)
　第四节　特殊类土分布及工程地质性质 ………………………………………………… (104)
　第五节　场地稳定性评价 ………………………………………………………………… (109)
　第六节　工程建设适宜性评价 …………………………………………………………… (113)
第七章 城市地下空间资源调查与评价 ………………………………………………… (129)
　第一节　地下空间调查与评价的理论与方法 …………………………………………… (129)
　第二节　地下空间资源开发地质调查评价 ……………………………………………… (139)
　第三节　地下空间资源量计算与评价 …………………………………………………… (177)
第八章 三维可视化城市地质信息系统 ………………………………………………… (196)
　第一节　菏泽市城市地质数据库建设 …………………………………………………… (196)
　第二节　建立菏泽市城市地质三维模型 ………………………………………………… (199)

第三节　菏泽市三维可视化信息系统……………………………………………………（206）
　　第四节　数据管理与维护子系统……………………………………………………（208）
　　第五节　数据共享与社会化服务子系统……………………………………………（210）
　　第六节　地质环境监测子系统………………………………………………………（210）
第九章　城市规划建设的地质可行性与建议……………………………………………（212）
　　第一节　菏泽市城市总体规划概述…………………………………………………（212）
　　第二节　建　议………………………………………………………………………（212）
参考文献……………………………………………………………………………………（214）

第一章 绪 言

第一节 城市地质概述

随着我国社会与经济的快速发展,城市化进程不断加快,城市人口迅速增加,城市规模不断扩大,城市建设也由平面开发转向立体开发。无论从广度还是从深度方面,人类对于自然环境的影响都愈发强烈,如对水、地热、石油、天然气等需求日益增大,随之引发了一系列与自然环境的冲突,并由此产生了诸多城市地质问题,如地面沉降、地下水污染、大气污染、交通拥堵等,严重威胁人类生命健康和社会安全。城市地质问题已经成为制约城市规划、发展与建设的限制性因素之一。

城市地质工作是指在城市及城市规划区域内,通过地质调查、遥感解译、地球物理勘探、钻探、原位测试、室内试验等技术手段,查明城市地质、资源和环境基本状况,评价城市发展资源与环境的承载能力,建立城市地下三维地质模型,为城市可持续发展提供基础支撑的工作。

城市地质工作伴随城市规划、建设、运行的全过程,涉及多学科、多专业,包括基础地质、工程地质、水文地质、环境地质等。城市地质最显著的特点就是人与地质环境的互动。城市修建地铁、基建设施等大型地下空间构筑物,在显著改变地质条件的同时,也带来了一系列城市地质环境效应,这些效应时刻影响着城市的发展。我国城市地质安全风险主要有区域地壳稳定性、地质灾害、水资源供给安全和生态安全风险,涉及活动断裂、地面沉降、崩滑流地质灾害、地面塌陷、其他不良工程地质条件、水资源短缺、水土污染、洪涝8个方面。

首先,城市建设进行了大量基坑的开挖,破坏了原来的地貌和力学平衡,使地面出现超载现象,产生了城市地面不均匀沉降等灾害。

其次,城市涌入大量人口,造成城市拥堵、大气污染,产生大量的建筑、生活和工业垃圾,导致城市环境严重污染。2016年,全国338个地级及以上城市中,有84个城市环境空气质量达标,占全部城市数的24.85%;474个市(区、县)开展了降水监测,其中酸雨城市比例为19.8%;全国62%的城市发生过内涝,且内涝发生频率呈上升趋势;全国6.2%的城市土壤中As、Cd、Cr、Cu、Hg、Ni、Pb、Zn等重金属元素含量高,面积4340 km^2。

最后,城市发展需要大量的水源,不合理地抽取地下水造成地面沉降严重,全国600多个城市中有400多个存在不同程度的缺水,全国城市每年缺水约60亿 m^3,每年因缺水造成经济损失约2000亿元,全国地下水超采区总面积约30万 km^2,带来地面沉降、海水入侵等生态环境问题。因此,解决城市地区出现的上述地质问题,需加强城市地质工作,以保障城市地质安全,并促进城市可持续发展(李云峰等,2024)。

目前,我国大部分城市的地下空间开发利用都集中在地表100m以浅的范围内,因此整体上城市地下空间可利用资源并不丰富,考虑到近年国内相继出台的城市建设"限高"政策,越来越多的城市已经将城市地下空间可利用资源作为未来城市发展的"战略性"资源。因此,城市地下空间可利用资源的调查与评估已经成为各地城市地质调查和研究的重点工作之一。

第二节　国内外研究现状

一、国外研究现状

国外城市地质工作始于20世纪初,最早源于加拿大,加拿大皇家学会曾发表过关于城市地质对城市中心的意义和重要性认识的论文。

20世纪20年代末期,德国率先出版了用于城市规划的特殊土壤图系,用以支持城市规划。第二次世界大战结束后一段时期,德国、捷克斯洛伐克和荷兰等国家实施了系统的地质填图,以指导城市规划与建设。

20世纪60—70年代,城市地质工作成果服务领域进入空前扩大的时期。随着工业化的不断发展,处理城市废弃物造成的污染成为城市地质工作的重点,应用地球化学解决废物污染问题迅速成为一种发展趋势。1962年Douglas R. Brown编写的 *Geology and Urban Development* 中,重点阐述了城市发展应该重视地质作用,并建议成立相关的组织。1964年美国地质学家John T. McGill编写了 *Growing Importance of Urban Geology*,更深入地强调了城市地质将发挥越来越重要的作用。随后,美国地质学家C. A. Kaye 1969年编写的 *Geology and Our City*、国际公认工程地质学家莱格特(Robert F. Legget)1973年编写的 *Cities and Geology*、鲍文(R. Bowen)1982年编写的 *Urban Geology* 等专著的陆续出版在城市地质学逐渐兴起和城市规划建设中发挥了重要作用。德国首先绘制出描述土壤潜力与限制的"地质潜力图",供城市规划者参考。多哥、印度尼西亚等国也采用了这套图件的编图方法。美国的许多城市也出版了类似的城市地质图。

20世纪70年代,西班牙许多城市开展了用于城市规划的1∶2.5万的岩土填图工作。荷兰开展了土地复垦对地面沉降影响的研究。这一时期用于获取和处理地质、地理、地形、水资源信息的数字化信息系统相继建立,如加拿大启动了能够对地球科学信息进行编辑、处理和显示的计算机系统,实现了城市中心地区的有序和高效发展。据统计,当时约有300个系统投入使用。

20世纪80年代,国外城市地质工作的典型特征是电子自动化带动了全新的主题填图工作,城市地质工作重点转向地质环境及其相关资源的保护。1987—1989年,美、意、荷、德、英等国家相继出版了1∶1万、1∶100万不同比例尺的地下水脆弱性图,为识别地下水污染难易程度和制定地下水保护政策提供依据。

20世纪90年代初期英国地质调查局启动了"伦敦计算机化地下与地表项目(LOCUS)",目的是生产用于土地利用规划、土木工程建设以及解决地质和环境问题的各种主题图件。与此同时,加拿大地质调查局刷新了首都渥太华地区的地球科学数据库,通过GIS系统完成了各类地图的数字化。城市环境地质工作也转向重视城市经济可持续发展的综合研究、地质指标体系的研究、城市环境地质工作超前服务战略的研究;强调多学科、多种方法的配合,尤其注重利用GIS、RS、GPS技术进行环境地质调查、地质灾害监测,建立GIS平台的地学信息空间数据库和自然灾害风险评估决策支持系统等,较好地实现了城市环境地质快速响应城市发展的需求。

进入21世纪以来,随着世界城市化进程的加快,城市地质灾害问题日益突出,已成为城市可持续发展的重要制约因素,这使得城市地质研究越来越被重视。城市的可持续发展、城市地质生态环境与社会经济系统的协调、城市地质灾害风险管理等已成为当今世界研究的热点问题,得到各国政府、学者的高度关注。

2000年,英国地质调查局启动了"城市地球科学研究"项目,旨在为城市发展提供综合的地质信息。

该项目分为地表矿床特征、三维岩体特征和信息系统研发3类6个主题研究子项目。2002年,日本召开了活动断层、城市地下地质与地震灾害研讨会,讨论了城市活动断层及其探测方法、城市地质构造与地震预报、城市地震灾害易损性评价等。

2004年、2008年第32届和第33届国际地质大会均设立了"城市地质"专题研讨会,发表百余篇有关城市地质的文章,涉及内容主要为城市化进程中的地质环境问题、三维地质建模及其应用、城市防震减灾等问题(吕敦玉等,2015)。

二、国内研究现状

随着城市化进程的发展,我国城市扩张呈现出普遍性、显著性、持续性、周期性和波动性。从"十五"期间东部、超大城市的扩张,到"十一五""十二五"期间全国大中小城市的普遍扩张,再到"十三五"期间各类城市的扩张呈现减速趋势,我国以城市为服务对象的地质工作也随着城市化进程在不同阶段呈现出不同的特点。

我国城市地质工作可以追溯到20世纪50年代初期。当时以北京市为代表的历史文化大都市和以包头为代表的新型工业化城市供水水源地勘查、地下水开采以及地下水动态监测工作的开展,标志着我国城市地质工作的开始。

20世纪60—70年代,为满足大规模的城市建设和经济发展的需要,我国开展了各种比例尺的区域性和专门性的水文地质、工程地质、环境地质调查、评价工作。天津、上海在地面沉降的勘查、治理、防治方面取得了重大进展,与此同时全国各地相继建立了地下水动态监测站。20世纪80年代,中国的城市地质工作获得了空前发展,除进行了为城市或经济开发区建设服务的专门性的水文地质、工程地质勘察外,以城市为中心的水工环地质综合调查研究也全面展开,先后完成了80多个城市地下水集中供水水源地的评价以及北京、天津、上海等75个主要城市的水资源预测。1983年,地质矿产部、城乡建设环境保护部、北京市政府联合开展了北京地区航空遥感调查;1984—1985年,开展了30多个中心城市的1∶5万地质调查,深入了解了这些城市的基础地质条件,对27个大中城市(主要是省会城市)的地下水资源和城市环境地质问题进行了研究和预测,指出了城市环境地质问题主要有地下水环境的污染、地面沉降、地裂缝、岩溶塌陷等,并于1986年出版了《中国2000年城市地下水资源及环境地质问题预测研究》,同年地质矿产部区域地质矿产地质司组织编制了《城市1∶5万区域地质调查的理论和方法》;1986—1990年,由地质矿产部水文地质工程地质研究所牵头的"七五"重点科技攻关项目"沿海重点城市及经济特区环境地质研究",涉及5个课题24个专题,包括秦皇岛市、南通市、宁波市、南三角地区、湛江市5个城市和地区,发现沿海城市面临的环境地质问题主要为软土震陷、海岸线变迁、海平面升降、地面沉降、海水入侵、地面塌陷、江岸海岸坡失稳、水环境污染、水土流失及港口回淤等,同时提出了防治措施,编制了城市环境地质图系,并系统探讨了城市制图的理论和方法。1990年,地质矿产部环境司主编了《沿海主要城市水资源及地质环境评价》,对丹东、上海、青岛、厦门、珠海、北海等21个城市的水资源及地质环境进行了评价。1992年国家计划委员会和地质矿产部环境司共同出版了《中国重点城市和地区地下水资源开发利用现状及供水对策图集》,包含了北京等25个重点城市和以山西为中心的能源基地等8个重点地区的图幅(朱吉祥,2022)。

我国比较全面系统的城市地质研究工作开始于20世纪80年代,在此之前的20年内城市地质工作已有进行,主要包括城市地下水水源地勘察、重点工程工程地质勘察、环境地质和地质灾害调查以及普遍开展的工业与民用建筑工程地质勘察,但工作内容尚有一定局限性。改革开放以后,随着国民经济发展和社会不断进步,特别是城市工程-经济活动的空前繁荣,城市的规划和建设迫切需要地质学家运用地质理论及技术方法参与其中。这一需求有效地调动了广大科技人员的积极性,并得到政府部门的鼎力支持,从而推动了城市地质研究工作的开展。

2000年,中国地质调查局组织开展了矿山地质环境调查,其中包括了部分矿山城市的环境地质问题的调查。

2001年3月,国土资源部组织了全国地质环境与城市规划研讨会。会议的主要议题为:在新的历史时期,如何科学合理利用城市地质环境;城市环境地质问题;城市环境保护与城市可持续发展问题;不同功能、不同规模城市的地质环境工作重点等。中国地质学会在青岛召开了中国城市地质研究成果交流会,汇报交流了城市地质研究成果,并完成《中国城市地质》的编写。另外,地震、石油、化工、煤炭、建材、农业、城建、水利、航运、交通等部门从各自专业角度积累了大量有关城市地质的资料。各部门、各专业从相关性专业角度提出了一些城市地质工作的技术要求(贺转利和何禹,2024)。

总体上讲,目前许多城市已经进行了大量地质调查工作,获得了丰富的地质资料,然而这些资料缺乏统一集中管理,资料的精度还不能满足各方面的需求,(跨部门跨单位)资料的获取比较困难,资料的专业性过强,这些因素严重阻碍了地学资料在城市规划和管理中的运用。

2003年,北京、上海、天津、广州、南京、杭州6个城市作为首批新一轮城市地质调查的试点城市,开展了以三维地质模型构建为主的城市地质调查。这一阶段我国东部一些大城市迎来了一个快速城市化的阶段,而城市的快速扩张对地质结构和地质条件等资料又提出更高的需求。其中,这6个试点城市最为典型,大规模的规划建设需要大量综合性的、基础性的地质结构资料,因此该阶段的城市地质工作重点也侧重于查清城市地质结构等基础地质条件(章梦霞,2019)。

2017年3月,城市地质工作第一次进入政府工作报告中,强调要"统筹城市地上地下建设,加强城市地质调查"。同年9月,国土资源部出台了《关于加强城市地质工作的指导意见》(国土资发〔2017〕104号),在顶层设计上明确了城市地质工作的新目标、新战略,进行了全面工作部署,城市地质工作进入新的阶段。经过5年的实施,城市地质工作在点和面上都有重大的进步,为诸多城市重大建设提供了不可或缺的信息和技术支撑,发挥了重要的作用,但相对于国家新型城镇化建设需求,城市地质工作在体制机制上还存在着制度供给不足、工作部署长期性和持续性有待解决、服务能力尚待进一步提高等问题。中国地质调查局推出《城市地质调查总体方案(2017—2025年)》,增强了《关于加强城市地质工作的指导意见》实施的综合性、系统性和针对性,有力地推动了地方政府对城市地质工作的部署,一些省(自治区、直辖市)甚至城市出台了自己的城市地质调查实施方案或行动方案。2018年开始,中国地质调查局启动了城市调查工程,先后在南昌、安庆、杭州等多个城市开展了多要素地质调查示范项目。各地结合城市发展需求也主动开展了多个城市地质工作项目,开展的城市由特大城市、大城市,扩展到邢台、宿迁、晋城、都匀、惠州、芜湖、嘉兴、海城等中小城市。总体上看,我国不同区域的城市地质调查进展差异很大,东部地区相对进展较快,如江苏省2020年已全面完成了全省各地级市的城市地质工作,正逐步向县级市和特色小城镇铺开;湖南等中部省份还停留在以中心城市为主的阶段,尚没有完全向地级市铺开;而西部地区则进展更慢,很多地区没有系统开展城市地质工作(郝明,2023)。

三、山东省城市地质工作发展历程

山东省城市地质工作可以追溯到20世纪50年代末期,以济南、青岛、烟台、威海等为代表的城市供水和以莱芜为代表的城市工业供水水源地勘查及地下水动态监测工作,标志着山东省城市地质工作的开始。

2009—2012年,济南市开展了城市地质调查工作,以服务城市可持续发展为重点,围绕当前亟待解决的城市地质问题,开展了城市三维地质结构、区域稳定性、城市环境地质、工程地质、城市地质资源开发利用综合性调查,系统查明了济南市地质背景、地质资源和环境状况,评价了城市地质资源保障能力和环境质量,依托现代信息技术建立了三维可视化城市地质数据管理和服务系统,为城市发展规划、重大工程建设以及城市环境管理、社会公众信息需求提供了服务(徐军祥等,2020)。

2016年,莱芜市开展了城市地质调查工作,为服务莱芜市可持续发展及山东省省会城市群经济圈建设,围绕当前亟待解决的城市地质问题,开展了城市三维地质结构、区域稳定性、城市环境地质、工程地质、城市地质资源开发利用综合性调查,系统查明了莱芜市的地质背景、地质资源和环境状况,评价了城市地质资源保障能力,依托现代信息技术建立了三维可视化城市地质数据管理和服务系统,为城市发展规划、重大工程建设以及城市环境管理、社会公众信息需求提供服务。

2017年,枣庄市开展了城市地质调查工作,为系统了解工作区的地质结构及环境地质条件、充分了解区内环境地质问题及地质灾害特征,开展了城市发展地质环境适宜性评价,研究了城市发展对地质环境的影响,建立了城市地质三维模型,为城市经济社会发展提供了支撑。

2023年,济宁市开展了城市地质调查工作,以调查研究城市化、工业化与地质环境的相互作用和影响为主线,围绕济宁城市发展所面临的或亟待解决的城市地质资源与环境问题,开展了地质资源、环境、空间等多要素城市综合地质调查,补齐了城市地质工作短板,开展了多学科、多方法、多手段的综合地质调查,查明了济宁市城市地质环境条件和地质资源状况,建立了三维可视化城市地质数据管理和服务系统,为济宁市城市发展规划、建设和管理提供了地质科学依据,为社会公众信息需求提供了服务,为资源可持续利用和城市可持续发展提供了系统的地质资料与技术保障(杨坤朋和胡波,2024)。

截至2024年初,全省16个地级市均完成了城市地质调查工作,取得了大量丰富的城市地质资料,为各地级市的城市发展规划提供了地质依据。

四、菏泽市城市地质调查工作

2016年11月开始的山东省菏泽市城市地质调查完成了水文地质、工程地质调查,基本查明了工作区内地下淡水资源、地热资源及浅层地热能资源以及区内50m以浅土体性质和结构,工作区主要环境地质问题为地下水污染及地面沉降地质灾害,并选取了地壳稳定性、地面稳定性、地基稳定性、地质灾害危险性、地下水质量、土壤质量、地下水资源丰富程度、浅层地热能资源丰富程度、地热资源丰富程度9个指标对工作区内城市地质环境进行了综合评价。

菏泽市三维可视化城市地质信息管理服务系统以MapGIS K9为基础平台,运用数据中心体系架构,建立了具有原始数据、基础数据、模型数据等不同层次结构的多源、异构、海量的地质数据库,实现了地质数据的集群管理与数据共享服务;采用MapGIS DCS和IGServer平台架构,在构建菏泽市地下空间数据库的基础上,通过研发地质多专业的专业查询、分析、计算与评价流程功能库,构建了包含地质二三维可视化表达、数据检索服务、地质环境数据的GIS空间分析、三维地质建模与分析等功能仓库,通过C/S模式或B/S模式提供了菏泽市地下空间的评价与辅助决策支持平台(李哲等,2016)。

2019年10月开始的山东省菏泽市城市地质调查四维地质信息化建设项目,基本查明了工作区内的地表水和地下淡水资源、地热资源及浅层地热能资源,基本查清了工作区的工程地质条件,并建设完成了菏泽市城市四维地质模型。菏泽市城市地质四维信息系统以GIS为基础平台,运用数据中心体系架构,建立菏泽市的原始数据、基础数据、模型数据等不同层次结构的多源、异构、海量地质数据库,实现地质数据的集群管理与数据共享服务;采用GIS和QuantyView平台架构,在构建菏泽市地下空间数据库的基础上,通过研发地质多专业的专业查询、分析、计算与评价流程功能库,构建包含地质二三维可视化表达、数据检索服务、地质环境数据的GIS空间分析、三维地质建模与分析等功能仓库,通过C/S模式或B/S模式提供菏泽市地下空间的评价与辅助决策支持平台(贾琛等,2020a)。

第二章　自然地理与社会经济发展

第一节　自然地理

一、交通位置

菏泽市地处山东省西南部,与苏、豫、皖三省接壤,东与济宁市相邻,东南与江苏省徐州市、安徽省宿州市接壤,南与河南省商丘市相连,西与河南省开封市、新乡市毗邻,北接河南省濮阳市。菏泽市地处东经114°45′—116°25′,北纬34°39′—35°52′之间,南北长157km,东西宽140km,总面积12 238.62km²。

据《菏泽统计年鉴2023》,截至2022年底,菏泽市辖牡丹区、定陶区、曹县、成武县、单县、巨野县、郓城县、鄄城县、东明县二区七县,另设菏泽经济技术开发区和菏泽高新技术产业开发区。2020年,全市总人口1 020.87万人,常住人口868.32万人,总人口中城镇人口458.19万人,农村人口562.68万人。

菏泽市交通较为发达,东连沿海港口,西接中原腹地,京九铁路与新亚欧大陆桥在此呈"十"字交会,是我国纵达南北、横贯东西的重要交通枢纽,2024年底鲁南高铁曲阜至菏泽段正式建成;G35、G1511、G105等6条国道,14条省道及地方公路干支相连,纵横交错。菏东高速、日兰高速、济广高速与德商高速、东新高速及菏鱼高速、德上高速共同构成"三纵两横"高速公路主骨架。菏泽牡丹机场西北距菏泽市中心约25km,为4C级中国国内支线机场,已于2021年4月正式通航,形成方便快捷的交通网络(图2-1、图2-2)。

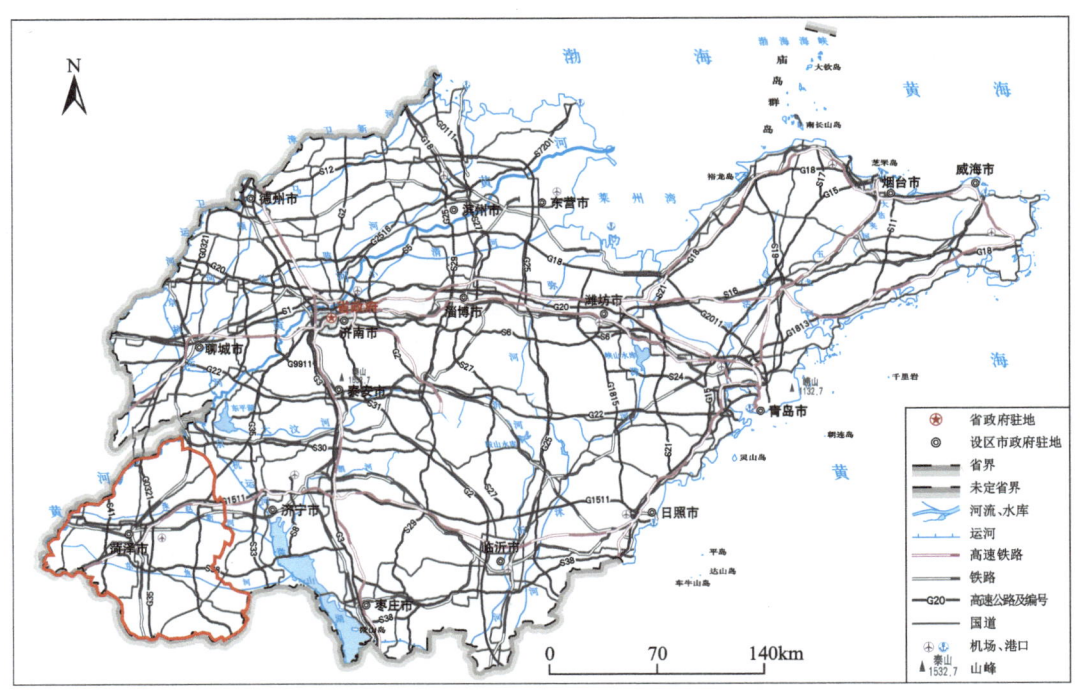

图2-1　菏泽市交通位置示意图

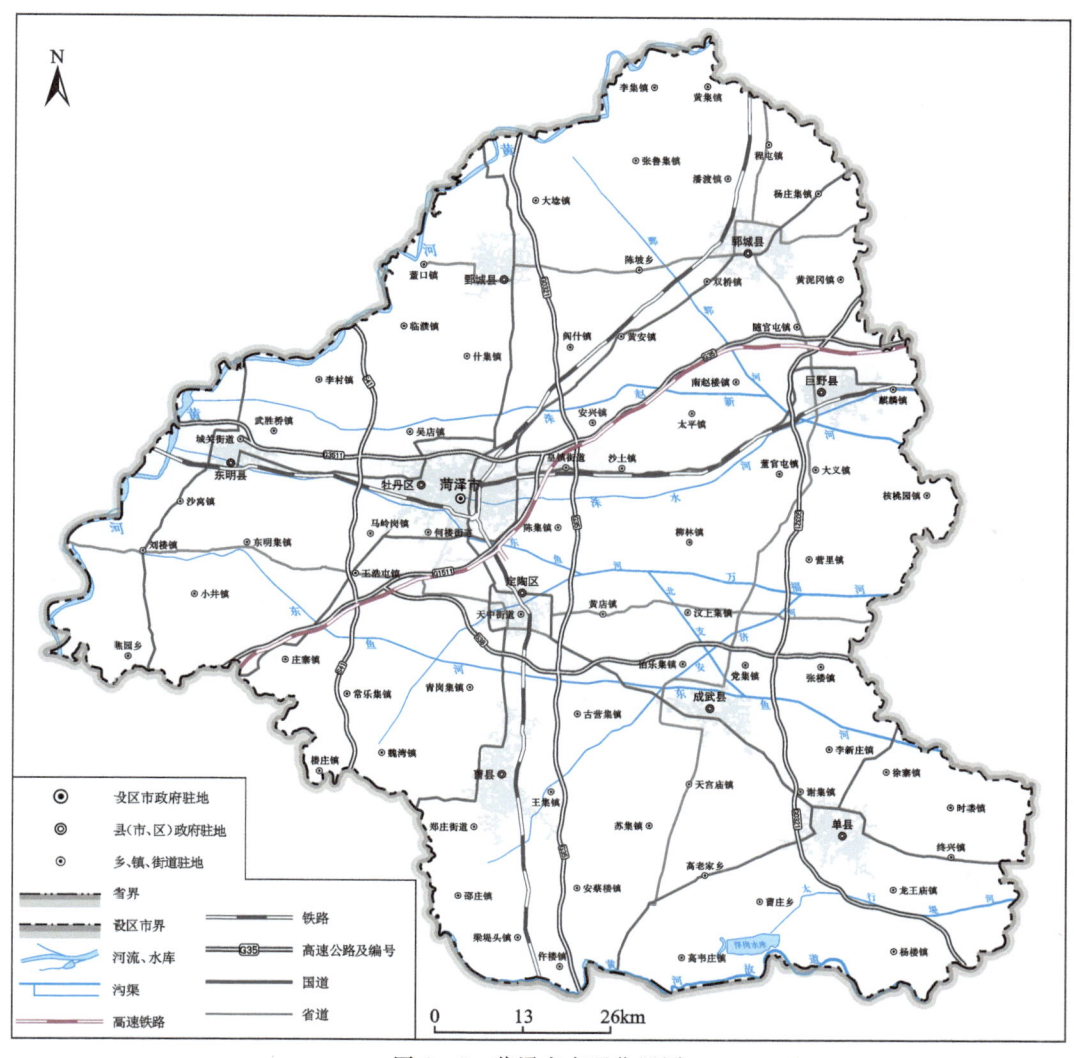

图 2-2 菏泽市交通位置图

二、地形、地貌

菏泽市处于黄河冲积平原的前缘，地形西高东低、南北高中间低，呈簸箕状向东逐渐缓降。区内海拔自东明县一带的 68m 渐降至单县、巨野县等地的 37m，东西高差 31m，地面坡度由 1∶5000 递减为 1∶10 000。

区内微地貌形态有河滩高地、缓平坡地、决口扇形地、垄岗高地、碟形洼地、沙质河槽地和背河槽洼地，以缓平坡地面积最大。按地貌形态，区内分为剥蚀溶蚀丘陵区和微倾斜低平原区两大类。剥蚀溶蚀丘陵区位于巨野县核桃园地区，面积较小；微倾斜低平原区广泛分布。微地貌成因又分为河岗地、决口扇形地、岗间洼地 3 种类型。受黄河历次泛滥、改道影响，黄河沿岸、黄河故道、牡丹区大黄集镇南部—郓城县唐庙镇、定陶区张湾镇—巨野县大义镇南部一带分布几条古河道带，地形相对较高，形成河岗地；东明县三春集镇—牡丹区马岭岗镇北部、郓城县临濮镇—红船镇、郓城县张鲁集镇、曹县楼庄镇—古营集镇和单县黄岗镇—徐寨镇一带分布决口扇地形；郓城县程屯镇—双桥镇、郓城县黄集镇—潘渡镇和定陶区杜堂镇—成武县大田集镇北部、巨野县章缝镇、成武县九女集镇和孙寺镇北、曹县郑庄街道—单县高韦庄镇一带地势低洼，为岗间洼地（图 2-3）。

图 2-3 菏泽市地貌图

三、气象、水文

1. 气象

区内气候属暖温带半湿润季风型大陆性气候,四季分明,光照充足。菏泽市多年平均降水量为661.6mm(1951—2023年),降水量年际间变化较大,丰、枯水年交替出现。年最大降水量达1 135.9mm(1964年),最小为355.6mm(1988年),最大年降水量是最小降水量的近3.19倍(图2-4)。在空间上,降水量分配不均,表现为:春季(3—5月)气候干燥,蒸发量大,降水稀少,易形成春旱,降水量占全年降水量的14.37%;夏季(6—9月)天气酷热,降水集中且量大,易形成涝灾,降水量占全年降水量的60.32%;秋季(10—11月)气温下降,降水偏少,降水量占全年降水量的21.51%;冬季(12月至次年2月)天气寒冷,雨雪稀少,降水量占全年降水量的3.80%。多年平均气温为13.6℃,极端最高气温为43.7℃,极端最低气温为-20.6℃。无霜期年均210d,冻结期最大冻土深度不大于35cm。

2. 水文

菏泽市除黄河滩区379km²为黄河流域外,其余均为淮河流域。工作区属南四湖湖西水系,处于黄河与黄河故道的三角地带,由于两河道呈带状高地,构成了地表分水岭,使本区形成向东张开的簸箕状

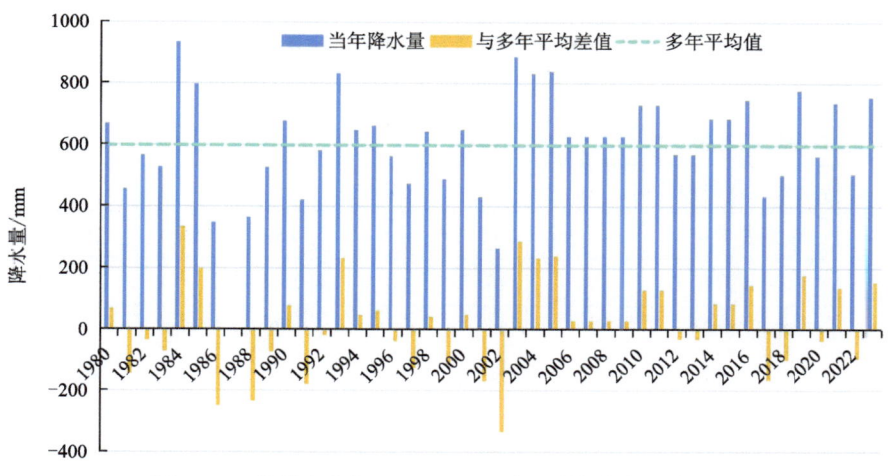

图 2-4 菏泽市多年(1980—2023年)平均降水量对比图

地势,多数水系近于东西向平行运移出境,汇入南四湖。内河主要有洙赵新河、东鱼河、万福河、太行堤河、黄河故道 5 个水系。东北部郓城新河下段出境后流入梁济运河。菏泽市流域面积大于 30km² 的内河河沟共 199 条,长 3157km,平均河网密度为 0.26km/km²;流域面积大于 300km² 主要河流长度 898.7km。境内河流丰枯变化大,属季节性河流(图 2-5,表 2-1)。

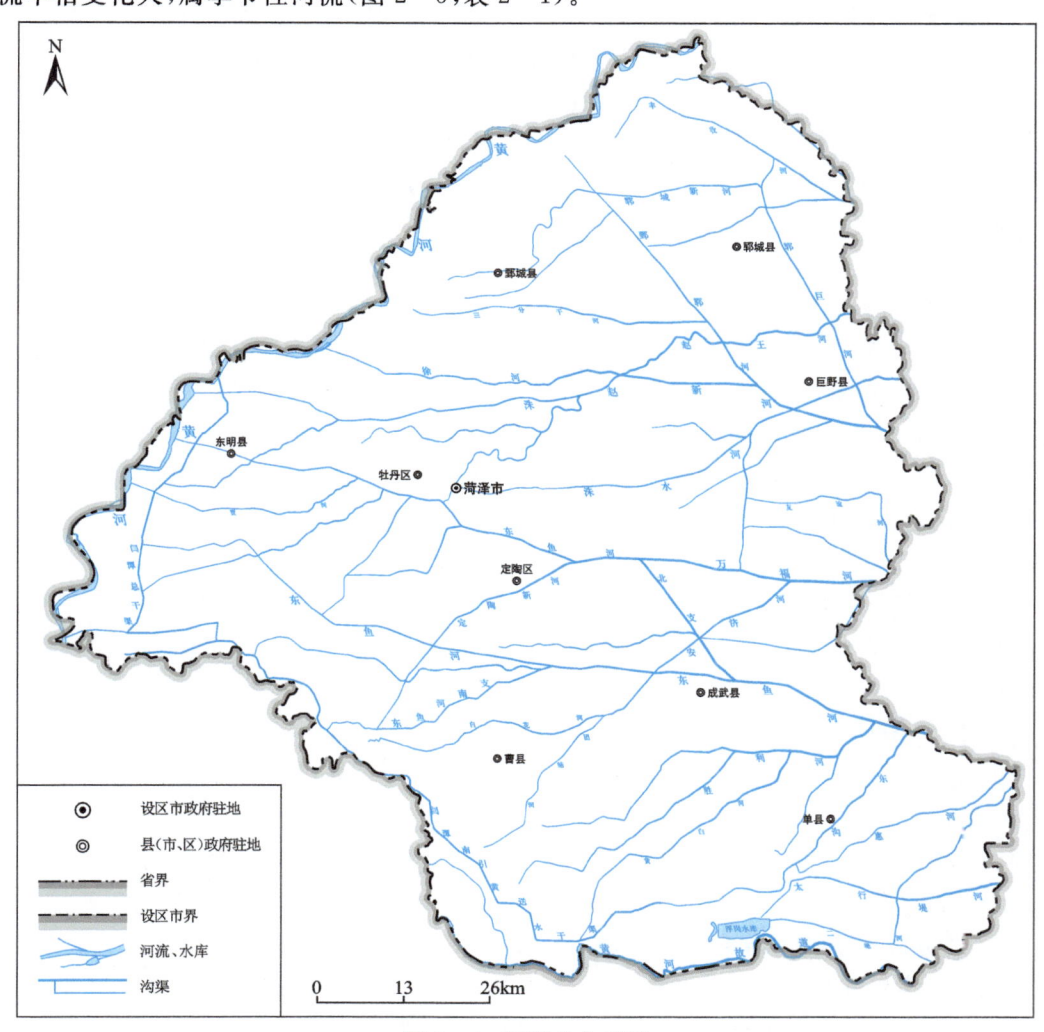

图 2-5 菏泽市水系图

表 2-1 菏泽市主要河流情况一览表

河流名称	发源地	全长/km	境内总长/km	年均径流量/$m^3 \cdot s^{-1}$
黄河	青海巴颜喀拉山脉	5464	185	482～2760
鄄郓河	鄄城县左营西孙沙窝	47	47	
郓巨河	郓城县李统庄	48	48	
洙赵新河	东明县穆庄西	140.7	102.2	420
赵王河	东明县城西	131.3	102	11.41
洙水河	东明县城西	150	63.5	
万福河	东明县城西	77.3	36.3	449
东鱼河	东明县刘楼南	174.7	123.2	935

黄河自王夹堤进入菏泽市境内，流经东明县、牡丹区、鄄城县、郓城县 4 个县(区)，至高堂进入梁山境内。据高村水文站观测，黄河多年平均流经菏泽市水量达 343.9 亿 m^3，是菏泽市乃至山东省的主要客水资源。现在已建成引黄闸 9 处和引黄灌区 8 处，设计引黄流量 405m^3/s，引黄送水干线 8 条，设计输水流量 264m^3/s。

洙赵新河发源于东明县穆庄西，流经菏泽市北部、郓城县南部、巨野县中部，于济宁市刘官屯东北注入南阳湖。全长 140.7km，境内长 102.2km，流域面积 4206km^2，境内 4119km^2。穆庄至侯集闸为上游，侯集闸至丁庄为中游，丁庄以下为下游。该河是横贯菏泽北部流域面积较大的骨干河道。流域面积 100km^2 以上的支流 10 条，共长 461km；流域面积 50～100km^2 的支流 92 条，共长 654km。全河防洪水位为 39.69～55.79m，除涝水位为 37.87～54.8m，下游防涝流量达到 312～325m^3/s，防洪流量 775～796m^3/s。洙赵新河主要支流有郓巨河、鄄郓河、洙水河、安兴河、巨龙河、太平溜河、徐河、郓城新河、丰收河、三分干河、华营河、箕山河等。

东鱼河原名红卫河，上起东明县刘楼南，下至济宁市鱼台县姚村北注入昭阳湖，途经东明县、牡丹区、曹县、定陶区、成武县、单县 6 个县(区)，为区内南部的主要排水河道，并接受河南省兰考县一部分客水。河道全长 174.7km，流域面积 11 129km^2，在菏泽境内长 123.2km，流域面积 5206km^2。河道过水能力除清水位为 35.32～60.9m，防洪水位为 41.0～55.2m，除涝流量达到 50～334m^3/s，防洪流量 170～794m^3/s。东鱼河主要支流有东鱼河北支(96km)、东鱼河南支(52.4km)、胜利河(66.3km)、团结河(39.2km)、黄白河、丑干沟、新冲小河、三干沟、李沟、南坡河、惠河、南赵王河、长营河、贾河、金堤河、二干沟、定陶新河、南渠河、大沙河、翻身河、白马河等。

万福河起源于定陶区仿山，下游于济宁市渔湾村入南四湖。万福河分上、下两段，大薛庄以上属东鱼河水系，以下为万福河干流。大薛庄以下到湖口全长 77.3km，境内河长 36.3km，在菏泽市、济宁市两地市边界流域面积 430km^2。流域面积 100km^2 以上的支流有吴河、彭河、金城河、西沟(以上四河入口在济宁市境)、安济河、柳林河，流域面积 50～100km^2 的支流有小杨河，流域面积 50km^2 以下的支流有 22 条。该河防洪水位为 39.88～46.1m，除涝水位为 37.9～44.6m，下游防洪流量为 410～497m^3/s，除涝流量为 130～182m^3/s。

太行堤河流至江苏省入复新河，境内长 31km，流域包括单县南部、曹县东南部，面积 467km^2。太行堤河起源于单县浮岗集，全长 54.5km，流域面积 476km^2，主要支流有蒋河、二堤河和孟流河，担负着 476km^2 的防洪排涝和 8 万亩(1 亩≈666.67m^2)农田的灌溉任务。

黄河故道在河南界牌集流入曹县，经单县流入安徽砀山。黄河故道地处菏泽市最南部，为 1855 年黄河决口于河南铜瓦厢后夺大清河河道最后北流入海改道后遗留下来的废弃河道，在菏泽境内自西向东贯穿曹县、单县两个县,西起曹县庄寨镇蔡口村南,向东经桃源、楼庄、魏湾、郑庄、邵庄、朱洪庙、阎店楼、梁堤头、安蔡楼、仵楼、青堌集、高韦庄、高老家、黄岗、浮岗、蔡堂、杨楼,呈带状分布,成为山东省(菏泽市)与河南省之间的一条自然分界线。总流域面积1408km²。菏泽境内长91km,流域面积381km²。主要支流杨河长23.8km,流域面积493km²。

菏泽市有15座水库,为西城水库、菏泽电厂水库、南湖水库、戴老家水库、太行堤水库、刘楼水库、九女水库、浮岗水库、月亮湾水库、宝源湖水库、麒麟湖水库、城南水库、箕山河水库、洪源水库、菜园集水库(表2-2)。

表2-2 菏泽市主要水库情况一览表

湖泊水库	位置	面积/km²	总库容/亿 m³	用途
西城水库	菏泽市牡丹区城西	1.64	0.098	饮用、工业用水
菏泽电厂水库	鄄城县什集镇—彭楼镇	2.836	0.111 3	饮用、工业用水
南湖水库	开发区南部	1.61	0.031	工业用水
戴老家水库	曹县魏湾镇阎潭引黄送水干线上	15	0.128 5	灌溉居民生活用水
太行堤水库		1.48	0.130 1	饮用、灌溉、滞蓄防洪
刘楼水库	定陶区县城西南角	1.53	0.112 7	城乡居民供水
九女水库	定陶区县城西南角	0.699	0.050 2	城乡居民供水
浮岗水库	单县浮岗镇阎潭引黄干渠末端	19.13	1.041 7	灌溉,工业用水、生态环境用水和旅游休闲
月亮湾水库	浮岗水库西北角	1.14	0.071 6	城区及以南地区提供生活用水
宝源湖水库	巨野县	1.20	0.048 7	城乡居民供水
麒麟湖水库	巨野县	2.26	0.094 2	生活、工业用水
城南水库	鄄城县城南3km宋金河上	2.10	0.091 6	城乡居民供水
箕山河水库	鄄城县城南3km	1.31	0.061 8	街道居民生活饮水和牲畜饮水
洪源水库	东明县城东南约5km处	1.357	0.098 8	城乡居民供水
菜园集水库	东明县	1.45	0.092 4	城乡居民供水

四、土壤

全市土壤类型分为褐土、风沙土、粗骨土、潮土、盐土、碱土和冲积土7类。褐土分布于巨野县东南部残丘外围一带,面积9.276km²,占总面积0.076%;风沙土分布于东明县,曹县南部及单县中部,面积137.650km²,占总面积1.135%;粗骨土分布在巨野县东南部灰岩残丘地带,面积3.1km²,占0.026%;潮土在各区县范围内均有分布,面积11 395.23km²,占93.919%;盐土零星分布在东明县菜园集、牡丹区吴店与佃户屯、曹县朱洪庙等地,面积32.355km²,占0.267%;碱土主要分布在曹县邵庄镇北部及青堌集镇南部区域,面积20.764km²,占0.171%;冲积土主要分布在沿黄地区,面积534.627km²,占4.406%(图2-6)。

五、水文地质条件

根据地下水的形成条件和运移规律,菏泽市主要为鲁西北平原松散岩类水文地质区,具体可分为湖

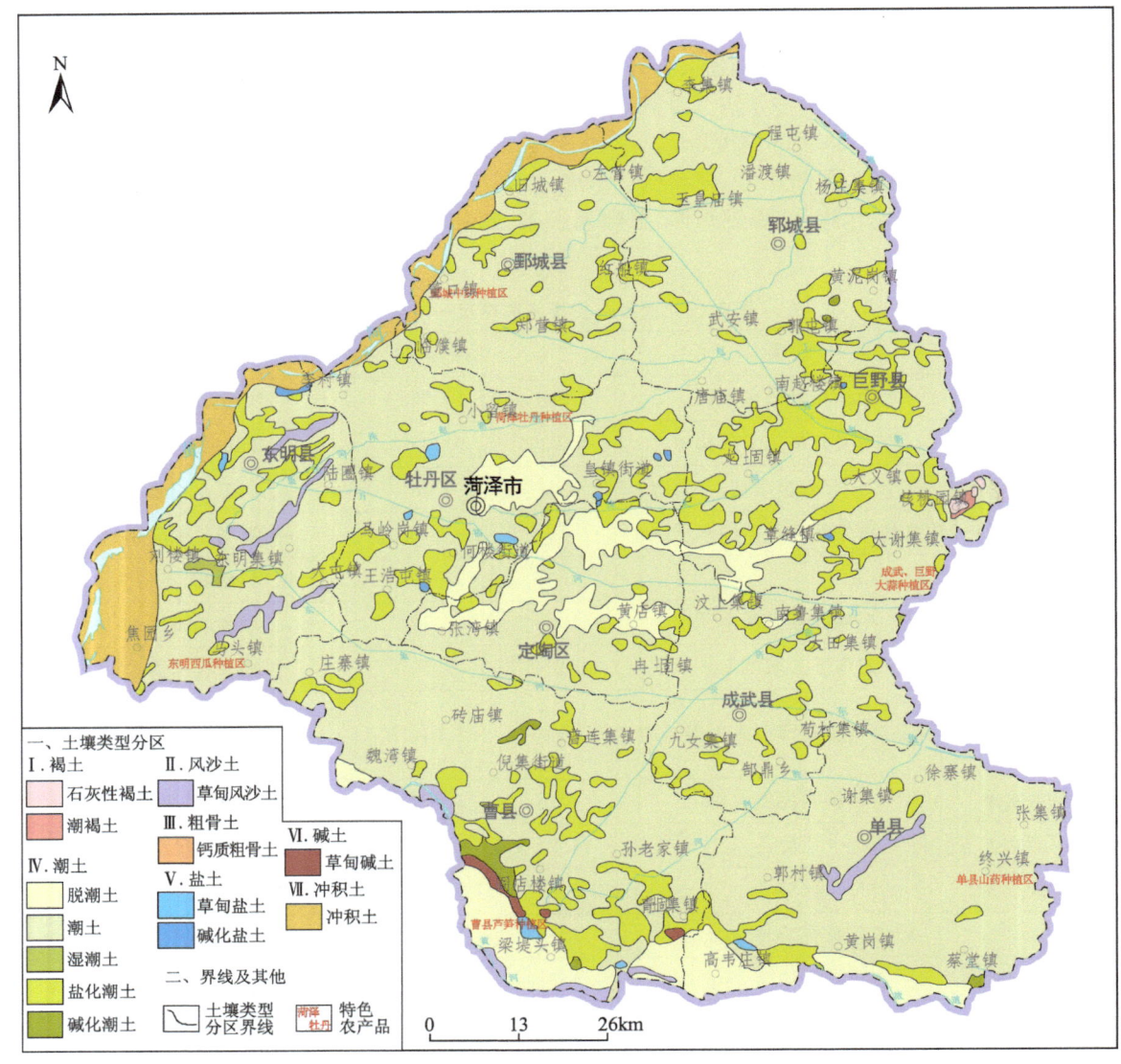

图 2-6 菏泽市土壤类型图

西冲积湖积平原咸淡水水文地质亚区和古河道带冲积平原淡水水文地质亚区(图 2-7、图 2-8)。

(一)含水岩组结构和富水性特征

1. 含水岩组结构

工作区内地下水运动条件受气象、水文、地形地貌、岩性结构等因素控制,而这些因素的作用程度因区内浅、深层地下水及其埋藏条件、水力特征不同而有显著差异。工作区具经济意义的含水岩组为松散岩类孔隙水含水岩组,根据地下水的系统性、赋存条件及水质结构等,可将其划分为浅层孔隙水含水岩组、中层咸水含水岩组、深层孔隙水含水岩组 3 个主要含水岩组。

2. 含水岩组

(1)浅层孔隙水含水岩组:主要由全新统黄河冲积物组成,含水层岩性为粉砂、粉细砂,局部分布有中细砂,砂层厚度 10m 左右,底板埋深一般 30~110m,最大 110m。按富水性可分为 3 个地段,即涌水量 $>1000m^3/d$ 的古河道密集带-淡水丰富地段、涌水量 500~1000m^3/d 过渡带-淡水较丰富地段和涌水量 $<500m^3/d$ 河间带-淡水贫乏地段。皇镇—何楼镇东南—马岭岗—王浩屯一带及高庄—李村一带为

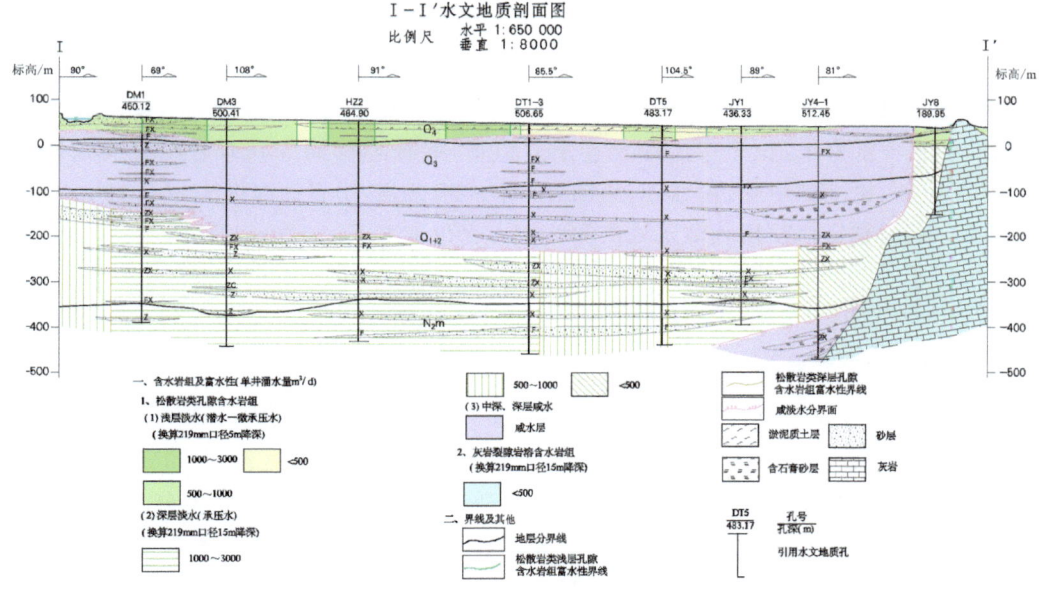

图 2-7 菏泽市水文地质图

图 2-8 菏泽市城区水文地质剖面图

古河道密集带-淡水丰富地段,单井涌水量一般1000～3000m³/d之间,富水性较好;都司—黄罡—吴店—吕陵—万福街办区域及工作区东南部为过渡带-淡水较丰富地段,单井涌水量一般500～1000m³/d,富水性中等;其他地区属河间带-淡水贫乏地段,单井涌水量一般小于500m³/d,富水性相对较弱。根据本次水位统测数据绘制浅层地下水水位等值线图(图2-9、图2-10),丰水期水位埋深1.2～5.6m,枯水期水位埋深2.82～7.63m,水位标高由西向东逐渐减小。

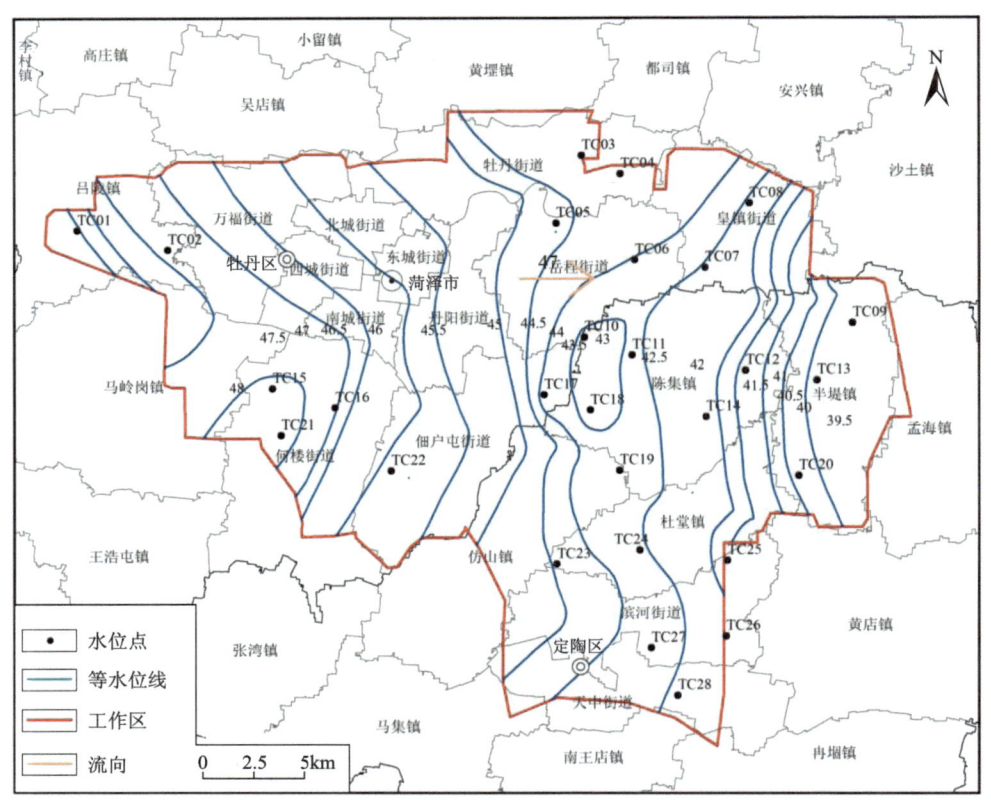

图2-9　2023年9月丰水期浅层地下水水位等值线图

(2)中层咸水含水岩组:位于浅层孔隙水含水岩组下,一般分布砂层4～6层,厚度8～20m,以粉细砂和中细砂为主。工作区内底板埋深200～350m,单井涌水量500～1000m³/d之间,富水性中等,溶解性总固体(TDS)一般大于4g/L,目前水位埋深一般8～11m,水位低于浅层孔隙水水位,略低于深层孔隙水水位,具承压性,水化学类型主要为$Cl·SO_4-Na$型。由于TDS含量较高,水质差,目前尚无开发利用。

(3)深层孔隙水含水岩组:位于中层咸水含水岩组下,底板埋深约550m,岩性为灰绿色、棕黄色黏土、粉质黏土、混粒砂、粉土和中细、粉细砂,局部分布有中粗砂,砂层累计厚度为30～40m。工作区目前水位埋深为50～80m,城区内深层孔隙水降落漏斗中心水位埋深90～120m。

(二)含水层特征

1.浅层孔隙水含水岩组特征

工作区内浅层孔隙水单层含水层厚度一般小于10m,其岩性以中砂、细砂和粉细砂为主,砂层累计厚度随其底界面埋深增大而有所变化,但一般集中在12m左右,局部地区超过20m。该含水层上覆岩性以黏质砂土为主,局部为粉质黏土及粉砂层,往往呈透镜体状或条带状断续分布,构成隔水性能较差的隔水顶板;其下伏岩性以砂质黏土为主,局部黏质砂土,呈条带状,分布较稳定,构成隔水性能良好的隔水底板,使浅层淡水具有潜水和微承压水的性质。

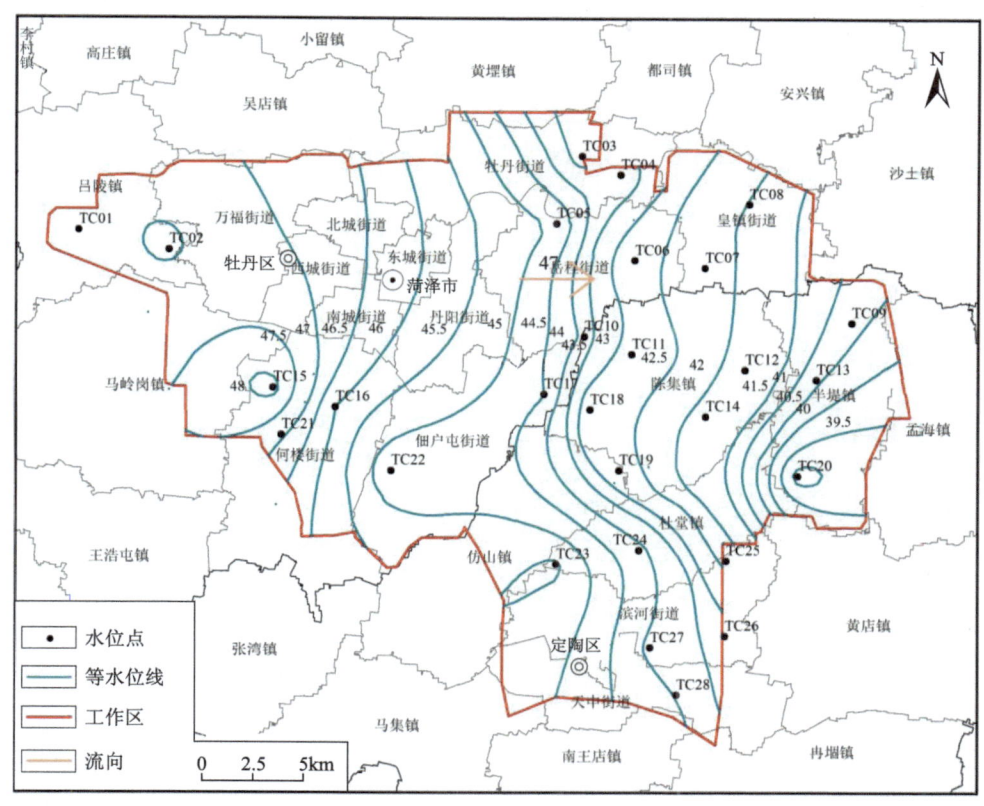

图2-10　2024年3月枯水期浅层地下水水位等值线图

2. 中层咸水含水岩组特征

工作区全区广泛分布的松散岩类中层孔隙水即中层咸水赋存于中层孔隙含水岩组，位于浅层孔隙含水岩组之下，遍布整个工作区，一般分布砂层4~6层，厚度变幅较大，工作区小留镇南、牡丹区西南、佃户屯—王浩屯一带，定陶区邓集、高庄—义集一带顶板埋深低于40m，局部小于20m，而工作区西北部、西南角、东南角底板埋深110~250m，马岭岗—何寨—佃户屯一带区域大于300m。经抽水钻孔发现，该含水层岩性以粉细砂和中细砂为主。单井涌水量小于500m³/d之间，富水性一般，TDS一般大于4g/L，目前水位埋深一般8~11m，水位低于浅层孔隙水水位，略高于深层孔隙水水位，具承压性，水化学类型主要为$Cl·SO_4-Na$型。由于TDS高，水质差，目前尚未开发利用。

3. 深层淡水含水层特征

松散岩类深层孔隙水即深层淡水赋存在深层孔隙含水岩组之中，深层淡水遍布整个工作区，深层孔隙含水岩组岩性以灰绿色、棕黄色黏土、粉质黏土、混粒砂、粉土和中细、粉细砂为主，平均厚度在40~60m之间，埋藏条件受咸水体的底界面控制。深层淡水的水位埋深一般在84~119m之间，平均埋深101.5m，在区域上形成了两个较为明显的漏斗：一是城市中心区域，人口密度大，建筑密集；另一处是工作区东部，长江东路、上海路、黄河东路与日东高速围成的区域，该区为工业集中区，许多化工企业位于该处。

（三）富水性特征

1. 浅层淡水富水性特征

工作区内包气带内岩性以粉砂、粉砂-黏质砂土为主，含水层顶板埋深较浅，渗透性能较好，有利于接受大气降水及河渠渗入补给。排泄途径主要为垂直蒸发和人工开采。地下水动态变化受季节影响明显，为典型的入渗-蒸发、入渗-开采和入渗-蒸发-开采性。鉴于此，工作区内含水层厚度及颗粒粗细不同,显示出不同富水性(图2-11)。浅层孔隙含水岩组按富水性可分为3个地段,即涌水量>1000m³/d的古河道密集带-淡水丰富地段、涌水量500~1000m³/d过渡带-淡水较丰富地段和涌水量<500m³/d河间带-淡水贫乏地段。

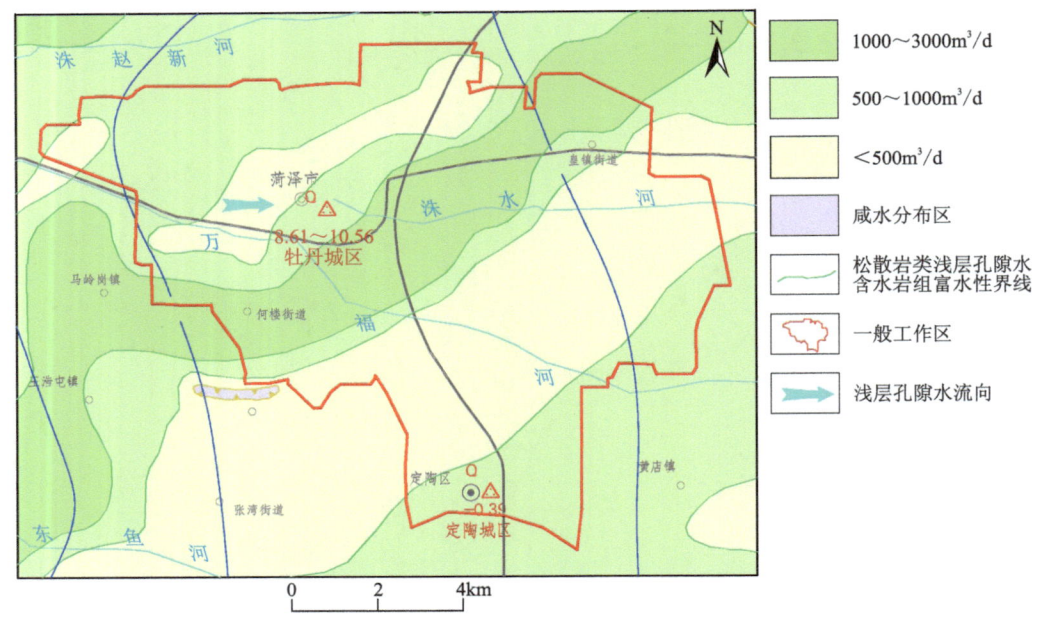

图2-11 菏泽市浅层含水层富水性分区图

(1)古河道密集带-淡水丰富地段(涌水量1000~3000m³/d):该区分布在工作区东南部辛集—郭庄—刘庄一带,其岩性以粉砂-细砂-粉细砂为主,据统计,该区第二层淡水含水层稳定分布,其顶板埋深一般在28~30m,底板埋深为40m,单层厚度10m左右,地下水水位埋深3~4m。正东方向辛集推算降深5m时的单井涌水量为1180m³/d,时庄村则高达1600m³/d。

(2)过渡带-淡水较丰富地段(涌水量500~1000m³/d):中等富水区在工作区内呈现3个地区,主要集中在中部地区(大高桥—岳程—王庄—陈庄—刘洼)、西北地区(牡丹街道—后宋庄—解元集)一带和东南(朱集—丁庄一带)。该层含水层岩性以粉细砂为主。荣庄推算降深5m时的单井涌水量为730m³/d,张古楼推算降深5m时的单井涌水量为700m³/d。

(3)河间带-淡水贫乏地段(涌水量<500m³/d):该区分布在工作区胡庄—牡丹万象城—辘湾一带、保宁集—连集一带。岩性以粉细砂为主。

2. 深层淡水富水性特征

根据工作区内深层淡水含水岩组砂层累计厚度和颗粒粗细的不同,含水岩组的富水性大小也各有差异。因此,工作区深层淡水按其富水性强弱可以分为强富水区(1000~3000m³/d)和中等富水区(500~1000m³/d)(图2-12),现分述如下。

(1)强富水区(1000~3000m³/d):工作区内除东北角之外大部分属于强富水区,岩性主要为粉细砂-细砂-粉砂,局部地区夹有中粗砂,工作区强富水区与中等富水区在东北边界为张楼—菏卢庄—常店。抽水试验段的砂层累计厚度为20~30m,单层厚度10m左右。何楼附近地区单井涌水量可达1920m³/d[口径8吋(1吋=1英寸)降深15m],属于强富水区。

(2)中等富水区(500~1000m³/d):该区分布在工作区东北方刘寨—楚庄—郭庄—连集东北区域,含水层(组)为细砂、粉细砂,含水层厚度分布较稳定,累计厚度15~20m,其顶界面埋深约450m,水位埋深边度0.2~6m,变幅较大,利用抽水段砂层单层厚度为5~10m,辛集推算其单井涌水量约800m³/d,属于中等富水区。

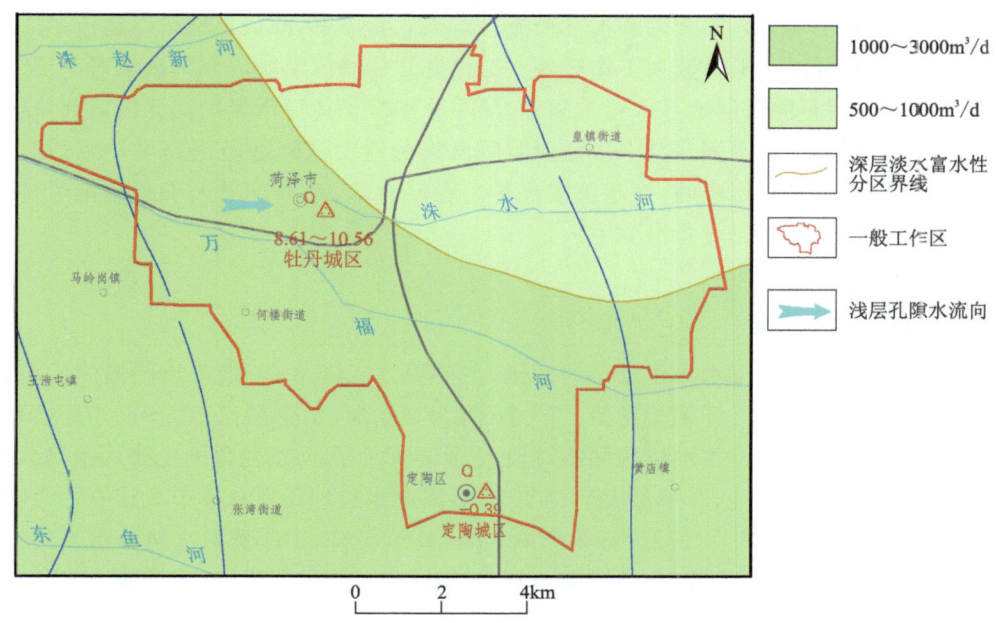

图 2-12 菏泽市深层含水层富水性分区图

（四）地下水补径排与动态特征

1. 地下水补径排条件

有供水意义的主要为松散岩类浅层和深层孔隙水，对浅层和深层孔隙水补给、径流、排泄特征简述如下。

1）浅层孔隙水

补给来源主要有大气降水入渗、河流侧渗和农田灌溉回渗。工作区内浅层地下水主要依靠大气降水渗入补给，补给量与降水量大小、降水强度、包气带岩性、地形条件、地下水水位埋深和植被密集程度等都起着不同程度的控制和影响作用，一般情况下降水补给渗入补给量随着降水量的增加而增大，随地下水水位埋深增大而减少。工作区内地形平坦，地表径流滞缓且地下水水位埋深较浅，因此降水补给是平原区浅层孔隙水的重要补给来源，约占地下水总补给量的82%。河流对近岸地带浅层孔隙水的形成起着不可忽视的作用，区内河渠渗漏补给量约占总补给量的6%。农田灌溉回渗量约占总补给量的12%。径流受地形影响较为明显，地下水总体流向自西向东，水力坡度一般为0.2‰~0.4‰，上游稍大，下游则缓。

浅层孔隙水排泄主要有自然蒸发、人工开采及向下游径流排泄。蒸发是工作区内浅层地下水排泄的主要方式，其蒸发量大小取决于包气带岩性和地下水水位埋深的不同。工作区内包气带岩性大都为砂性土，浅层地下水水位埋深较浅，地下水蒸发强烈是浅层地下水的主要排泄途径之一。工作区内水力坡度小，地下水径流滞缓，排泄不畅，故排泄量较小。

随着经济的发展，浅层地下水开采量不断变大，尤其是人口密集的城区，人工开采在浅层地下水排泄中的占比越来越大。根据地面调查及物探成果，菏泽城区浅层地下水水位和底板埋深均相对较大，呈漏斗状，这也证明了该区浅层地下水开采量相对较大。

2）深层孔隙水

工作区内深层与浅层地下水中间较厚的黏性土隔水层，致使深层地下水与浅层地下水之间没有密切的水力联系。在天然条件下，深层地下水主要接受上游地下水径流补给，它与大气降水没有直接补给关系，与中层地下水的水力联系也不密切，故工作区内深层地下水补给来源主要是水平径流补给，垂向补给极其微弱。

深层地下水的排泄主要为人工开采和水平径流。在天然状态下,除局部地带以越流形式排泄外,深层地下水一般自西向东缓慢水平径流至工作区外。工作区北部城区及城区东郊区域对深层地下水开采量较大,形成了两个较明显的深层地下水超采漏斗,漏斗分别位于菏泽市城区偏北区域和城区东郊的上海路附近区域。城区东郊的超采漏斗与本次地面监测发现的地面沉降区范围高度一致(详见第六章),推断该区超采漏斗是近年来新形成的,且超采较严重。在漏斗区,垂直排泄大于径流排泄,而其他开采强度较弱的非漏斗区仍以水平径流排泄为主。

2. 地下水动态特征

1)浅层地下水水位年动态

(1)年动态:工作区浅层地下水水位动态的变化,主要受大气降水、区内河流湖泊的入渗补给、人工开采及潜水蒸发的影响,为入渗-开采蒸发型。7—10月为丰水期,水位埋深1.2~5.6m,水位埋深规律基本与枯水期一致。该区域地下水水位埋深相对较大,影响地下水动态变化的主要因素是入渗、人工开采。夏秋季节由于气温高,地下水开采量大于春冬季节,因此水位埋深夏秋季节大于春冬季节。

从图2-13可以看出,1—7月受城区开采影响,水位持续下降,8月受丰水期降水补给。该区水位因受地表入渗、四周侧向径流的补给,水位缓慢上升,后期区内采补基本平衡,水位基本保持平衡。受开采及上年降水影响,2022年度最大水位标高出现在8月20日,为44.65m,最小水位标高出现在2022年6月30日,为42.19m(埋深7.43m),年变幅为2.46m;年初水位高于年末水位0.42m。

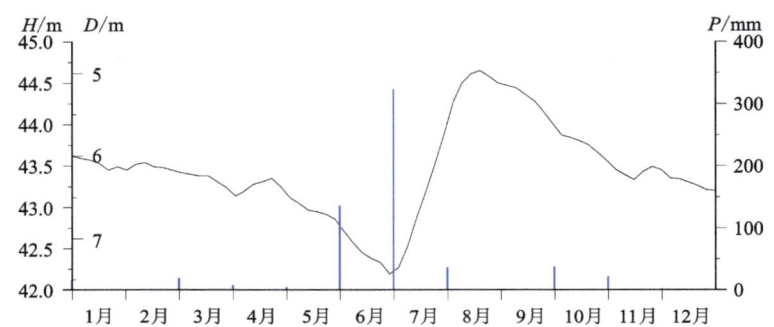

图2-13 牡丹城区417号监测孔浅层地下水水位与降水量综合曲线图(2022年)

(2)多年动态:以菏泽市牡丹区417号监测孔资料为例,牡丹城区多年(1980—2022年)孔隙潜水水位受大气降水、人工开采影响(图2-14),最大水位标高出现在2004年8月26日,为49.06m,最小水位标高出现在1991年11月6日,为39.98m;最大水位与最小水位标高差值为9.08m。

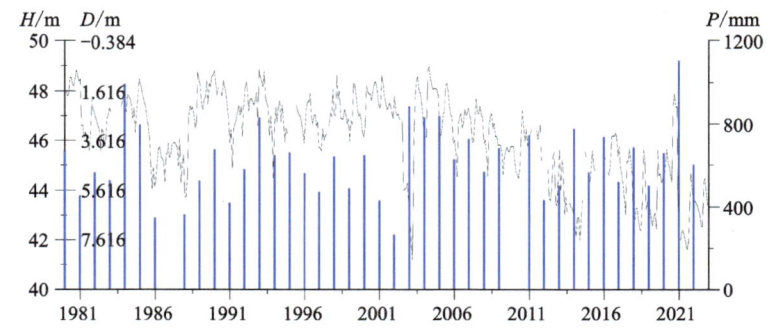

图2-14 牡丹城区417号监测孔孔隙潜水水位与降水综合曲线图(1980—2022年)

浅层含水岩组所赋存的地下水积极参与"三水"(大气降水、地表水、地下水)转化,以垂向运动为主,埋藏浅,易采易补,水资源再生能力强,是农业灌溉用水和居民生活用水的主要水源。

2)深层孔隙淡水水位动态

深层承压水主要来自西部境外顺层补给,以水平径流方式自西向东排泄出境。含水层埋藏于地面100～300m,东北部地区埋藏大于300m。岩性以细砂、中粗砂为主,其次为粉砂,砂层累计厚度40～60m。

承压水头与降水无明显的联系,水位的升降幅度取决于上游补给量的大小及境内的深层水开采强度。根据开采量的大小及水位曲线型态的变化,工作区主要动态类型为开采型。

深层孔隙淡水已成为城区生活用水、化工业用水的主要取水层,长期开采已使城区及周围地区形成了地下水开采降落漏斗,水位埋深逐年增大。深层孔隙淡水由于埋深大,上部有较厚的隔水层,大气降水对水位变化无影响,其动态变化主要受到开采的影响。

(1)年动态:菏泽牡丹城区深层孔隙淡水监测孔位于菏泽市西城区梅园学校园内(图2-15),2022年夏水位标高极大值出现在12月3日,为-72.48m(埋深119.77m);水位标高极小值出现在1月18日,为-73.94m(埋深121.23m),水位年变幅为1.46m。受地下水压限采影响,年末水位高于年初水位1.20m;年初水位比去年同期高1.46m,年末水位比去年同期高1.19m。

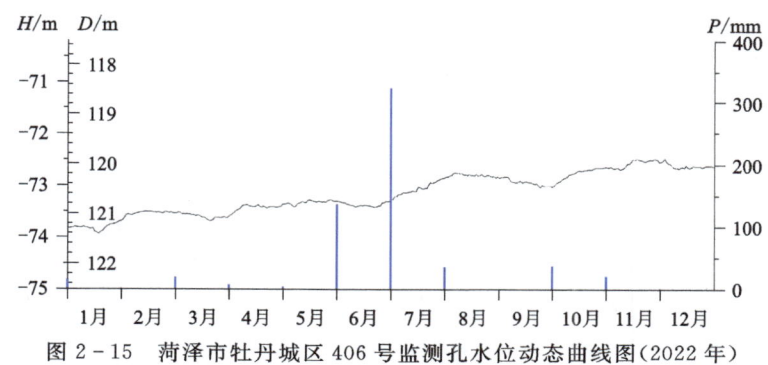

图2-15　菏泽市牡丹城区406号监测孔水位动态曲线图(2022年)

(2)多年动态:1980—2022年,地下水水位呈"降-升"式的变化。受深层孔隙淡水超采影响,1980年1月1日—2022年1月10日,菏泽市深层孔隙淡水水位由43.38m(埋深3.90m)下降至-74.93m(埋深122.21m);2020年1月10日—2022年12月31日,深层孔隙淡水受压限采影响,水位标高呈波动状上升至-72.54m(埋深119.82m)。本阶段(1980—2022年)深层孔隙淡水水位下降115.92m(图2-16),水位持续下降主要由当地超采所致。

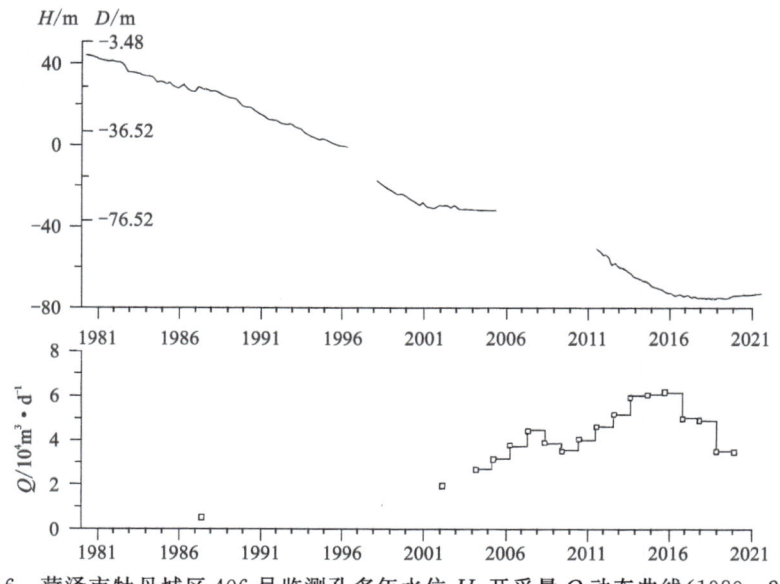

图2-16　菏泽市牡丹城区406号监测孔多年水位H、开采量Q动态曲线(1980—2022年)

六、工程地质条件

(一)岩土体工程地质特征

1. 坚硬较坚硬中厚—厚层状灰岩岩组

坚硬较坚硬中厚—厚层状灰岩岩组分布在巨野县核桃园镇残丘一带,岩性为奥陶系灰岩、泥灰岩、白云质灰岩等;坚硬、致密、性脆,力学强度高;地表及浅部岩溶较发育,易产生渗漏,形成不均一孔洞;泥灰岩、页岩强度较低,易风化。灰岩单轴抗压强度 $f_c = 90 \sim 160 \text{MPa}$,饱和单轴抗压强度 $f_r = 70 \sim 120 \text{MPa}$;白云质灰岩 $f_c = 50 \sim 190 \text{MPa}$。

2. 黄泛冲积层(Qh^{al})

黄泛冲积层为黄河冲积夹湖沼相沉积,广泛分布;15m 以浅沉积时间小于 6000 年,15~30m 小于 1 万年;岩性以粉土、粉细砂、粉质黏土为主,夹淤泥质土及中细砂与黏土透镜体,岩性颗粒从西向东逐渐变细。淤泥质土透镜体厚度由西向东,自南向北逐渐变薄,顶板埋深由西往东变浅,自南向北则为深浅交替。

粉土力学性质一般,厚度较大,分布稳定,地基承载力特征值 $f_{ak} = 110 \sim 130 \text{kPa}$,压缩模量 $E_{s1-2} = 10 \sim 11$,部分区段具振动析水现象。粉细砂具中低压缩性,力学性质较差,厚度较小,层位不稳定,呈透镜体状分布,$f_{ak} = 60 \sim 80 \text{kPa}$。淤泥类土多呈透镜体状产出,具中—高压缩性,力学强度较低,淤泥 $f_{ak} = 50 \sim 70 \text{kPa}$,淤泥质土 $f_{ak} = 80 \sim 100 \text{kPa}$。粉质黏土、黏土具中等压缩性,力学性质一般较好,$f_{ak} = 120 \sim 180 \text{kPa}$,$E_{s1-2} = 5 \sim 10$,层位相对较稳定,区域厚度变化较大。

(二)特殊类土工程地质特征及工程地质问题

1. 淤泥类土

顶板埋深西部 10~15m,东部 5~10m,部分地区埋深大于 15m 或小于 5m,分布层位一般为 1~2 层,单层厚度 1~10m,多夹于粉土或粉质黏土层中,以软塑为主,力学强度较低。

2. 粉土及粉细砂液化

液化土体层位主要分布在中西部地区,岩性以粉土为主,粉细砂次之,黏粒含量小于 10%,具振动析水现象;埋深一般较浅,位于地下水水位之下或水位变幅带附近;标准贯入试验锤击数($N_{63.5}$)一般小于 10 击,液化指数值介于 0.1~15 之间;建筑物设计施工时,应采取相应的处理措施。

(三)区域工程地质特征

黄河的频繁改道导致冲积物差异性堆积,形成岗地、坡地、洼地等相间分布的微地貌形态,地面标高一般 38~68m,东部的残丘局部可达 130m。

土体结构东西向变化较大,以多层结构为主,其次为双层结构,局部存在单层结构;西部多为上部砂性土的双层结构或上部砂性土的多层结构,东部多为上部黏性土的双层结构或上部黏性土的多层结构,总体从西向东砂性土逐渐减少,黏性土逐渐增多。黏性土以粉质黏土为主,其次为淤泥质土、黏土等;砂性土以粉土、粉砂、粉细砂为主,其次为细砂、中砂等。一般随着颗粒的由细变粗,砂性土的密实度增加,力学强度逐渐增大。

区内隐伏活动性断裂发育,设计基本地震动峰值加速度 0.10~0.15g,地震烈度 7 度,西部边界一带设计基本地震动峰值加速度 0.20g,地震烈度 7 度;存在震害、淤泥类土、盐渍土、饱和粉土及粉细砂液化层,此外还有地下水结晶性侵蚀、地面沉降、采空塌陷等不良工程地质问题。

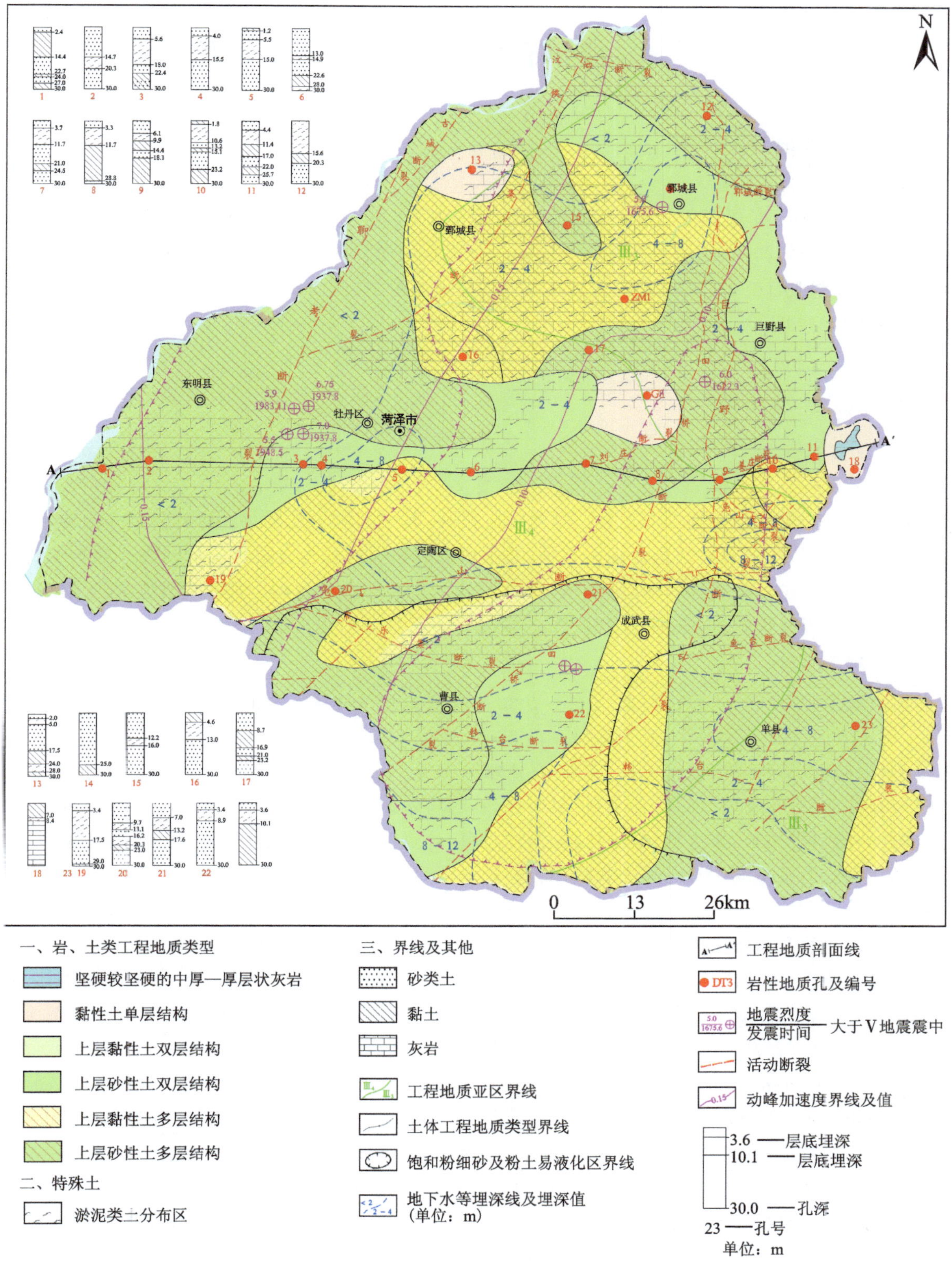

图 2-17 菏泽市工程地质条件图

第二节 土地、动植物资源与经济社会发展概况

一、土地资源概况

根据2021年国土变更调查数据，菏泽市耕地面积为7 658.78km²，园地面积159.74km²，林地面积844.41km²，草地面积20.08km²，湿地面积4.25km²，陆地水域面积650.2km²，建设用地面积2 596.02km²（其中，城乡建设用地面积2 321.37km²，区域基础设施用地面积250.81km²，其他建设用地面积23.84km²），其他土地面积221.79km²。

二、动植物资源概况

1. 动物资源

菏泽市共有陆生野生动物300余种。鸟类200余种，其中国家一级、二级保护动物20余种，为大天鹅、小天鹅、白额雁、灰鹤等。两栖类动物8种，其中黑斑蛙和金线蛙为省重点保护动物。兽类19种，其中属山东省重点保护野生动物5种，分别是：赤狐、黄鼬、狗獾、豹猫、麝鼩。爬行类动物有无蹼壁虎、丽斑麻蜥、赤链蛇、黑眉锦蛇、白条锦蛇、红点锦蛇等10种。

2. 林木种质资源

菏泽市林木种类较为丰富。根据2011—2020年菏泽市林木种质资源调查情况，全市共有林木种质资源74科162属352种。其中，裸子植物9科35种，被子植物65科317种。菏泽市栽培主要用材树种有杨柳科、榆科、豆科、楝科、苦木科、玄参科、木樨科和无患子科8科14属43种44个品种，栽培主要经济树种有蔷薇科、芍药科、柿科、葡萄科、鼠李科、石榴科和胡桃科7科12属34种186个品种，栽培主要绿化树种有松科、柏科、银杏科、罗汉松科、南洋杉科、红豆杉科、木兰科、小檗科、悬铃木科、桑科、海桐花科、千屈菜科、山茱萸科、卫矛科、冬青科、黄杨科、槭树科、漆树科、芸香科、五加科、忍冬科、禾本科、百合科和棕榈科等。

野生种质资源数量较少。菏泽市地形以平原为主，土地基本为耕地，致使当地野生林木种质资源数量较少。经调查统计，菏泽市常见野生林木种质资源有枸杞、构树、柽柳3种，主要分布于东明县、鄄城县、郓城县、曹县、单县和牡丹区等沿黄县（区），其他地区分布较少。3种树种均未列入国家重点保护植物名录，不属于重点保护的珍稀植物。

牡丹种质资源丰富。菏泽市牡丹种质资源丰富，栽培历史悠久，牡丹文化底蕴深厚。目前，菏泽市牡丹种植面积超过307km²，共有九大色系十大花型共1259个栽培品种，是世界上种植面积最大、品种最多的牡丹生产基地、科研基地、出口基地和观赏基地。牡丹国家林木种质资源库是全市唯一一处国家级林木种质资源库。另外，还有芍药传统品种约460个，进口品种约170个。

根据调查统计数据，全市现存古树名木共2371株，共有23科37属47种，为温带落叶阔叶或常绿针叶林的主要树种。全市古树名木以古树群为主要保存形式，共有古树群43个，株数2071，占总株数的87.3%，古树名木以散生单株形式零星分布的有300株，占比12.7%。菏泽市的古树名木中以侧柏、白梨、国槐、柿树居多，株数分别为1512株、201株、86株、84株。15个树种的古树名木保存株数均不足10株，11个树种仅保存有1株。

三、经济社会发展概况

据《2023年菏泽市国民经济和社会发展统计公报》，菏泽市2023年末常住人口863.55万人。其中，城镇常住人口464.84万人，乡村常住人口398.71万人。全市常住人口城镇化率达到53.83%。

全市集中供热面积7.468×10^4 m^2，全年天然气供气量$2\,075.8\times10^8$ m^3，发电量$85\,342.5\times10^8$ $kW\cdot h$，天然气产量6.2亿m^3，原油产量2 227.7万t。年末公路通车里程28 418km。年末汽车拥有量107.3万辆，工业机器人9345套。旅客运输量2.8亿人次，其中铁路运输旅客量1.2亿人次，公路运输旅客量1.5亿人次，水运运输旅客量0.1亿人次。年末固定电话用户42.54万户，移动电话用户834.16万户，(固定)互联网宽带接入用户265.45万户。年末拥有各类卫生机构5727个，其中医院、卫生院415所，医院、卫生院共有病床59 742张。

2023年全市实现地区生产总值4 464.49亿元，按不变价格计算，比上年增长6.8%。其中，第一产业增加值422.13亿元，增长4.2%；第二产业增加值1 799.52亿元，增长7.3%；第三产业增加值2 242.84亿元，增长6.8%。三次产业结构调整为9.5∶40.3∶50.2。

农业生产稳定增长。农林牧渔及其服务业总产值749.07亿元，按可比价格计算，比上年增长4.7%。其中，农业产值467.75亿元，增长3.7%。全年粮食作物播种面积1 786.16万亩，比上年增加1.84万亩，粮食总产808.85万t，粮食平均亩产452.84kg。

林牧渔业总体平稳。林业产值15.13亿元，可比增长11.3%，造林面积1.20万亩，林地面积114.11万亩。牧业产值214.67亿元，可比增长6.0%，猪牛羊禽肉产量77.46万t，禽蛋产量(不含小品种)52.17万t，牛奶产量22.37万t。渔业产值19.10亿元，可比增长4.5%，水产养殖面积22.29万亩，水产品总产量9.10万t。

现代农业加快发展。全市共获批创建省级现代农业产业园9个，其中已认定6个，创建国家级特色农产品优势区1个、省级特色农产品优势区3个，省级知名农产品企业产品品牌达到37个。农民合作社达到31 432个、家庭农场达到12 142个。农用机械总动力1 247.72万kW，比上年增长7.9%。农作物耕种收综合机械化率达到92.1%。

工业运行持续向好。全部工业增加值1 515.83亿元，可比增长7.1%，其中规模以上工业增加值增长12.3%。建筑业增势稳定。建筑业总产值380.87亿元，比上年增长6.0%。

四、菏泽城市规划

(一)总体规划

菏泽城市规划与迈向"两个一百年"奋斗目标和中华民族伟大复兴中国梦的历史进程相适应，深入贯彻落实习近平总书记视察菏泽重要讲话精神，深入实施黄河流域生态保护和高质量发展战略，抢抓新一轮"突破菏泽、鲁西崛起"行动机遇，奋力谱写"后来居上"新篇章，加快打造富强、美丽、幸福、文明、活力、和谐新菏泽。

到2025年，菏泽要实现突破崛起，社会经济发展和人民生活水平均达到山东省平均水平。城市交通区位条件大幅提升，新旧动能转换示范区建设取得显著成效，区域性中心城市初步建成。生态环境质量总体改善生产生活方式绿色化水平持续提升，城乡区域发展协调性明显增强。

到2035年，基本实现后来居上目标，城市综合竞争力全面提升，建成鲁苏豫皖四省交界的区域性中心城市。乡村振兴取得决定性进展，基本公共服务均等化和农业农村现代化基本实现，城乡发展建设的

绿色化水平不断提升,创新驱动效应显著增强,人民生活更加富裕、舒适、便捷。

到2050年,全面实现"后来居上"目标,建成具有一定国际知名度的中国牡丹文化名城,城乡全面融合,乡村全面振兴,全面实现社会主义现代化。建成高端人才与高端产业集聚新高地,繁荣兴盛、富裕文明、和谐美好的魅力家园,成为人与自然和谐相处、可持续发展的平原生态田园城市建设典范。

(二)市域城镇空间结构规划

落实主体功能区战略和制度,科学构建市域空间格局,规划菏泽市域城镇空间结构为"一心多轴网络化"。

1. 一心——中心城区

强化主城区、定陶城区一体化发展,拉开城市框架,形成菏泽市域发展核心,优化空间布局,提升城市能级,形成强中心,增强中心城区辐射带动能力。

2. 多轴

规划2条发展主轴和3条发展次轴,加强中心城区与各区县联系,强化市域发展核心,强化各区县与周边区域的联系,推动城乡开放联动发展。

沿京九铁路发展主轴:是菏泽向北与京津冀区域联系,向南与淮海经济区联系的主要通道,串联主城区、定陶城区、郓城县城、曹县县城,依托资源,推动产业链延伸与产业升级,推动创新创业,大力发展文化旅游产业。

巨野-东明发展主轴:是菏泽市向东北与济南、青岛对接,向西跨越黄河与中原经济区联系的主要通道,串联主城区、巨野县城、东明县城,着力构筑高端化、高质化、高新化产业结构、做大做强高端化工产业,培育壮大战略性新兴产业。

沿日兰高速公路发展次轴:是菏泽向西南联系郑州的主要通道,串联主城区、庄寨镇区。

沿菏徐铁路发展次轴:是菏泽向东南联系徐州的主要通道,串联主城区、定陶城区、成武县城、单县县城。

中心城区-鄄城发展次轴:串联主城区、鄄城县城。

3. 网络化

以交通网络、信息通道、公共服务设施网络、市政基础设施网络等为骨架,以中心城区、县城、重点镇、一般镇、中心村为主体,形成覆盖广大农村地区的城乡网络体系。

第三章　地质背景

第一节　区域地质构造背景

一、区域地层

菏泽市在大地构造单元划分上，以聊考断裂为界，聊考断裂以西属华北板块华北凹陷区（Ⅰ）临清坳陷（I_b）东明-莘县潜断陷（I_{b4}）东明潜凹陷（I_{b4}^2）区，聊考断裂以东属华北板块鲁西隆起区（Ⅱ）鲁西南潜隆起（$Ⅱ_b$）菏泽-兖州潜断隆（$Ⅱ_{b1}$）菏泽潜凸起（$Ⅱ_{b1}^1$）（图3-1）。

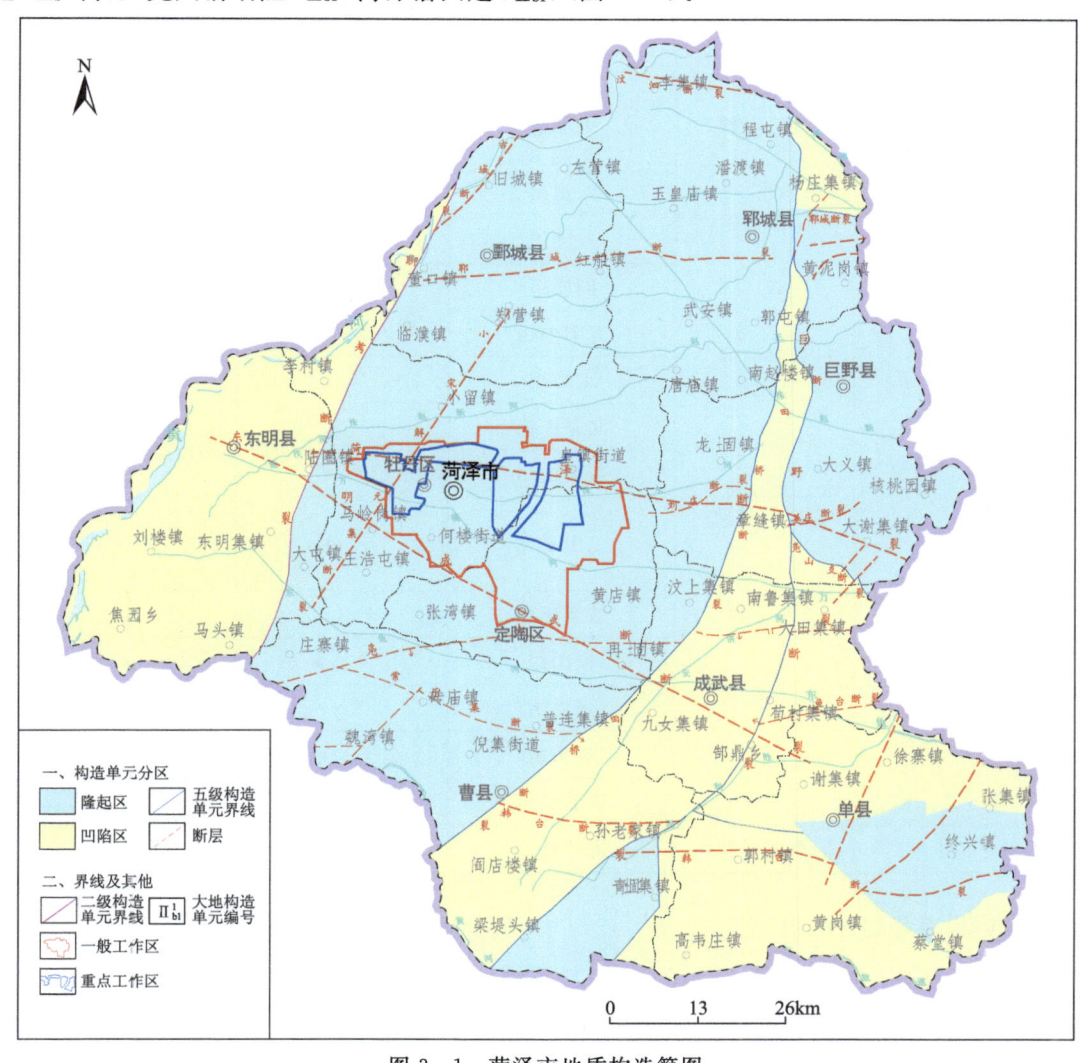

图3-1　菏泽市地质构造简图

菏泽市地层属华北地层大区、鲁西地层分区、济宁地层小区。区内地层发育比较齐全。区内除巨野县核桃园与独山镇有少量古生界基岩出露外，其余均被新生界覆盖。据现有钻孔揭露的地层资料，区内地层从老到新有新太古界、古生界寒武系、奥陶系、石炭系—二叠系，新生界古近系、新近系、第四系等地层（表 3-1）。

表 3-1 地层划分简表

年代地层		岩石地层			地层厚度/m
界	系	群	组	代号	
新生界	第四系		黄河组	$Qhhh$	15～30
			平原组	Qpp	325～400
	新近系	黄骅群	明化镇组	N_2m	500～850
			馆陶组	N_1g	480～700
	古近系	济阳群	东营组	E_3d	400～450
			沙河街组	$E_{2-3}\hat{s}$	34～2154
		官庄群	大汶口组	$E_{2-3}d$	0～1000（以上）
古生界	二叠系		石盒子群	$P_{2-3}\hat{S}$	200～300
		月门沟群	山西组	$P_{1-2}\hat{s}$	60～100
			太原组	C_2P_1t	160～180
	石炭系		本溪组	C_2b	10～20
	奥陶系	马家沟群	八陡组	$O_{2-3}b$	800
			阁庄组	O_2g	
			五阳山组	O_2w	
			土峪组	O_2t	
			北庵庄组	O_2b	
			东黄山组	O_2d	
	寒武系	九龙群	三山子组	$\in_4O_1s$	70～100
			炒米店组	$\in_4O_1\hat{c}$	50
			崮山组	$\in_{3-4}g$	45
			张夏组	$\in_3\hat{z}$	210
		长清群	馒头组	$\in_{2-3}m$	225
			朱砂洞组	$\in_2\hat{z}$	75
新太古界			泰山岩群	山草峪组	$Ar_3\hat{s}$	>1000

1. 泰山岩群山草峪组（$Ar_3\hat{s}$）

泰山岩群山草峪组（$Ar_3\hat{s}$）主要分布在巨野县核桃园地区，为隐伏地层。岩性主要为黑云变粒岩，局部夹磁铁石英角闪岩、磁铁角闪石英岩、黑云角闪片岩、斜长角闪岩等，地层厚度大于 1000m。

2. 寒武系长清群（$\epsilon_{2-3}\hat{C}$）

寒武系长清群（$\epsilon_{2-3}\hat{C}$）主要分布在巨野县核桃园地区，分为朱砂洞组和馒头组，仅馒头组有零星出露。主要岩性为紫灰色具交错层理砂岩，肝紫色页岩夹少量粉砂岩、泥质灰岩、厚层泥质灰岩、薄层泥灰岩、泥岩等，厚度约300m，与下伏泰山岩群山草峪组呈角度不整合接触。

3. 寒武系—奥陶系九龙群（ϵ_3O_1J）

寒武系—奥陶系九龙群（ϵ_3O_1J）主要分布在巨野县核桃园地区，分为张夏组、崮山组、炒米店组、三山子组。主要岩性为灰色厚—巨厚层鲕粒灰岩、云斑灰岩、黄绿色页岩、疙瘩状灰岩、薄板灰岩、竹叶状砾屑灰岩及中厚层中晶白云岩等，厚度约405m，与下伏馒头组呈整合接触关系。

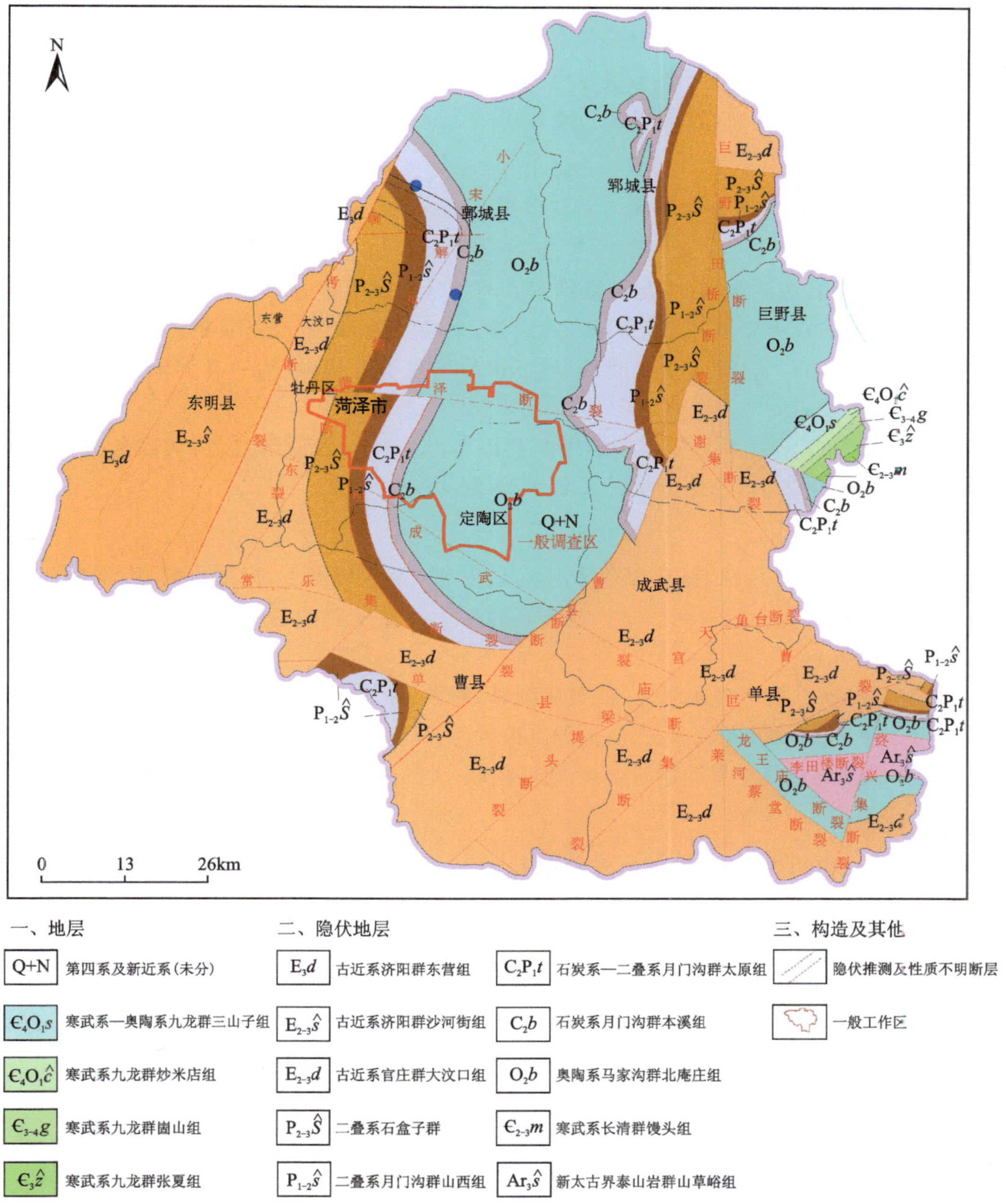

图3-2 工作区及其附近前新近纪基岩地质图

4. 奥陶系马家沟群($O_{2-3}M$)

奥陶系马家沟群($O_{2-3}M$)主要隐伏于牡丹区东部、定陶大部、鄄城东部、郓城县西部以及巨野县的东部,在菏泽凸起的东部、西部地区埋藏于煤系地层之下。岩性主要为灰色、棕灰色厚层状的灰岩及白云质灰岩,推测奥陶系马家群组厚度800m左右,与下伏地层呈不整合接触。

5. 石炭系—二叠系(C-P)

石炭系—二叠系与下伏奥陶系呈假整合接触关系,为一套浅海相和海陆交互相含煤沉积。

(1)石炭系—二叠系月门沟群(C_2-P_2Y):包括本溪组、太原组、山西组。本溪组(C_2b)为杂色黏土岩和2~3层灰岩,局部夹砂岩、碳质页岩,厚10~20m,与下伏奥陶系呈平行不整合接触。太原组(C_2P_1t)为主要含煤地层,沉积厚度较稳定,岩性由灰色页岩及砂岩、泥岩、煤层和灰岩组成,厚度160~180m。山西组($P_{1-2}\hat{s}$)为一套灰色、灰黄色砂岩、泥岩和碳质页岩和陆相沉积,主要煤层均在中部或下部,厚度60~100m。

(2)二叠系石盒子群($P_{2-3}\hat{S}$):下部为黄绿色、灰色砂岩、泥岩,深灰色页岩,上部为灰绿色、灰色泥岩和砂岩互层,普遍遭受严重剥蚀,残余厚度一般200~300m。

6. 古近系(E)

(1)大汶口组($E_{2-3}d$):主要分布于聊考断裂以东。岩性可大致分为3个部分:下部为浅紫色粉砂岩夹砂质泥岩和砂砾岩,含石膏;中部为紫红色、灰绿色钙质泥岩、泥岩,夹粉砂岩和泥灰岩;上部为紫红色、灰绿色粉砂岩夹泥岩和砂岩,含少量石膏结核。与下伏地层不整合接触,厚度可达1000m以上。

(2)沙河街组($E_{2-3}\hat{s}$):主要分布于东明县、成武县、单县等地,以及巨野县的西南部。岩性主要为灰色泥岩夹灰岩、砂岩和油页岩,分布于东明县,与下伏地层呈整合接触,为一套河流—湖泊相沉积,厚度变化大,厚度34~2154m。

(3)济阳群东营组(E_3d):主要分布于聊考断裂以西。岩性主要为紫红色、灰绿色夹浅灰色砂岩和粉砂岩,覆盖于沙河街组之上,隐伏于新近系之下,厚度400~450m。

7. 新近系(N)

(1)馆陶组(N_1g):主要为棕色、灰绿色厚层黏土、砂质、粉砂质黏土,局部夹粉砂、细砂薄层,大部半固结,局部未固结。底部为含较多钙质结核或砾石的黏土及黏土质砂、砾层,与下伏地层呈角度不整合接触,厚度480~700m。

(2)明化镇组(N_2m):下部为灰绿色、棕黄色细砂、粉砂、黏土质粉砂夹浅紫色黏土,为新近系主要含水段,黏土层中含块状、板状及晶簇状石膏;上部以棕黄色、浅红色厚层黏土、砂质黏土为主夹粉砂、细砂及黏土质砂,含较多钙质结核及少量铁锰质结核,岩性松软,大部未固结,局部微固结。厚度500~850m。

8. 第四系(Q)

下部主要为冲积相的浅黄、灰黄色粉砂质黏土、黏土质粉砂及粉、细砂层,含较多的钙质结核,厚0~350m。上部为近代黄河冲积形成的黄灰色粉砂质黏土、浅黄色粉砂、细砂、黏土质粉砂和棕色黏土的韵律堆积体,顶部为耕作层,厚约20m(表3-2,图3-3)。

表3-2 第四系地层划分表

时代地层	年龄/ka	岩相特征
全新统	10	黄河冲积间夹湖沼、洪积相
上更新统	10~130	黄河冲积、湖沼相夹洪积相沉积,钙核发育,内陆有咸水沼泽
中更新统	130~780	冲湖积相,含钙核
下更新统	780~2580	冲湖积相,多钙核

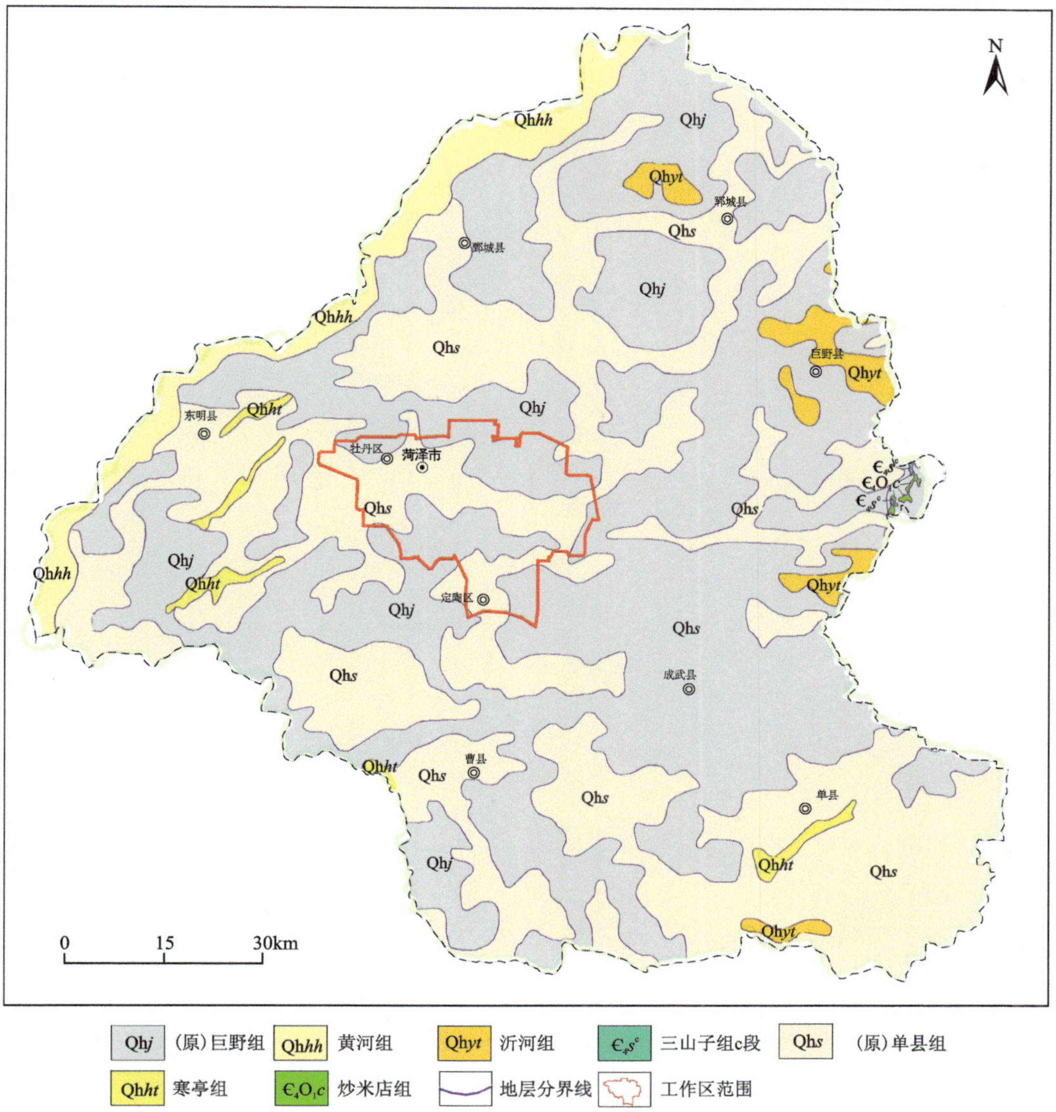

图 3-3 菏泽市第四系地质图

二、地质构造

历次构造运动造成本区断裂构造十分发育,断裂按其展布方向分为近东西向和近南北向断裂两组(图 3-4)。主要包括聊考断裂、田桥断裂、巨野断裂、小宋-解元集断裂、东明-成武断裂、菏泽断裂、郓城断裂、凫山断裂和曹县断裂等,各断裂基本特征见表 3-3。

三、岩浆岩

岩浆岩均隐伏于松散层以下。根据煤田地质勘查资料,在郓城、郭屯、赵楼、龙堌等井田均分布不同面积的岩浆岩,岩性主要为灰色、灰绿色的煌斑岩、云斜煌斑岩、闪长玢岩,具粒状、斑晶结构,少量具气孔状构造,致密坚硬,裂隙发育。岩浆岩侵入时代为燕山运动晚期。

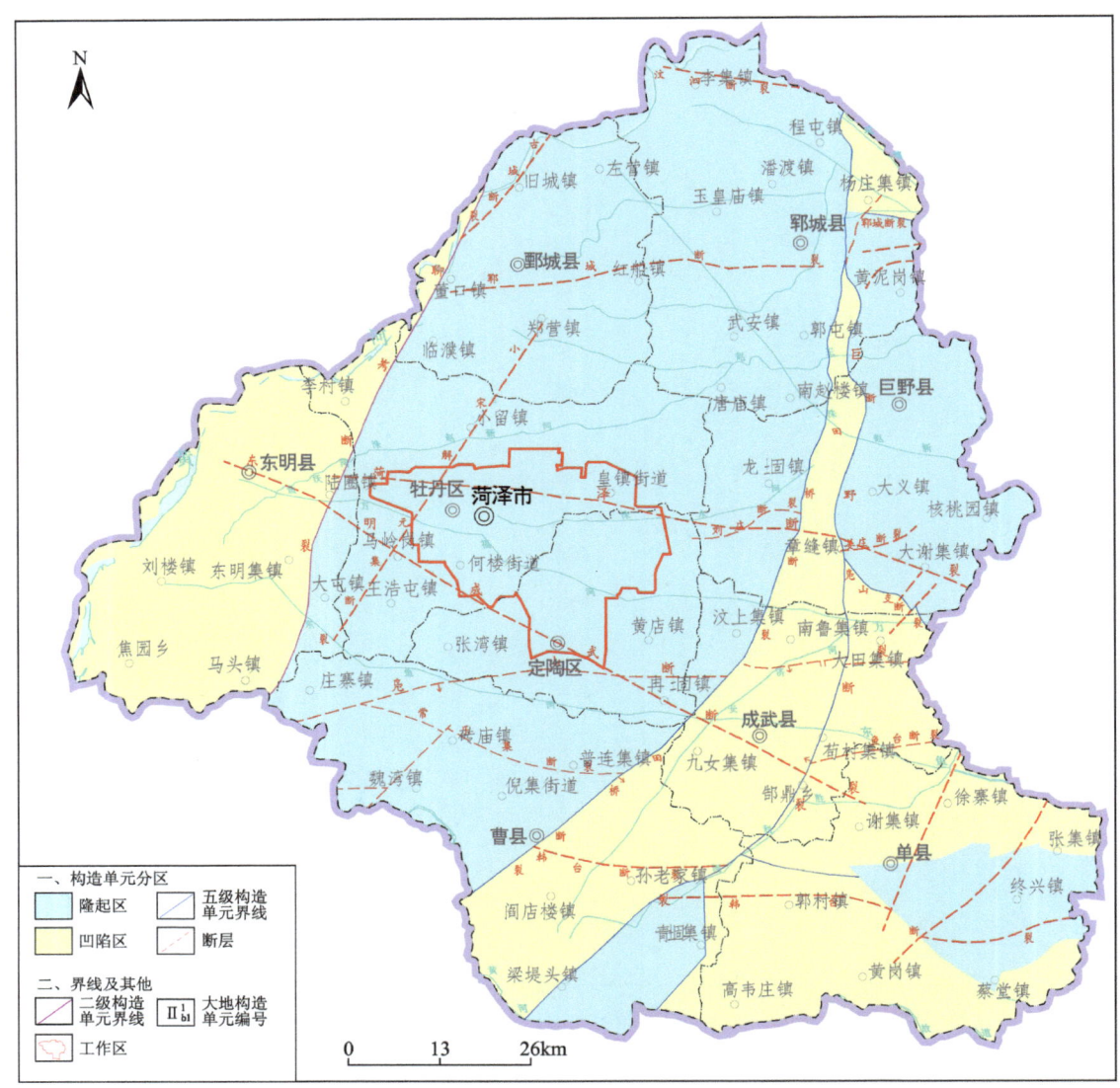

图 3-4 菏泽市断裂构造图

表 3-3 区域断裂基本特征表

基本特征	聊考断裂	田桥断裂	巨野断裂	小宋-解元集断裂	东明-成武断裂	菏泽断裂	郓城断裂	凫山断裂	曹县断裂
长度/km	270	190	215	60	100	50	200	240	190
走向	20°～30°	SN	SN	NE	NW	EW	EW	EW	NE
倾向	NW	E	W			S	N	S	SE 或 E
倾角	40°～70°	60°～80°	85°	90°	90°	70°～80°	70°～80°	70°～80°	60°～80°
错断地层	Q/N、C	E/C-P	E/C-P	Q/Q	Q/Q	J/∈-C	Q/E、C		E/C-P
切割深度	超壳	壳内	壳内	壳内	壳内	壳内	壳内	壳内	壳内
断层性质	正断层		正断层	正断层	正断层	正断层	正断层	正断层	正断层

四、新构造运动

1. 区域地壳稳定性

山东省新构造一级单元鲁西-鲁北沉降平原区的南部,二级构造单元菏泽-济宁断块缓慢倾斜沉降平原的中部。区域新构造运动较为强烈,孕育并导致地震不断发生,对地壳稳定性造成影响。

2. 新构造运动

中生代末期,区域基底构造格架已经形成,进入新生代以后,受喜马拉雅运动影响较大的古老断裂复活,区域构造又以继承性和差异性的缓慢沉降形式继续运动,沉降幅度受断块本身运动强度的制约,从东往西,沉降幅度逐渐增大,沉积物厚度由薄变厚。

区域新构造运动,不仅表现在沉降幅度上,从新生代开始地壳的振荡活动也很频繁,一些大的断裂带始终显示着活动的迹象。其中,对工作区地壳稳定性产生影响的活动断裂主要有聊考断裂、郓城断裂、田桥断裂、巨野断裂、菏泽断裂、东明-成武断裂和小宋-解元集断裂。其中,聊考断裂规模最大,活动最为剧烈,是山东省二级新构造单元的分界线,也是地震构造分区的边界断裂。

3. 地震

地震是新构造运动的主要表现形式之一,是地球释放能量的一种方式,是构造运动的继续和发展,地震的多少及地震烈度直接反映区域地质构造的活动性。

工作区处在山东省三大强震带之一的聊考地震带,工作区属于聊城-兰考地震带,沿带历史地震的分布均受聊考深大断裂的控制,挽近期活动强烈。菏泽境内 1970 年前,共发生 5.0 震级以上有感地震 5 次,1970 年后共发生 3.0 震级以上有感地震 45 次,其中 5.0 震级以上 2 次,最高震级为 6.2 级。山东省地震活动较频繁,强度较大。公元前 70 年—1976 年,共发生 $M_s \geqslant 6$ 级地震有 13 次,基本上都发生在郯城-渤海和聊城-兰考强地震带内。公元前 70 年—1983 年间,发生了 $M_s \geqslant 5$ 级地震有 31 次,$M_s \geqslant 4.6$ 级地震计 42 次。地震活动与挽近期断裂带活动性关系甚为密切(表 3-4,图 3-5)。

表 3-4 菏泽市 5.0 级以上地震记录表

序号	发震时间 年/月/日	震中坐标 东经	震中坐标 北纬	震级	震中位置	所在断层
1	1520/09/01	115.47°	35.51°	5.25	郓城西北	汶泗断裂
2	1622/03/18	116.01°	35.31°	6.0	郓城南	巨野断裂
3	1937/08/01	115.12°	35.24°	7.0	东明东	聊考断裂
4	1937/08/01	115.08°	35.27°	6.76	东明东	聊考断裂
5	1948/05/29	115.22°	35.06°	5.5	菏泽西南	凫山断裂
6	1977/07/09	115.72°	34.88°	5.2	曹县东北	田桥断裂
7	1983/11/07	115.27°	35.27°	6.2	菏泽	田桥断裂

从地震深度而言,发生在深度数千米到 35km 内,均属浅震。菏泽地区地震密集带主要分布在聊城-兰考断裂沿线一带,地震较频繁,属较强地震带。在历史上,菏泽市境内地震的分布均受此深断裂的控制。1970 年前后该断裂均发生过 $M_s > 7.0$ 级地震,证明其存在近期活动迹象。

4. 区域稳定性评价

本次区域地壳稳定性评价主要参照《活动断层与区域地壳稳定性调查评价规范(1∶50 000、1∶250 000)》

(DD 2015-02)和《中国地震动参数区划图》(GB 18306—2015)等相关规范标准。工作区地震基本烈度为7度，场地类别为Ⅲ类，地震动峰值加速度0.15～0.20g，反应谱特征周期0.40s，地壳稳定性属较不稳定区。

图3-5 菏泽市地震分布图

第二节 工作区地质背景

一、工作区地层

根据现有钻孔揭露地层资料，工作区地层由新到老分布有第四系、新近系、石炭系—二叠系和奥陶系等，与城市地质相关的地层主要为第四系。

下更新统（Qp_1）主要是在新近纪末形成的古地形基础上堆积的一套冲积、湖积及湖相沉积层。岩性以杂色及棕色黏土、粉质黏土为主，夹有粉细砂、细砂层，具灰绿色网纹，砂层中长石风化严重，底板埋深392～427m，顶板埋深189～250m。

中更新统（Qp_2）为一套冲洪积、湖相沉积层。岩性由以棕色、棕褐色为主、绿色次之的粉质黏土夹细砂、中细砂层组成，富含钙质结核和黑色豆状铁锰质结核，底板埋深189~250m，顶板埋深120~156m。

上更新统（Qp_3）主要为冲积、湖沼相夹洪积相沉积。岩性以黄色、棕黄色及黄褐色粉土为主，夹有中细砂，次为粉质黏土及粉细砂，富含钙质结核及少量铁锰质结核，底板埋深120~156m，顶板埋深36~66m。

全新统（Qh）为一套冲积间夹湖沼、洪积相沉积物。岩性主要为浅黄色、灰黄色粉砂质黏土、黏土质粉砂及粉细砂层，含较多的钙质结核，间夹1~2层灰黑色淤泥质层，底板埋深36~66m，粉砂及粉细砂一般有1~2层，厚度2~25m。在冲积平原上，第四系表现出明显的沉积分异现象，沿黄河故道、黄河决口扇以及河道沉积以粉砂和细砂为主；而远离河道的浅平洼地及河道中心的河槽洼地以黏土为主，其余为粉砂质黏土；在由粉砂和细砂组成的决口扇上，由于风力改造往往形成沙丘、沙堆和沙垅等微地貌景观。

第四系（Q）下部主要为冲积相的浅黄、灰黄色粉砂质黏土、黏土质粉砂及粉、细砂层，含较多的钙质结核，厚度0~350m。上部为近代黄河冲积形成的黄灰色粉砂质黏土、浅黄色粉砂、细砂、黏土质粉砂和棕色黏土的韵律堆积体，顶部为耕作层，厚度约20m。

二、构造断裂

工作区内的断裂主要有小宋-解元集断裂、东明-成武断裂、菏泽断裂等（表3-5）。

表3-5 工作区主要断裂特征一览表

断裂名称	走向	倾向	倾角	控制地层	切割深度	最新活动时代	确定方法
小宋-解元集断裂	35°	E	70°~80°	Qh	壳内	Qh	^{14}C、综合分析
东明-成武断裂	290°	S	70°~80°	Qp_3	壳内	Qp_3	综合分析
菏泽断裂	285°	S	70°~80°	J	壳内	Qp_1	浅震探测

注：热释光和^{14}C测年分别由中国地震局地质研究所、中国科学院地质研究所完成。

小宋-解元集断裂位于工作区的西侧，从小宋向东北经大黄集、解元集到小留集，是一条隐伏的北东向发震断裂。垂直断距自上而下由小变大表明断裂最新一期垂直差异活动可达全新统中上部。从震源机制解看，该断裂走向与震源节面的方向相同，在断裂的位置发生了7级地震。小宋-解元集断裂是一条全新世活动断裂。

东明-成武断裂从工作区的西南部穿过，从东明县城东经解元集、定陶到成武延伸而成。从航磁异常图可见菏泽—定陶分布着一串北西向的强磁性体，并在菏泽以西与聊考断裂相交。从古近系＋新近系的埋深等值线图可以看出，此断裂对新近系沉积有一定的控制作用。地震震源机制解的结果表明，震源节面与此断裂的走向一致，现代地震有沿此断裂分布的趋势。结合地貌反映和化探测式的结果，在断裂延过处具有α径迹高值显示其为一条活动断裂，既控制着新生代的沉积，又控制着该地区的地震活动。

菏泽断裂是横亘菏泽凸起的近东西向断裂，西段交于聊考断裂，东至章缝集，在工作区北部通过，全长约50km，走向近东西，倾向南，为正断层。此断裂在重、磁异常图上较明显，具压扭性质，由于新构造活动影响，后期改造使其显示为张性，左行错断奥陶系，形成时间较早。

第四章　城市地质资源

第一节　矿产资源

一、矿产资源概况

菏泽市矿产资源较为丰富,优势矿产资源主要有煤、地热、岩盐矿等。根据《菏泽市矿产资源总体规划(2021—2025年)》,全市已发现矿产15种,占全省已发现矿种(148种)的10.14％。其中,能源矿产4种(煤、石油、天然气、地热),金属矿产2种(铁、砂金),非金属矿产7种[方解石、石灰岩(水泥用灰岩、建筑石料用灰岩、制灰用灰岩)、白云岩、页岩(水泥配料用页岩)、其他黏土(砖瓦用黏土、水泥配料用黏土)、岩盐、天然石英砂(建筑用砂)],水气矿产2种(地下水、矿泉水)。

其中,查明资源储量的矿产有8种,能源矿产4种(煤、石油、天然气、地热),非金属矿产3种(岩盐、石灰岩、砖瓦用黏土);水气矿产1种(矿泉水)。

主要矿产资源储量情况为:煤炭累计查明资源储量50.1亿t,石油资源量2089万t,天然气资源量28.89亿m^3,地热资源量为$368.35×10^{18}$MJ,岩盐矿累计查明64.8亿t(固体NaCl),石灰岩资源量1 370.4万m^3,矿泉水矿区4处。

二、矿产资源特点

受成矿地质条件制约,菏泽市矿产资源有以下特点。

第一,查明矿产种类少,以能源矿产和化工矿产为主。菏泽市能源矿产储量丰富,其中石油、天然气主要分布于东明县;煤炭资源分布于巨野煤田、曹县煤田、单县煤田三大煤田,优势地位明显,煤炭探明或初步查明资源储量50.1亿t,占全省第二位;菏泽市地热资源丰富,资源储量$368.35×10^{18}$J,折合标准煤$125.63×10^8$t;岩盐矿勘查取得历史性的突破,鄄城夏庄、单县杨楼资源储量大,矿石品位高。金属矿产种类和矿产地少,资源潜力不大。

第二,优势矿产分布相对集中,开发利用条件好。菏泽市煤炭资源不仅丰富,而且集聚度高,有利于规模化开发,集中分布于巨野县、郓城县、单县、曹县、定陶区等;地热资源分布范围广,各县区均有分布,可利用前景广阔;岩盐矿勘查取得历史性突破,鄄城县夏庄地区、单县杨楼和黄岗地区资源储量大,矿石品位高,找矿潜力大。

三、矿产资源开发利用现状

截至2020年底,菏泽市开发利用的非油气矿产资源主要为煤和地热两种能源矿产,设置采矿权8个。其中,生产矿山7个,在建矿山1个,均为地下开采;按生产规模划分,大型矿山6个,中型矿山2个。全市煤炭矿井证载生产能力总和1815万t,设计(核定)生产能力总和1810万t,生产矿山核定生产能力总和1630万t。2020年,受特殊情况影响全市煤炭开采量为1201.2万t,工业总产值116.34亿元。

菏泽市煤炭资源丰富,是国家重点建设的十四大煤炭基地之一——鲁西煤炭基地的重要组成部分。已有地质资料证实,菏泽市境内的含煤区煤层厚度大、煤质优良,就目前工作程度估算,保有煤炭资源总量在100亿t以上,划分成3个煤田,即巨野煤田、单县煤田和曹县煤田。

地热资源作为清洁的能源矿产,近年来得到了广泛的开发利用,愈来愈受到人们的重视。菏泽市位于菏泽凸起的中部,全区被第四系、新近系沉积覆盖,下伏石炭系、二叠系和奥陶系,菏泽断裂横穿工作区北部。地热流体主要赋存在新近系砂岩孔隙及奥陶系灰岩裂隙岩溶之中,具有良好的盖层、热储层和导水构造,是层状热储发育的有利地区。

目前开发利用的地热水温一般小于60℃,局部近70℃。截至2023年底,菏泽市现有地热开发利用工程182个,其中供暖为主的103个,洗浴为主的38个,关停工程41个。开发利用强度较大的主要为东明县,地热井数量占全市的30%;其次为鄄城县和郓城县,地热井数量均各占20%。根据地热井分布特点,各县(区)的城区为地热资源集中开采区,其中东明县城区地热资源集中开采井占东明县的55.38%,其他各县(区)地热资源开采基本上都集中在城区范围内。

菏泽市自然条件下供暖期地热水,可开采资源量535.05万m^3/d,折合标准煤为595.37万t/a,可供暖面积28 816万m^2/a。按照"取热不取水"的采灌均衡开采模式,回灌条件下地热水可开采资源量为879.81万m^3/d,折合标准为978.73万t/a,可供暖面积47 368万m^2/a。目前,供暖期地热水开采量11.42万m^3/d,折合标准煤为14.27万t/a,供暖面积691万m^2/a。回灌条件下供暖期地热水开采潜力资源量868.39万m^3/d,折合标准煤为964.47万t/a,潜力供暖面积46 677万m^2/a。

四、矿产资源开发利用与保护

1. 合理确定开发强度

根据菏泽市矿产资源特点、开发利用现状、经济社会发展的需求及下一步矿业权投放计划,提出开采总量及矿山数量调控目标。

(1)开采总量调控:合理调控开发强度,稳定煤炭资源供给,加强资源总量调控,维持供需平衡。2025年,固体矿产资源开采总量控制在1930万t,其中煤1810万t,岩盐矿120万t。

(2)矿山数量调控:截至2025年,煤矿矿山总数相对稳定,拟设置部分岩盐矿采矿权,固体矿产矿山总数控制在10个,适时投放地热采矿权。矿山总数控制在90个,大中型矿山比例不低于65%。

2. 优化开发利用结构

(1)最低开采规模:按照《山东省矿产资源总体规划(2021—2025年)》确定的最低开采规模标准,进一步提高矿产开发准入门槛,坚持矿山设计开采规模与矿区储量规模相适应的原则,新建矿山严格执行规划确定的矿山开采最低规模标准,严禁大矿小开、一矿多开,促进矿山企业规模化、集约化开采。

(2)矿业结构优化:第一,针对不同矿业领域中存在的实际问题采取不同的发展战略,技术结构提升是实现矿业产品结构调整的保障措施和手段。以改造提升关键技术为中心,加大科技创新力度,鼓励企业提升自主创新能力,重点支持研发矿业发展迫切需要的关键、共性、配套的相关技术及高附加值产品。升级矿山开采、选矿、加工工艺及技术装备。第二,优化开发煤炭资源,释放优质高效产能。做大煤化工,着力延伸煤炭化工产业链条,促进产业链现代化。推动现代化信息技术与传统产业领域融合发展,加强智能煤矿等产业升级改造。煤矿智能化围绕减人提效保安,全面推进煤矿"系统智能化、智能系统化"建设。加快煤矿智能化科研平台建设,建立完善智能化建设标准体系。第三,深化节能减排,大力推进节能减排技术改造。深化综合利用,积极利用煤矸石、矿井水及余热等资源。深化政策支持,出台引导企业使用清洁能源的鼓励政策,营造全社会节能减排和保护环境的良好氛围。

第二节 水资源

水资源调查评价是对菏泽市的地表水、地下水资源数量、质量及其时空分布特征进行全面分析评价。遵照人口、资源、环境与经济社会协调发展的原则,综合考虑河川径流特征、地下水开采条件、生态环境保护和技术经济等因素,评估地下水和地表水资源总量及可利用总量,为分析水资源承载能力提供合理依据。

根据2000—2020年山东省水资源公报统计数据,菏泽市多年平均水资源总量为22.05亿 m^3,其中地表水资源量为5.55亿 m^3,地下水资源量为16.5亿 m^3。全市多年平均当地水资源可利用总量为14.828 7亿 m^3。外调水主要是黄河水和长江水,引黄、引江指标分别为9.31亿 m^3、0.75亿 m^3,黄河水是菏泽市最重要的客水水源。

菏泽市水资源具有以下两个基本特点。一是总量不足。目前菏泽市人均占有水资源量为188m^3,仅为全省人均占有量的62%、全国人均占有量的9%,属于人均占有量小于500m^3 的严重缺水地区。二是水资源年际年内变化较大。全市平均水资源量变差系数为0.45,极值比为8.33,极差为41.88亿 m^3;各县区水资源总量变差系数一般在0.36~0.80之间,极值比在7.2~15.5之间。全市降水集中在汛期,6—9月降水约占全年的70%,而年径流量的形成主要集中在7—8月。三是菏泽属平原地区,地势平坦,地表径流系数较小,地表水利用率低。四是深层地下水超采严重,范围较大。五是外调水依赖程度高。菏泽可利用外调水以黄河水为主,多年来引黄水量占全市总供水量的40%左右,占城市居民及工业用水的比例更高。

2021年全市年降水量134.68亿 m^3,水资源总量54.90亿 m^3,其中地表水资源量31.47亿 m^3,地下水资源量23.43亿 m^3。

一、大气降水及蒸发量

降水是地表水、土壤包气带水、地下水的补给来源,也是广义上的水资源。一个地区降水量的大小及时空变化特征,同该地区水资源量的大小及时空分布特征有着极为密切的关系。

1. 多年平均降水量

根据《山东省水资源综合规划》成果及最新气象资料分析,菏泽市多年平均降水量661.6mm,折合年降水总量80.23亿 m^3。由于受地理位置、大气环流等因素影响,菏泽市的降水区域分布不均,降水量在地区上的分布总体是南部大于北部,东部大于西部。菏泽市降水年内分布不均,主要集中在夏季,汛期、非汛期差异明显,汛期集中了全年降水量的70.2%。年际变化较大,最大年均降水量为1 135.9mm,出现在2003年,最小年均降水量为355.9mm,出现在1988年,倍比为3.19。

2. 降水量的地域分布特征

菏泽市降水量在空间上呈现东南多、西北少的展布特征。鄄城县大埝镇—郑营镇—临濮镇一带,牡丹区李村镇一带西北年均降水量小于600mm,东南至巨野县麒麟镇—柳林镇—定陶区杜塘镇—张湾镇一带年均降水量介于600~650mm之间,其余地区年均降水量大于650mm。

3. 蒸发量

菏泽市水面蒸发年内、年际变化虽不如降水剧烈,但同样存在着分配不均。全市多年平均水面蒸发量为907.2mm,是平均降水量的1.37倍。潜水蒸发各月的变化没有水面蒸发大,但年内各月分配及年际间仍然存在很大差异。由于潜水蒸发除与水面蒸发有关外,还受潜水埋深等多种因素的影响,因而潜水蒸发量年内时间分配与水面蒸发不相吻合。

二、水资源量及开发利用状况

（一）全市水资源量计算

1. 地表水资源量

地表水资源量是指河流、水库等地表水体中由当地降水形成的可以逐年更新的动态水量,通常用天然河川径流量表示。天然河川径流量是指河川径流形成过程中基本上未受人类活动（水利工程）影响的天然状态下河川径流量。

2. 地下水资源量

均衡计算区内各项地下水补给量之和为该区的多年平均地下水总补给量。公式为

$$Q_{总补} = P_r + Q_{河} + Q_{井灌} + Q_{塘} + Q_{客} \tag{4-1}$$

式中:$Q_{总补}$为地下水总补给量；P_r为降水入渗补给量；$Q_{河}$为河道侧渗补给量；$Q_{井灌}$为井灌回归入渗补给量；$Q_{塘}$为引闸、坑塘蓄水灌溉入渗补给量；$Q_{客}$为跨流域灌溉入渗补给量。

总补给量扣除井灌回归补给量即为平原区地下水资源量($W_{地}$)。表达式为

$$W_{地} = Q_{总补} - Q_{井灌} \tag{4-2}$$

3. 水资源总量

一定区域内的水资源总量是指当地降水形成的地表和地下产水量,即地表径流量和降水入渗补给量之和。分别计算近期下垫面条件下各计算分区水资源总量(W),表达式为

$$W = R_s + P_r = R + P_r - R_g \tag{4-3}$$

式中:W为水资源总量；R_s为地表径流量（即河川径流量与河川基流量之差）；P_r为降水入渗补给量；R为河川径流量；R_g为河川基流量。

根据《全国水资源综合规划技术细则》要求,结合菏泽市地下水埋深较大、河床下切较浅的实际情况,河川基流量很小,计算时忽略不计,各分区水资源总量计算采用公式 $W=R+P_r$ 计算。

4. 水资源可利用量

水资源可利用总量是指在可预见的时期内,在统筹考虑生活、生产和生态环境用水的基础上,通过经济合理、技术可行的措施在当地水资源中可一次性利用的最大水量。本次水资源调查评价水资源可利用总量计算,采用地表水资源可利用量与浅层地下水资源可开采量相加再扣除地表水资源可利用量与地下水可开采量两者之间重复计算量的方法进行估算。计算公式为

$$Q_{总} = Q_{地表} + Q_{地下} - Q_{重复} \tag{4-4}$$

式中:$Q_{总}$为水资源可利用总量；$Q_{地表}$为地表水资源量；$Q_{地下}$为浅层地下淡水资源量；$Q_{重复}$为重复计算量。

经长序列资料分析,全市水资源可利用总量为20.80亿 m^3。不计跨流域引水形成的地下水可开采量,全市多年平均可利用总量为16.89亿 m^3。

5. 供水基础设施现状

菏泽市市域现状供水水源包括地表水、地下水、引黄供水、南水北调供水及少量再生水。中心城区主要水源为引黄及地表水。

(1)地表水供水水源:城区水库设计总供水量为27.07万 m^3/d。其中,西城水库设计供水量15万 m^3/d;

南湖水库作为工业用水水源,设计供水量5万 m³/d;刘楼水库设计供水量7.07万 m³/d。

(2)地下水供水水源:菏泽市地下水现状总供水量为4.4万 m³/d。其中,自备井目前日供水量为3.4万 m³/d,主要用于企业自备水源;定陶给水厂最高日供水量为1万 m³/d。

(3)供水设施:黄河水厂设计日供水能力为15万 m³/d,现状供水规模为8.5万 m³/d,占地150亩;定陶水厂设计供水能力1万 m³/d,现状供水规模为0.85万 m³/d。

(二)水资源开发利用现状

1. 供水分析

(1)现状年供水量:2018年全市现有供水设施实际供水量为223 874万 m³。其中,地表水109 048万 m³(跨流域调水89 712万 m³),占总供水量的48.71%;地下水供水量114 016万 m³,占总供水量的50.93%;其他水源供水量(污水处理回用)810万 m³,占总供水量的0.36%。

(2)供水量变化趋势:根据菏泽市水利统计资料的数据,1991—2018年菏泽市总供水量呈增加趋势,2001年达到最大供水量308 723万 m³,2002年以后稳定在20亿 m³左右。地表水源供水量在总供水量中的比例略有下降,由1991年的56.06%减少到2018年的48.71%;而地下水源供水量所占比例逐年增加,由1991年的43.94%增加到2018年的50.93%。在地表水源供水量中调水所占比例最大,1991—2018年跨流域调水年均供水量占地表水年均供水量的81.98%,为92 896万 m³,其中1992年跨流域调水量所占比例最大为99.37%,为103 122万 m³,2003年跨流域调水量最小为0。由于随着黄河计划引水和限量用水的实行,跨流域调水中的引黄供水水量基本呈逐年减少的趋势。

1991—2018年,菏泽市地下水源供水量呈现逐年增加的趋势,个别年份因降水量的不同有所波动,但总体趋势为地下水开采量在逐年增加。

2. 地下水开发利用情况

(1)地下水资源开采现状:菏泽市除黄河滩区379 km²为黄河流域外,其余11 774 km²为淮河流域。大气降水是菏泽市水资源中最基本的要素,也是地下水资源的主要补给来源。地下水是工农业生产、居民生活用水的主要来源,1949年时基本没有农田灌溉,更没有开采地下水灌溉,只有少量的大口民用砖井供生活用水,工业相对水平落后,用水量极少。因此,地下水基本是自然消耗,处于供大于求状态。

因菏泽地处黄泛平原,缺乏修建水库拦截地面径流的条件,所以地表水可利用量很小。随着社会的进步和工农业的发展,地下水成为菏泽市的主要供水水源,开采量大幅增加,在国民经济建设中被大面积地开发利用,水资源开发利用程度亦愈来愈高。菏泽市地下水供水水源主要是开采浅层、深层地下淡水;在巨野县一带,有少量农业用水开采微咸水。2018年全市地下水总开采量114 016.00万 m³,比2017年多9 622.00万 m³,其中浅层地下水开采量为106 862.00万 m³,比去年多10 767.00万 m³;深层孔隙淡水开采量为7 154.00万 m³,比去年少1 145.00万 m³。

当前,菏泽市地下水开采以浅层孔隙水为主,开采量总体呈逐年增加趋势。农业灌溉发展不平衡,沿黄河一带的东明、郓城、鄄城借引黄之利,以引黄灌溉为主,少有机井,地下水开采程度小于可采资源量的60%。郓城县南部、曹县东部、成武县、单县、定陶区、牡丹区中东部,农田灌溉几乎全部开采地下水,地下水开采程度占可采资源量的60%~75%。其余为井、渠结合灌溉地段,在引黄灌溉无保障情况下,降水量大,地下水开采量就小;反之,则大。

(2)多年开采情况对比:地下水是菏泽市主要供水水源。据统计资料,菏泽市1986年地下水总开采量为42 059万 m³/a,2018年地下水总开采量为114 016万 m³/a,2018年菏泽市地下水开采量为1986年的2.71倍。可见近年来,随着菏泽市社会经济的快速发展和人口的不断增加,对水的需求量日益增长。

综上所述,通常所述地下水资源量主要指与大气降水和地表水体水力联系密切,参与水循环且可以得到较快补偿和更新的动态水力,主要指 TDS<2g/L 的浅层淡水资源量。深层承压水是指埋藏深度

大,与大气降水和当地地表水没有直接水力联系,循环更新非常缓慢,开采后得不到有效补充,主要消耗静储量,从而造成水位持续下降,引起地面沉降的地下水。这部分地下水可作为应急战略储备水源,不宜作为常规水源开发利用。

浅层地下水的补给来源主要有三：一是大气降水,是浅层地下水的主要补给来源,占总补给量的80%,随着降水的季节分配而发生周期性变化;二是黄河侧渗,占总补给量的5%;三是灌溉回归,主要指提取地下水灌溉、引黄灌溉及引黄淤灌的回归水量,占总补给量的15%。

不考虑咸水区地下水资源量,菏泽市多年平均浅层地下水资源总量为17.85亿 m^3,扣除与地表水的重复计算量2.75亿 m^3,实际地下水资源量15.1亿 m^3。

三、地下水资源

(一)地下水化学特征

各类型地下水与地貌、水文、包气带岩性、含水介质、地下水运动条件及人类工程活动等关系密切,在众多因素的影响下,地下水水化学特征存在明显的差异。具有不同的水动力条件,与之相应的产生了不同的水文化学特征。

由于浅层地下水埋藏浅,受人为因素的影响较大,地下水化学类型比较复杂,按舒卡列夫分类法,水化学类型一共有15种。工作区内浅层地下水水化学成分的形成和分布主要受地形、地貌、水文、包气带岩性及人为活动的影响,由于地形坡度小,地下水径流缓慢,地下水以垂直运动为主。加之岗坡、洼地相间分布,水交替程度差异明显,使浅层水水化学成分及其分布变化较大。

(二)地下水资源评价

1. 评价体系的建立

地下水资源评价包括地下水质量评价和地下水污染评价两部分,其中地下水质量评价按照《地下水质量标准》(GB/T 14848—2017)中地下水质量常规指标及限值进行评价。地下水污染评价是在地下水质量评价的基础上进行,即:首先,对无机常规化学指标进行评价,得出初步的水质评价结果;其次,对地下水无机毒理指标进行评价,评价方法按照相关公式进行;最后,采用层级阶梯评价方法进行逐层评价,通过对无机常规化学指标、无机毒理指标的评价,实现地下水质量评价与污染评价的结合。

2. 地下水质量评价

本次浅层地下水质量评价按照《地下水质量标准》(GB/T 14848—2017)中地下水质量常规指标及限值进行,即依据我国地下水水质状况和人体健康风险,参照生活饮用水、工业、农业等用水质量要求,依据各组分含量高低(pH除外)分为5类:Ⅰ类,地下水化学组分含量低,适用于各种用途;Ⅱ类,地下水化学组分含量较低,适用于各种用途;Ⅲ类,地下水化学组分含量中等,以《生活饮用水卫生标准》(GB 5749—2006)为依据,主要适用于集中式生活饮用水水源及工农业用水;Ⅳ类,地下水化学组分含量较高,以农业和工业用水质量要求以及一定水平的人体健康风险为依据,适用于农业和部分工业用水,适当处理后可作生活饮用水;Ⅴ类,地下水化学组分含量高,不宜作生活饮用水水源,其他用水可根据使用目的选用。

地下水质量评价应以地下水质量检测资料为基础。地下水质量单指标评价,按指标值所在的限值范围确定地下水质量类别,指标限值相同时,从优不从劣。地下水质量综合评价,按单指标评价结果最差的类别确定,并指出最差类别的指标。依据工作区水文地质条件、地下水流向,本次野外调查共布置50个地下水水质调查点,依据水质分析测试数据进行质量分类。依据水质量等级进行水质量等级分区。如图4-1所示,工作区以Ⅳ类水、Ⅴ类水为主,整体水质量较差,Ⅱ类水、Ⅲ类水主要分布于城市建成区,可能是市区内部工农业活动较少,对地下水质量的影响较小,故显示城市建成区水质量较周边区域水质量好的特点。

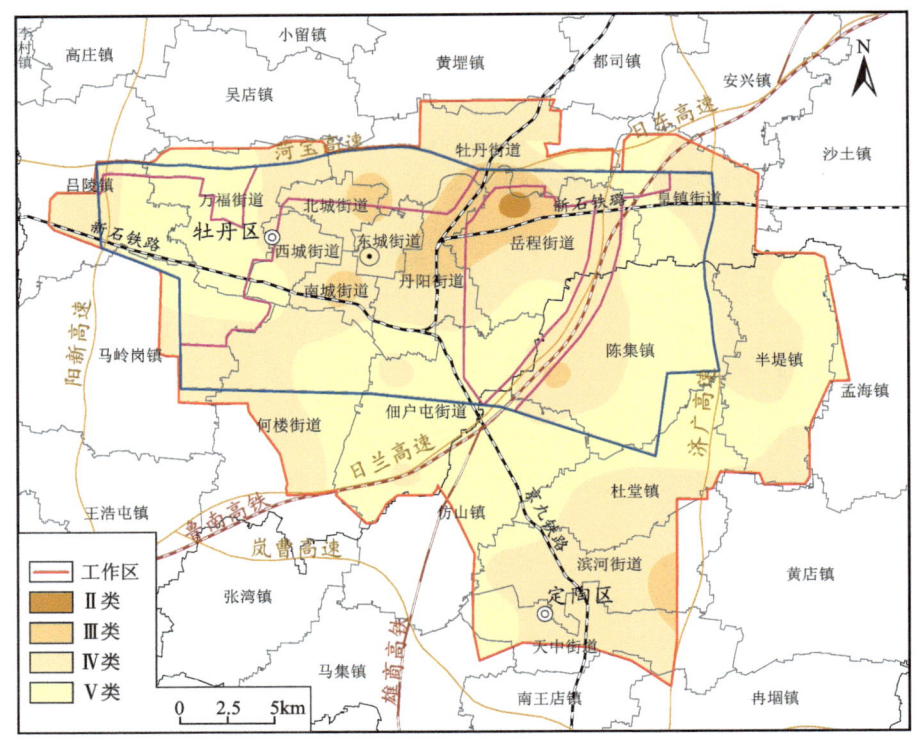

图4-1　工作区地下水质量等级评价分区

第三节　地热资源

一、地热资源基本概念

1. 地热资源类型

地热资源是指地球内热中在现有的经济技术水平下可以为人类开发利用的部分。按照分布位置和赋存状态,地热资源可以分为四大类。

(1)浅层地热资源:一般深度不超过200m,赋存于土体或者地下水中的热量,采用地源(或水源)热泵技术对建筑物供热或者制冷。

(2)水热型地热资源:一般深度在3km以浅,由地下水作为载体的地热资源,可以通过抽取地热水或水热混合物提取热量。

(3)干热岩地热资源:干热岩是指一般深度在3km以下,地下高温但由于低孔隙度和渗透性而缺少流体的岩石(体)。储存于干热岩中的热量需要通过人工压裂形成增强型地热系统才能得以开采,赋存于干热岩中可以开采的地热能称之干热型地热资源(汪集暘等,2012)。

(4)岩浆型:即存在于未固结岩浆中的热量,在目前经济技术条件下尚无法开采(庞忠和和段忠丰,2024)。其中,水热型地热是溢出地表或人工揭露出来的流体温度在25℃以上的地热水、热气水和温泉。

按开发深度,地热资源可分为三大类,即:浅层地热(距地表<200m)、水热型地热(距地表200～3000m)和增强型地热(距地表>3000m,也称"干热岩")。目前,工作区开发利用的均为水热型地热资源。水热型地热按照温度可分为高温(>150℃)、中温(90～150℃)和低温(<90℃且≥25℃)3类。

2. 热储层组划分

在聊考断裂以东有两个热储层:一是新近系孔隙热储层,该层砂岩、砂砾岩胶结疏松,孔隙发育,层状稳定,连续性好,具有良好的储热空间,构成孔隙型层状热储层;二是奥陶系碳酸盐岩裂隙岩溶热储层,盖层厚度大,层位稳定,主要岩性为中厚层灰岩,具有储热空间,构成裂隙岩溶型层状热储层。

聊考断裂以西有4个热储层:新近系明化镇组孔隙热储层组、新近系馆陶组孔隙-裂隙热储层组、古近系东营组孔隙-裂隙热储层组、奥陶系岩溶-裂隙热储层。由于大部分埋深大于3000m,本次研究暂受勘探开发条件制约未考虑。

3. 热储盖层

(1)新近系热储盖层(包括明化镇组和馆陶组热储):地热资源埋藏相对较浅,层状连续性好,可将第四系松散沉积物及新近系上部成岩程度较差的松散砂、泥岩作为本区新近系孔隙热储层的盖层。第四系厚度340～430m,岩性为黏土、粉质黏土、粉土、粉细砂互层,沉积松散;新近系上部以黏土、粉质黏土、粉细砂互层为主,呈固结、半固结状态,厚度200～650m,岩性以砂质黏土为主,夹中细砂岩,呈半固结状,该地层密度小,导热性能差,热阻大,是天然热储良好的保温盖层,与第四系共同组成新近系下部热储的保温盖层。

(2)古近系东营组热储盖层:主要为第四系与新近系的黏性土层,总厚度1500～1800m。由于盖层厚度大,保温度程度好,东营组热储温度比馆陶组热储高10℃左右。

(3)奥陶系热储盖层:奥陶系碳酸盐岩裂隙岩溶热储层的分布及盖层在菏泽凸起区内受构造控制明显,为埋藏型。奥陶系碳酸盐岩裂隙岩溶热储层的主要盖层由第四系、新近系的松散—半固结黏性土和砂性岩土互层组成,是一套密度小、导热性能差、热阻大的天然热储良好的保温盖层。石炭系主要岩性为泥岩、砂岩夹灰岩、薄煤层,成岩程度较好;石炭系、二叠系和侏罗系中的泥岩层、铝土层,热导率低,是深部奥陶系碳酸盐岩裂隙岩溶热储的又一保温盖层。该盖层总厚度580～1080m。

4. 热源

地球深部热源、岩浆热液活动及放射性元素蜕变是本区的重要热源。热源主要来自地壳深部的热流传导,新构造运动使地壳深部的热源不断往上传递。据资料记载,500年期间5级以上强震在区内断续发生,聊考断裂、田桥断裂等是控震构造,其他断裂也多为发震构造,对区内地热的形成极为有利。区内中生代燕山运动产生的棋盘格状断裂,在新生代喜马拉雅运动时期,在菏泽地区产生了众多的次级断裂,同时那些区域性棋盘格状断裂具有继承和复活的特点,沿断裂破碎带伴随岩浆岩的喷发和侵入,断裂带和岩浆岩侵入体对地壳深部的热源起了重要的沟通与传导作用。另外,区内中生代—新生代沉积盆地,沉积了巨厚的固结松散、胶结程度差的岩石,在压实、石化过程中会产生一定的物理-化学压缩热,为本区提供了部分热源。

5. 水源

新近系及古近系孔隙热储含水层水的补给来源为上游地区地下水的侧向径流,水平径流微弱。

奥陶系碳酸盐岩裂隙岩溶热储层岩溶水补给,受埋藏条件、构造条件影响,不同地段补给条件差异较大。菏泽凸起区是一个以聊考断裂、田桥断裂为界的裂隙-岩溶含水系统,补给来源推测为东部通过构造通道接受东部嘉祥凸起地区补给,总体流向由东向西径流,但径流缓慢,另外该含水系统中还有地层沉积时保留下来的封存水和沉积水。

6. 构造通道

区内隐伏断裂构造十分发育,近东西向的菏泽断裂、凫山断裂、单县断裂等以及近南北向聊考断裂、田桥断裂等,为近期仍在活动的深大断裂。这些断裂不仅沟通了深部热源,而且也是地下水深循环的主要通道(贾琛等,2023)。

二、区域深部地质构造

1. 大地热流值

大地热流值是指地球表面在单位时间内由地球内部以热传导方式通过单位面积传输至地表的热量,是地球内热在地表可直接测量到的一个物理量,它比其他地热单项参数(温度、地温梯度)更能准确地反映一个地区地热场的基本特点。热流值(q)等于岩石热导率(k)与垂向地温梯度(g)的乘积,衡量单位通常为HPU(heat flow unit)或 mW/m^2,二者的换算关系为:$1HFU=41.868\ mW/m^2$。一般情况下,在地壳较薄莫霍面埋深浅、深大断裂发育地段,大地热流值高,否则,大地热流值低。根据陈墨香和邓孝(1990)对165个大地热流值(包括实测值和估算值)统计结果,华北地区平均热流值为(1.47 ± 0.32) HFU$[(61.55\pm13.40)mW/m^2]$。据大地热流值分布图,菏泽地区大地热流值$70\sim90mW/m^2$,大于华北地区平均值。其中,菏泽市以北聊考断裂两侧、郓城—鄄城—东明一带区莫霍面幔隆,断裂切割深度大,大热流值$80\sim90mW/m^2$,为本区最高区域,形成地热异常区;菏泽南部曹县一带莫霍面幔坳,断裂切割深度浅,大地热流值$60\sim80mW/m^2$,为本区次级地热异常区。菏泽市以北聊考断裂两侧、郓城一带区莫霍面幔隆,具有较高的大地热流值。

2. 莫霍面(地壳底界面)

莫霍面是地壳与地幔的分界面,是岩浆、构造等多种地质作用的产物。莫霍面埋深与地热分布有较大关系,莫霍面隆起以及梯度带是断裂构造、岩浆岩发育地带,为地幔内热释放提供了良好的地质环境;面坳陷区是沉积岩发育地带,为稳定地块地区。地温梯度一般较小,热流值低是地幔热释放相对不利地区。

鲁西隆起区于中生代晚侏罗世以后,在燕山运动和喜马拉雅运动作用下,原来统一的基底发生破裂,沿断裂形成一系列的凸起带和凹陷带,凸起带遭受剥蚀,凹陷带接收中生代—新生代沉积。菏泽地区莫霍表现为西北隆起,东南部拗陷,整体向东南倾斜,埋深$34\sim39km$。聊考断裂东侧和郓城县城区一带幔隆区的莫霍面埋深小于$34km$,梯度带较密集,莫霍面陡变,是地热形成的有利位置。曹县城区北部一带幔坳区的莫霍面埋深大于$39km$,地热形成条件相对较差。

3. 居里面(特殊的温度界面)

地热的形成离不开地球内部热能的释放,而热能又与居里等温面的强弱有直接关系。居里面是指地壳岩石中铁磁性矿物因温度升高到居里点而失去铁磁性,变为顺磁性时的温度界面。居里面在地壳中的分布是由深部温度决定的,是地下热状态的一个重要标志。岩石的居里深度为$500\sim600℃$(纯磁铁矿居里点$578℃$),这一温度在一定条件下,可使岩石发生黏滑和脱水现象。因此,了解居里面的分布状况对研究地壳深部热状态是有指导意义的。

居里面与地热分布有较大关系,居里面隆起以及梯度带是断裂构造和岩浆岩发育地带,为内热释放提供了较好的地质环境,是地热异常地区;居里面坳陷区是沉积岩发育地带,为稳定地块地区,地温梯度一般较小,热流值低,是地幔热释放相对不利地区,但坳陷区内又包含了次一级的凸起与凹陷,凸起的居里面比凹陷居里面的内热释放量要大。加之坳陷区内沉降厚度大,多为新生界碎屑岩类地层,为低热导率的盖层,自身的不断压密而产生重力压缩热,地温梯度值高,为地热增温类型,所以在居里面坳陷区内也会形成地热异常区。

总体来看,山东省居里等温面呈近南北向带状分布。从西向东,隆拗宽度有变宽的趋势。德州-聊城-菏泽隆起带宽 100～150km,居里面深度 21～28km。

居里面隆起与地热温泉分布的对应关系,是地壳内地热分布状态的必然结果。居里面深度梯度带常与现代活动构造相对应,地热传导速度快,容易在地壳层储集较高的热能,因而形成地热温泉。鲁西地区为较稳定古老的块体,前寒武系裸露,地温、大地热流值偏低,热流值在 44.9～50.2mW/m² 之间,地温梯度 1.64～2.10℃/100m,其梯度值偏小,因而形成居里面下坳区,按正常地热理论无法构成地热区。但由于该区广泛分布着厚层低热传导率的盖层,新生代碎屑沉积物不断压密产生重力压缩热,为该区提供了一定的温度提供了一定保障。

地温场的水平向变化特征:从收集的测温资料成果来看,工作区地温场主要与断裂和地壳隆起有关。一般说来,地壳隆起区大地热流值大,地温高;靠近活动断裂附近地温值高,远离断裂带则地温值低。

地温场的垂直向变化特征:地温梯度垂向变化主要受构造、地壳隆起及岩石热导率的影响,与地温场的分布具有较高的相关性。地温梯度总的分布规律是:大的断裂带附近地温梯度高,聊考断裂、巨野断裂为主要导热断裂;岩裸露区地温梯度低,由东向西、由北向南地温梯度逐渐增大。

三、地热资源计算

(一)计算原则和计算方法

1. 计算原则

区内热储为层状的低温地热资源,地热资源的利用是通过开发地热水获取的。区内新近系孔隙水热储层和寒武系—奥陶系碳酸盐岩裂隙岩溶热储层均是相对独立热储系统,为了合理开发利用地热资源,在资源规划中应根据各热储层的资源特征、资源量等综合考虑。故本次分别对新近系砂岩孔隙裂隙热储层和寒武系—奥陶系碳酸盐岩裂隙岩溶热储层中的地热资源量及可利用地热资源量进行计算。

2. 计算深度

本次计算深度的下限为埋深 3000m,寒武系—奥陶系碳酸盐岩裂隙岩溶热储层的上界面以奥陶系顶板埋深为准,盖层较薄地区以 25℃ 热储温度为顶界;新近系下界以底板埋深为准,上界以 25℃ 的热储温度界面为准。测温资料表明,25℃ 的深度线多在 400m,考虑到工作区不同地段地温的差异变化,部分区段 25℃ 的深度线在 500m 左右,为了计算结果有可靠的保证,本次计算深度取 500m。

3. 计算方法

1) 地热田地热能储量计算方法

(1) 地热能储量计算方法:根据《地热资源地质勘查规范》(GB/T 11615—2010),本次采用热储法对热储层中地热资源量进行计算。热储法主要用于计算热储中储存的热量,估计地热田地热资源的潜力,可按下式计算。

$$Q = Q_r + Q_w \tag{4-5}$$

$$Q_r = Ad\rho_r C_r(1-\varphi)(t_r - t_0) \tag{4-6}$$

$$Q_L = Q_1 + Q_2 \tag{4-7}$$

$$Q_1 = A\varphi d \tag{4-8}$$

$$Q_2 = ASH \tag{4-9}$$

$$Q_w = Q_L C_w \rho_w (t_r - t_0) \tag{4-10}$$

式中:Q 为热储中储存的热量(J);Q_r 为岩石中储存的热量(J);Q_L 为热储中储存的水量(m³);Q_1 为截止到计算时刻,热储孔隙中热水的静储量(m³);Q_2 为水位降低到目前取水能力极限深度时热储所释放的水量(m^3);Q_w 为水中储存的热量(J);A 为计算区面积(m^2);d 为热储层厚度(砂层厚度)(m);ρ_r、ρ_w 分别为热储岩石密度和地热水密度(kg/m^3);C_r、C_w 分别为热储岩石比热和地热水的比热(J/kg·℃);φ 为热储岩石空隙度(无量纲);t_r 为热储温度(℃);t_0 为当地年平均气温(℃);S 为弹性释水系数(无量纲);H 为计算起始点以上高度(H=计算热储层顶板埋深—水位埋深)(m)。

(2)地热田产能计算方法:根据《地热资源地质勘查规范》(GB/T 11615—2010),依据地热流体可采量所采出的热量,地热田的热功率计算式为

$$W_t = 4.186\,8Q(t - t_0) \tag{4-11}$$

式中:W_t 为热功率(kw);Q 为地热流体可开采量(L/s);t 为地热流体温度(℃);t_0 为当地年平均气温(℃);4.186 8 为单位换算系数。

2)地热流体资源量计算方法

(1)地热流体资源量计算方法:研究采用统计分析法和解析法计算地热流体资源量。对于集中开采区,开采历史相对较长且具有1~3年或更长时间序列地热水水位动态监测资料的地热田运用统计分析法——LUMPFIT软件模拟其开采量与地热水变化的规律(如菏泽凸起地热田中的菏泽地热田城区),计算其最大允许降深条件约束下的地热田内的地热流体可采资源量。对于整个地热田范围内的可采资源量计算采用解析法——开采强度法计算其最大允许降深条件约束下的地热流体可采资源量。

①统计分析法——LUMPFIT模型预测:开采动态预报是根据地热井多年动态监测资料,结合当前热储压力、水位埋深及降幅等情况,用LUMPFIT软件进行综合分析和预报,形成LUMPFIT模型(图4-2)。过去20多年里,在冰岛和世界其他地区数个低温地热田中,LUMPFIT软件已经成功地用于拟合长观资料,通过利用该软件自动进行水位拟合,直到取得最佳拟合效果为止,并预测在不同开采量下未来水位(压力)动态变化。

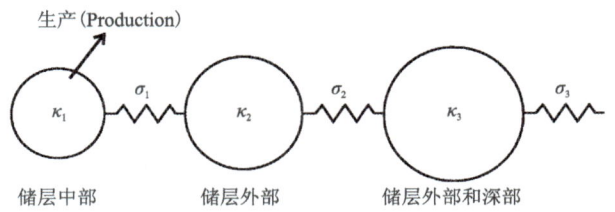

图4-2 LUMPFIT模型图

模型主要参数包括热储箱子的储存系数(κ_i)和流体传导系数(σ_i)。储存系数反映地热系统中不同热储部分的体积储存,它依赖于热储体积、孔隙度和热储压缩系数,储存系数 κ 可表示为

$$\kappa = V\rho c_t \tag{4-12}$$

式中:V 为热储体积(m^3);ρ 为流体密度(kg/m^3);c_t 为热储总压缩系数(Pa^{-1})。

②解析法-开采强度法:把井位分布较均匀,流量彼此相近的井群区概化成规则的开采区,如矩形区或圆形区,再把井群总开采量概化成开采强度(单位面积开采量),利用开采强度公式计算开采量。

根据每个计算分区的几何特征,将地热田各计算分区概化矩形面积,利用开采强度和水位之间的变化关系,推算开采中心最大水位降深等于设计降深时的可开采强度。如图4-3所示,在矩形开采区内,任取一点(ξ, η)为中心,取一微分面积 $dF = d\xi d\eta$,并把它看成开采量为 dQ 的一个点井。在此点井的作用下,开采区内外将形成水位降的非稳定场,对任一点引起的水位降深 dS,可用点函数表示。

工作区热储层分布广,层位稳定,水力坡度小,径流迟缓,开采量组成中具有较大的储存量,水压高,适用于开采强度法计算可采量。当开采区各热水井分布较均匀,开采量相差不大时,可将各分散热水井总开采量概化成开采强度。设开采区总开采量为 Q,开采区长为 $2L$,宽为 $2b$,则开采强度为 $\varepsilon = Q/4bL$。

根据区域地热水文地质条件,利用开采强度和水位之间的变化来推算设计的开采量,地热水非稳定流数学模型如下。

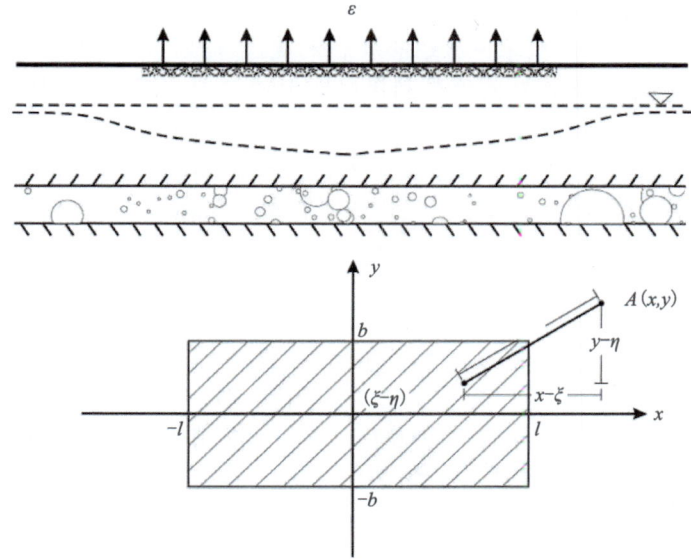

图 4-3 开采强度法概化的矩形开采区示意图

$$\frac{T}{\mu e}\left(\frac{\partial^2 S}{\partial X^2}+\frac{\partial^2 S}{\partial y^2}\right)=\frac{\partial S}{\partial t}+\frac{\varepsilon}{\mu_e}q(x,y) \quad (4-13)$$

$$q(x,y)=\begin{cases}1 & 当(x,y)\in D 时,(-L<x<L,-b<y<b)\\ 0 & 当(x,y)\notin D 时\end{cases} \quad (4-14)$$

定解条件为

$$\begin{cases} S(x,y,t)|_{t=0}=0 \\ S=(x,y,t)|_{x\to\pm\infty}=S(x,y,t)|_{x\to\pm\infty}=0 & t>0 \\ \dfrac{\partial s}{\partial x}|_{x=0}=\dfrac{\partial s}{\partial y}|_{y=0}=0 & t=0 \\ \dfrac{\partial s}{\partial x}|_{x\to\pm\infty}=\dfrac{\partial s}{\partial y}|_{y\to\pm\infty}=0 & t<0 \end{cases} \quad (4-15)$$

当 ε 为常数时,求解上式,得任意点的地下水水位降深

$$S=\frac{\varepsilon t}{4\mu_e}S^*\left[\left(\frac{L+x}{2\sqrt{at}},\frac{b+y}{2\sqrt{at}}\right)+\left(\frac{L+x}{2\sqrt{at}},\frac{b-y}{2\sqrt{at}}\right)+\left(\frac{L-x}{2\sqrt{at}},\frac{b+y}{2\sqrt{at}}\right)+\left(\frac{L-x}{2\sqrt{at}},\frac{b-y}{2\sqrt{at}}\right)\right] \quad (4-16)$$

当 $x=0$, $y=0$ 时,开采区中心最大水位降深为

$$S=(0,0,t)=S_{\max}=\frac{\varepsilon t}{\mu_e}S^*\left(\frac{L}{2\sqrt{at}},\frac{b}{2\sqrt{at}}\right) \quad (4-17)$$

由式(4-16)得

$$\varepsilon=\frac{S_{\max}\mu_e}{S^*\left(\dfrac{L}{2\sqrt{at}},\dfrac{b}{2\sqrt{at}}\right)t} \quad (4-18)$$

可开采量计算公式为

$$Q=4\varepsilon bL \quad (4-19)$$

式中:ε 为开采强度;μ_e 为弹性释水系数(无量纲);a 为导压系数,$a=T/\mu_e$;t 为开采时间(d);$S^*(\alpha,\beta)$ 为折减系数(可查表);$S_{\max}$ 为最大水位降深(m);$2L$ 为开采区长度(m);$2b$ 为开采区宽度(m)。

(2)地热水最大允许埋深的确定:地热水最大允许降深主要受技术、经济效益和资源环境保护3个方面影响。

从技术水平来看,随着钻探、取水技术手段的不断进步,目前多级潜水泵的扬程可达300m以上,故开采技术已不再是最大允许降深的瓶颈。从经济效益来看,降深增大,会增加取水能耗,必然导致地热水取水成本的增加,但从理论计算和目前地热利用经济效益情况来看,最大允许水位埋深可达150m。从地热资源开发与地质环境、资源保护等角度出发,最大允许埋深过大,势必会造成水位持续下降、水资源快速枯竭等一系列问题。可见,地热水最大允许埋深过大虽然在技术水平方面已不是问题,但从经济效益和地热资源开发与地质环境、资源保护等角度出发,最大允许埋深不宜过大。因此,地热水最大允许水位埋深确定为150m。

（二）计算分区

1. 新近系明化镇组砂岩热储层

本次评价按照新近系底板埋深和构造断块等将新近系明化镇组砂岩热储层(简称新近系热储层)划分为两个计算区(图4-4):Ⅰ区,新近系底板埋深＜900m;Ⅱ区,新近系底板埋深≥900m。

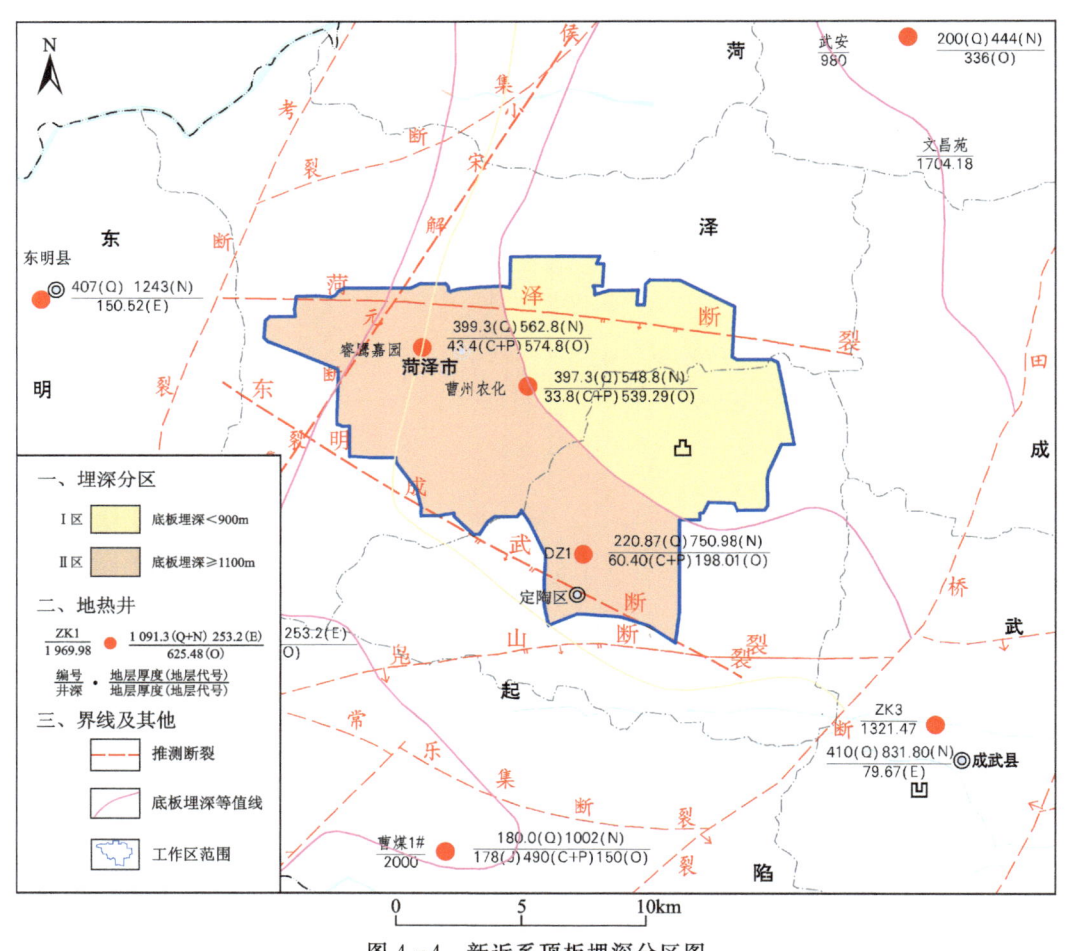

图4-4 新近系顶板埋深分区图

2. 寒武系—奥陶系碳酸盐岩裂隙岩溶热储层

寒武系—奥陶系碳酸盐岩裂隙岩溶热储层(简称奥陶系热储层)资源量计算分区是根据热储层构造块断、埋藏状态和顶板埋深划分的。根据不同的埋藏状态,本层划分为A隐伏型(盖层为第四系和新近系)、B埋藏型(盖层除第四系和新近系外,还包括古近系、石炭系、二叠系等)两个大的计算区,根据奥陶系顶板埋深分为＜900m、＞1100m和900～1100m(图4-5)。

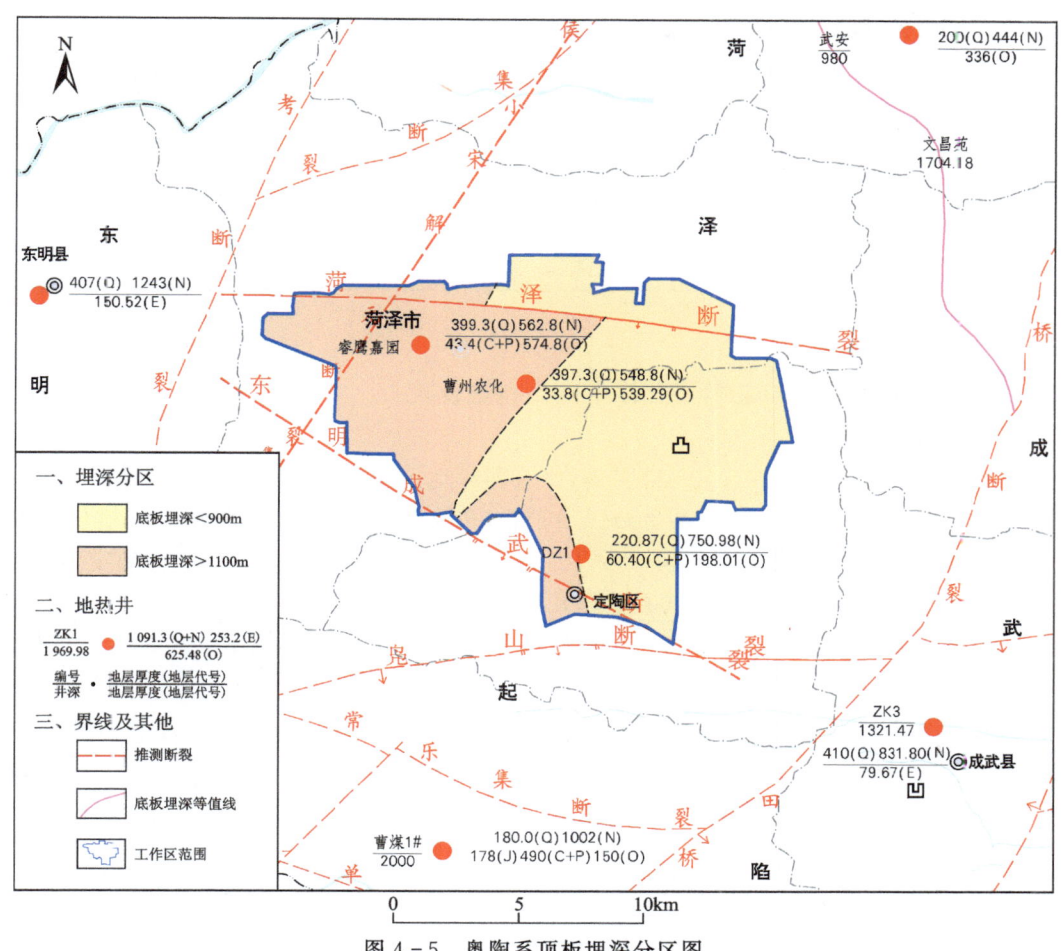

图4-5 奥陶系顶板埋深分区图

(三)计算参数的选取

1. 热储面积

以1∶25万地形地质图为依据,采用MapGIS专业绘图软件求得热储面积数值,各计算分区热储分布面积见表4-1、表4-2。

表4-1 新近系热储层底板平均埋深、平均厚度、分区面积一览表

分区	热储层底板埋深区段/m	热储层底板平均埋深/m	热储含水层段平均厚度/m	含水层厚度率/%	热储层平均厚度/m	分区面积/km²
Ⅰ	<900m	852.0	121.5	35	452	319.46
Ⅱ	>900m	1 029.8	237.02	35	677.2	421.35

2. 热储层厚度

依据区域地质、物探及区内已施工的鄄城、南华、定陶、曹县庄寨等地热井勘探资料和地热井的测井等资料,新近系热储层500m以下段含水层厚度率为35%~41%,本次计算取其最低值35%,计算资源量将是有保障的;奥陶系热储层厚度率为20%~30%,本次计算在一般水文地质条件下取25%,较差的取15%~20%,各计算分区的热储含水层平均埋深平均厚度、分区面积等见表4-1、表4-2。

表4-2 奥陶系碳酸盐岩裂隙岩溶热储层顶板平均埋深、平均厚度、分区面积一览表

分区	盖层厚度区段/m	热储层平均埋深/m	热储含水层段厚度/m	含水层厚度率/%	热储层平均厚度/m	分区面积/km²
A 隐伏型区(Q+N+O)	<900	850	102.0	20	510	431.79
B 埋藏型区(Q+N+E+C+P+O)	>1100	1500	212.5	25	850	309.02

3. 岩石与水的物理参数

岩石与水的物理参数主要有热储层孔隙度(φ)、基准温度(t_0)、热储层温度(t_r)、岩石和水的密度(ρ_r、ρ_w)与比热(C_r、C_w)。

(1)孔隙度(φ):根据华北地区有关地热资料,结合菏泽地区已施工的定陶DZ1、曹州农化HD1等多眼地热勘探井及其测井资料,孔隙含水层上部固结较差,孔隙度较大,泥岩孔隙度较小,砂岩孔隙度较大的特点。本区新近系孔隙度一般在15%~29%,因此计算新近系热储层孔隙度取值确定为25%;奥陶系含水层的孔隙度在6%~9%,计算奥陶系热储孔隙度取低值,确定为6%。

(2)基准温度(t_0):根据菏泽市以往各县区地热资源勘查成果:菏泽城区$h=30m$,$t_0=16℃$;定陶地区$h=20m$,$t_0=14.8℃$。

(3)热储层温度(t_r):本次计算热储层温度原则上采用钻孔测温资料,在没有地热井钻孔测温资料的区段根据煤炭地质测温孔、深井测温资料;地质条件相同的区段,根据埋藏深度、地层的地温梯度推算。各区热储层平均温度见表4-3。

表4-3 工作区热储层平均温度一览表

热储层	分区	热储层平均温度/℃
新近系热储	Ⅰ	32.5
	Ⅱ	40.0
寒武系奥陶系热储	A 隐伏型区(Q+N+O)	65.5
	B 埋藏型区(Q+N+E+C+P+O)	69.4

(4)岩石与水的密度与比热:依据《地热资源地质勘查规范》(GB/T 11615—2010),砂岩的比热为878J/(kg·℃),石灰岩的比热为920J/(kg·℃),水的比热C_w为4180J/(kg·℃),砂岩的密度为2600kg/m³,石灰岩的密度为2700kg/m³,水的密度ρ_w根据规范中内插法求得。

4. 热储层水文地质参数的选取

(1)新近系热储层:本区新近系根据曹县政府招待所CD1地热井、曹县锦绣江南CD2地热井以及菏泽开元学校地热井抽水所取得的资料,并参照《水文地质手册》和本区、邻区经验资料为依据进行计算,确定本区新近系热储层弹性释水系数为$\mu_e=2\times10^{-4}$。

(2)奥陶系热储层:利用菏泽城区睿鹰嘉园小区奥陶系热储地热井进行了单孔抽水试验,降深26.34m时,稳定出水量50m³/h。根据Aquifer Test软件对水文地质参数进行了求取,求得$K=0.565m/d$,$T=27.2m²/d$。

根据菏泽城区奥陶系尾水回灌试验(马哲民等,2018),求得$\mu_e=1.77\times10^{-4}$,$T=96m²/d$。热储动力弹性释水系数取值结果见表4-4。

表 4-4 弹性释水系数取值一览表

热储层	适用范围	弹性释水系数	资料来源
新近系	工作区	2×10^{-4}	《山东省曹县城区地热地质普查报告》
奥陶系	工作区	1.77×10^{-4}	《山东省菏泽奥陶系岩溶热储资源开发利用尾水回灌勘查试验报告》

（四）地热资源量计算结果

将上述确定的热储层各类参数代入式(4-5)、式(4-8)、式(4-9)，分别计算出各计算分区的地热水静储量、地热水弹性储量以及热储中储存的热量(表 4-5)，各计算分区的地热资源量之和即为全区地热资源量，即新近系热储层储存的热储量为 8.36×10^{18} J，折合标准煤 2.85 亿 t，奥陶系热储层中储存的热储量为 1.47×10^{19} J，折合标准煤 5.01 亿 t。

（五）地热流体可开采量计算

根据相关公式计算出工作区的地热资源量，主要计算参数见表 4-5，计算结果见表 4-6、表 4-7，算得热储层开采 50 年水位降深不超过 50m 的地热水可采资源量为 2 346.94 万 m^3/a，热储层开采 50 年水位埋深不超过 150m 的地热水可采资源量为 7 040.82 万 m^3/a。

根据《菏泽(凸起)地热田综合评价报告》提供的参数，计算各分区的地热资源量之和为工作区地热资源量，储存的热储量为 2.306×10^{19} J，折合标准煤 7.87 亿 t，即新近系热储层储存的热储量为 8.36×10^{18} J，折合标准煤 2.852 亿 t，奥陶系热储层中储存的热储量为 1.470×10^{19} J，折合标准煤 5.01 亿 t。计算热储层开采 50 年水位降深不超过 50m 的地热水可采资源量为 2 346.94 万 m^3/a(表 4-6)，热储层开采 50 年水位埋深不超过 150m 的地热水可采资源量为 7 040.82 万 m^3/a(表 4-7)。

综上所述，采用热储法计算热储中储存的热量，新近系热储层的热储量为 8.36×10^{-8} J，折合标准煤 2.852 亿 t，奥陶系热储层中的热储量为 1.470×10^{19} J，折合标准煤 5.01 亿 t。利用开采强度法计算工作区地热资源量，算得热储层开采 50 年水位降深不超过 50m 的地热水可采资源量为 2 346.94 万 m^3/a，热储层开采 50 年水位埋深不超过 150m 的地热水可采资源量为 7 040.82 万 m^3/a。

第四节 浅层地热能资源

一、浅层地热能开发利用现状

浅层地热能是指存在于地表以下一定深度范围内(200m 以浅)岩土体、地下水和地表水中具有开发利用价值的地热能，具有可再生、环保、高效节能、多功能、经济、寿命长的特点。它的开发利用是通过地源热泵换热技术来实现的。地源热泵系统以岩土体、地下水或地表水为热源或冷源，通过地源侧换热系统、热泵机组和用户端换热系统，以电能为动力，将低品位能源转换为高品位的能源，从而实现大地与建筑物之间的能量交换，供暖时向大地提取或制冷时释放热量，满足空调制冷、供暖或提供热水的需求。

随着地源热泵技术的成熟，菏泽市浅层地热能利用正快速发展，目前已有几十个单位或企业成功开发利用浅层地热能，采用浅层地温能供暖和制冷。

据相关研究，菏泽市牡丹区利用浅层地热能理论上共可解决 7226 万 m^2 建筑的采暖制冷问题。目前菏泽市利用浅层地热能的项目较少，利用浅层地热能的潜力巨大(朱巍等，2024)。

表4-5 工作区地热资源量计算表

地热田	计算分区	热储层	地热田面积A (km²)	热储层厚度d (m)	地热水密度ρ_w (kg/m³)	岩石比热C_r (J/kg·℃)	孔隙度φ	热储温度t_r (℃)	平均气温t_0 (℃)	弹性释水系数S	水面到热储顶板H (m)	水的比热C_w (J/kg·℃)	岩石的密度ρ_r (kg/m³)	地热水静储量Q_1 (10¹⁰m³)	地热水弹性储量Q_2 (10⁷m³)	热储中热储量Q_i (10⁹m³)	水中储存的热量Q_w (10¹⁷J)	岩石中储存的热量Q_r (10¹⁸J)	热储中储存的热量Q (10¹⁸J)	热量折合标煤 (10⁸t)
菏泽城区地热田	I	新近系	319.46	121.5	993.604	878	0.25	32.5	16.00	0.000 2	890	4180	2600	0.97	5.69	9.76	6.69	1.10	1.77	0.602
	II	新近系	421.35	237.02	990.932	878	0.25	40.0	16.00	0.000 2	890	4180	2600	2.50	7.50	25.00	24.90	4.10	6.59	2.25
	A	奥陶系	431.79	102.0	979.661	920	0.06	65.5	16.00	0.000 177	804	4180	2700	0.264	6.14	2.70	5.48	5.09	5.64	1.92
	B	奥陶系	309.02	212.5	977.639	920	0.06	69.4	16.00	0.000 177	948	4180	2700	0.394	5.19	3.99	8.71	8.19	9.06	3.09
合计														4.128	24.50	41.50	45.80	18.50	23.06	7.87

表4-6 开采强度法计算热储层开采50年水位埋深不超过最大埋深值(50m)的地热水可采资源量一览表

热储层	计算分区	面积 (km²)	开采区长2L (m)	开采区宽2b (m)	弹性释水系数μ_e	导压系数 (10⁵m²/d)	$S^*(\alpha,\beta)$	开采强度ε (10⁻⁵m³/d·m²)	无回灌开采50年可开采量 万m³/d	万m³/a	供暖地热水可采资源量 万m³/d
新近系	I	319.46	27 000	11 832	0.000 2	11.5	0.008 19	6.690 42	2.14	780.12	6.50
新近系	II	421.35	36 500	11 544	0.000 2	11.5	0.010 4	5.268 7	2.22	810.29	6.75
奥陶系	A	431.79	35 820	12 054	0.000 177	5.42	0.019 625	2.470 99	1.07	389.44	3.25
奥陶系	B	309.02	31 830	9708	0.000 177	5.42	0.014 9	3.254 57	1.01	367.09	3.06
合计									6.44	2 346.94	19.56

表4-7 开采强度法计算热储层开采50年水位埋深不超过最大埋深值(150m)的地热水可采资源量一览表

热储层	计算分区	面积 (km²)	开采区长2L (m)	开采区宽2b (m)	弹性释水系数μ_e	导压系数 (10⁵m²/d)	$S^*(\alpha,\beta)$	开采强度ε (10⁻⁵m³/d·m²)	无回灌开采50年可开采量 万m³/d	万m³/a	供暖地热水可采资源量 万m³/d
新近系	I	319.46	27 000	11 832	0.000 2	11.5	0.008 19	20.071 3	6.41	2 340.37	19.50
新近系	II	421.35	36 500	11 544	0.000 2	11.5	0.010 4	15.806 1	6.66	2 430.87	20.26
奥陶系	A	431.79	35 820	12 054	0.000 177	5.42	0.019 625	7.412 97	3.20	1 168.31	9.74
奥陶系	B	309.02	31 830	9708	0.000 177	5.42	0.014 9	9.763 72	3.02	1 101.27	9.18
合计									19.29	7 040.82	58.67

二、浅层地热利用方式

目前对浅层地热能的利用方式主要有地表水源热泵、地下水源热泵以及土壤源热泵。

1. 地表水源热泵

地表水源热泵可采用闭式环路系统和开式环路系统。开式环路系统的盘管直接置于水中,通常可采用两种形式:一是松散捆卷盘管,即从紧密运输捆卷拆散盘管,重新卸成松散捆卷,并加重物;二是伸展开盘管或蜿蜒盘管。开式环路系统通过取水装置直接将湖水或河水送至换热器与热泵低温水进行热交换,释热后的湖水或河水直接返回湖内或河内。

2. 地下水源热泵

地下水源热泵可采用同井回灌和异井回灌。同井回灌技术是取水和回灌在同一井内进行,通过隔板把井分成两部分,一部分是高压区,另一部分是低压区。当潜水泵运行时,地下水被抽至井口换热器当中,与热泵低温水换热,地下水释放热量后,再由同井返回到回灌区。异井回灌热泵技术是地下水源热泵最早的形式。取水和回水在不同的井内进行,从一口抽取地下水送至井口换热器当中,与热泵低温水进行换热,地下水释放热量后,再从其他回灌井内回到同一地下含水层中。如果地下水质好,地下水直接进入热泵中,然后再从另一口回灌井回灌回去。

3. 土壤源热泵

土壤源热泵分水平式埋管换热器与垂直式埋管换热器。水平式换热器在水平沟内敷设,埋深1.2～3.0m,每沟埋1～6根管子。管沟的长度取决于土壤状态和管沟内管子的数量与长度。根据埋管形式分为水平管换热器和螺旋管换热器,一般来说水平管换热器的成本低、安装灵活,但它占地面积大。因此,一般用于地表面积充裕的场合。竖直埋管换热器的埋管形式有U型管、套管和螺旋管。竖直埋深分浅埋和深埋两种,浅埋埋深为8～10m,深埋埋深为23～180m,一般埋深为23～92m。与水平式埋管换热器相比,所需管材少,流动阻力小,土壤源温度不易受季节变化影响,所需地表面积小,因此一般用于地表面积受限的场合(宋帅良等,2017)。

三、浅层地热能资源量

(一)浅层地热能容量计算

采用体积法计算浅层地热能热容量,分别计算100m以浅包气带和饱水带中单位温差储藏的热量,然后合并计算评价范围内地质体的储热性能。

1. 计算方法与计算公式

在包气带中,浅层地热能热容量计算公式为

$$Q_r = Q_s + Q_w + Q_a \tag{4-20}$$

$$Q_s = \rho_s c_s (1-\varphi) M d_1 \tag{4-21}$$

$$Q_w = \rho_w C_w \omega M d_1 \tag{4-22}$$

$$Q_a = \rho_a C_a (\varphi - \omega) M d_1 \tag{4-23}$$

式中:Q_r为浅层地热能热容量(kJ/℃);Q_s为岩土体中的热容量(kJ/℃);Q_w为岩土体所含水中的热容量(kJ/℃);Q_a为岩土体中所含空气中的热容量(kJ/℃);ρ_s为岩土体密度(kg/m³);C_s为岩土体骨架的比热容[kJ/(kg·℃)];φ为岩土体的孔隙率(或裂隙率);M为计算面积(m²);d_1为包气带厚度(m);ρ_w为水

密度(kg/m³);C_w为水比热容[kJ/(kg·℃)];ω为岩土体的含水量(体积比);ρ_a为空气密度(kg/m³);C_a为空气比热容[kJ/(kg·℃)]。

在饱水带中,浅层地热能热容量计算公式为

$$Q_r = Q_s + Q_w \tag{4-24}$$

$$Q_w = \rho_w C_w \varphi M d_2 \tag{4-25}$$

$$Q_s = \rho_s C_s (1-\varphi) M d_2 \tag{4-26}$$

式中:Q_s为岩土体骨架的热容量(kJ/℃);d_2为潜水面至计算下限的岩土体厚度(m)。

2. 热容量计算

由于菏泽市岩性分布比较单一,主岩土体密度、比热容、孔隙率参数差别不大,将工作区在平面上划分为1个区,整个区域均属较适宜开发浅层地热能区域,面积共计740.81km²。

3. 计算参数确定

(1)包气带厚度(d_1):单元格水位埋深取丰水期和枯水期地下水水位埋深平均值。

(2)计算面积(M):740.81km²。

(3)饱水带计算厚度(d_2):潜水面至计算下限的岩土体厚度,浅层地热能资源的计算下限为深度100m。

(4)物理、热物理参数:岩土体密度、孔隙率、含水率、比热容主要依据本次取样分析成果,求得计算深度内各参数的岩土层厚度加权平均值。由于钻孔数有限,空白区参数参考区域岩性特征确定。水和空气的密度和比热容采用经验数据,水的密度取1000kg/m³,比热容4.180kJ/(kg·℃),空气的密度取1.29kg/m³,比热容取1.003kJ/(kg·℃)。

4. 计算结果

在100m深度内浅层地温容量为12 869.08×10¹² kJ/℃。其中,包气带浅层地温容量为22.17×10¹² kJ/℃,饱水带浅层地温容量为12 846.91×10¹² kJ/℃。

(二)浅层地热能换热功率计算

1. 计算公式

采用地下水折算法计算。公式为

$$Q_q = Q_h \times n \times \tau \tag{4-27}$$

式中:Q_q为评价区地下水换热功率(kW);Q_h为单井换热功率(kW);n为计算面积内可钻孔数量;τ为土地利用率。

$$Q_h = q_w \Delta T \rho_w C_w \times 1.16 \times 10^{-5} \tag{4-28}$$

式中:Q_h为单井换热功率(kW);q_w为地下水循环利用量(m³/d);ΔT为地下水利用温差(℃)。

2. 计算参数确定

(1)地下水循环利用量(q_w):根据含水组富水性分区图确定各亚区的单井涌水量。以灌定采,按回灌率计算地下水循环利用量。

(2)地下水利用温差(ΔT):抽水井出水温度与回灌水温的差值,一般冬季为4~7℃,夏季为7~13℃,参考菏泽市已有的地源热泵工程利用情况,本次冬季选5℃,夏季选10℃。

(3)土地利用率(τ):在城市规划规划建设用地范围内,开展地下水地源热泵工程时,还要考虑建筑布局、占地面积、负荷需求等因素的影响,参考济南市、天津市的以往经验,土地利用系数采用0.3。

(4)可钻抽水井数(n):菏泽市工作区内已有水源热泵工程抽灌井间距一般25~50m。本次第四系国土局SW01水文地质孔含水层厚10.85m,岩性为细砂层。同处华北平原的天津市和河南郑州市对渗透性较好的松散砂石层进行过监测模拟,认为渗透性较差的粉细砂、中细砂层,两井间距大约 50m,一般不小于 40m。依照本次抽水试验,同时参照天津市和郑州市抽灌井数据,确定菏泽市抽灌井间距平均为 50m。

考虑抽水井间距原则上不小于 2 倍的抽灌井间距,抽灌井组控制面积 $S=4R^2$(R 为可保证工程正常运行条件下抽水井间距离)。在上述条件下,考虑水文地质条件,抽灌井比 1∶1～1∶2,按平均布井法,全区内可布设抽灌井组数量 268 组。

3. 地下水换热功率计算

首先,根据地下水适宜性分区,依据以灌定采方针,确定单井地下水循环利用量,通过水量折算法算出单井换热功率;然后,根据实地布井条件确定单位面积可布井数,计算出单位面积的地下水源热泵系统换热功率;最后,乘以布井区域面积,计算出地下水地源热泵系统换热功率。

在 100m 深度内地下水地源热泵系统开发利用较适宜区面积为 740.81km²,设定区内所有场地均能建设地下水源热泵工程,则水源热泵系统换热功率为 77.013 4×10⁵kW/38.506 6×10⁵kW(夏季/冬季)。

(三)地埋管换热功率计算

在浅层地热能赋存条件相同或相近区域,计算各区 U 型地埋管单孔换热功率,再计算全区地埋管换热功率。参照《菏泽市浅层地热能勘察评估报告》资料,菏泽市区有 48.7km² 地质带适宜采用土壤源热泵(假设钻孔按照 5m×5m 矩形排列,钻孔深度 100m)。

1. 计算公式

(1)单孔地埋管换热功率计算公式为

$$D = \frac{2\pi L |t_1 - t_4|}{\frac{1}{\lambda_1}\ln\frac{r_2}{r_1} + \frac{1}{\lambda_2}\ln\frac{r_3}{r_2} + \frac{1}{\lambda_3}\ln\frac{r_4}{r_3}} \tag{4-29}$$

式中:D 为单孔换热功率(W);λ_1 为地埋管材料的热导率[W/(m·℃)],PE 管为 0.42W/(m·℃);λ_2 为换热孔中回填料的热导率[W/(m·℃)];λ_3 为换热孔周围岩土体的平均热导率[W/(m·℃)];L 为地埋管换热器长度(m);r_1 为地埋管束的等效半径(m),单 U 管为管内径的 $\sqrt{2}$ 倍,双 U 管为管内径的 2 倍;r_2 为地埋管束的等效外径(m),等效半径 r_1 加管材壁厚;r_3 为换热孔平均半径(m);r_4 为换热温度影响半径(m),可通过现场热响应试验时观测孔求取或根据数值模拟软件计算求得;t_1 为地埋管内流体的平均温度(℃);t_4 为温度影响半径之外岩土体的温度(℃)。

(2)评价区换热功率计算公式为

$$Q_h = D \times n \times 10^{-3} \tag{4-30}$$

式中:Q_h 为换热功率(kW);D 为单孔换热功率(W);n 为计算面积内换热孔数。

2. 参数确定

(1)换热孔中回填料的热导率(λ_2):本次地埋管孔回填材料为中粗砂,利用经验参数确定饱水带热导率为 2.5W/(m·℃),包气带热导率为 0.586W/(m·℃),取厚度加权平均值。

(2)换热孔周围岩土体的平均热导率(λ_3):根据本次岩土热物性检测(试验)结果取值,平均综合导热系数为 1.584W/(m·℃)。

(3)地埋管换热器长度(L):结合菏泽市实际,本市经济条件下地埋管施工深度多为 100m。因此,本次计算不但按照规范要求对 200m 以浅进行计算,同时结合实际计算 100m 以浅换热功率。L 取值 200m、100m。

(4)地埋管束的等效半径(r_1):本次地埋管采用双 U 型 DN32HDPE 管材,内径 26mm,地埋管束的等效半径为管内径的 2 倍,即 0.052m。

(5) 地埋管束的等效外径(r_2)：双 U 型 DN32HDPE 地埋管壁厚 3mm，地埋管束的等效外径等于等效半径 r_1 加管材壁厚，即 0.055m。

(6) 换热孔平均半径(r_3)：地埋管孔直径 150mm，半径为 0.075m。

(7) 换热温度影响半径(r_4)：依据本次恒热流加热条件下地埋管热影响半径，结合已有工程设计、各计算单元岩性组合和水文地质条件，本次地埋管换热温度影响半径取 2.25m。

(8) 地埋管内流体的平均温度(t_1)：夏季取 32℃，冬季取 8℃。

(9) 温度影响半径之外岩土体的温度(t_4)：依据垂向测温数据，取岩土体平均地温为 16.5℃。

3. 地埋管换热功率计算

地埋管地源热泵系统换热功率将在全区适宜区、较适宜区、一般适宜区进行计算。首先算出各亚区单孔换热功率，再计算出单位面积的地埋管热泵源系统换热功率，最后乘以布孔区域面积计算出地下水地源热泵系统换热功率。设定地埋管适宜区、较适宜区所有场地均能埋设地埋管。100m 以浅换热功率为 $6.3105×10^5$ kW/$11.5074×10^5$ kW（夏季/冬季）。200m 以浅换热功率为 $12.6210×10^5$ kW/$23.0148×10^5$ kW（夏季/冬季）。

四、浅层地热能潜力评价

对地下水热泵和地埋管热泵适宜区、较适宜区资源进行潜力评价。结合本市实际，菏泽市地埋管施工深度以 100m 为宜，因此地埋管地源热泵潜力按照 100m 深度进行评价。

1. 冷热负荷的确定

参照公用建筑和民用建筑单位面积冷热负荷指标（表 4-8）评价采用夏季制冷负荷 60W/m²，冬季供暖负荷 40W/m²，计算可供暖面积和可制冷面积，以及单位面积可利用量的供暖和制冷面积。

表 4-8 单位建筑面积冷热负荷指标　　　　　　　　　　　　　　　单位：W/m²

建筑负荷	公用建筑指标		民用建筑指标	
	老建筑	节能建筑	老建筑	节能建筑
夏季制冷负荷	80	70	70	55
冬季供暖负荷	65	55	55	40

2. 工作区浅层地热能资源潜力评价

(1) 地下水热泵系统浅层地热能资源潜力评价：设定区内所有场地均可建设地下水源热泵工程，夏季可制冷面积 $12835.5667×10^4$ m²，冬季可供暖 $9656.65×10^4$ m²。

(2) 地埋管热泵系统浅层地热能资源潜力评价：设定 100m 深度内浅层地热能开发，夏季可制冷面积 $1051.75×10^4$ m²，冬季可供暖 $2876.85×10^4$ m²。

五、开发利用适宜性分区

浅层地热能资源赋存于地下岩土体、地下水及气体中，其开发利用都受到区域地质、水文地质、工程地质及环境地质等条件的制约。区域不同、条件不同决定了所储存的浅层地热能资源规模和适宜其开发利用的方式也不相同。进行浅层地热能开发利用适宜性分区，将为浅层地热能资源量评价、工程换热方式确定、开发利用规划制定及政府管理提供依据。

1. 地下水地源热泵适宜性分区

根据《浅层地热能勘查评价规范》(DZ/T 0225—2009)分区要求,结合工作区实际情况,对于地下水换热方式,浅层地热能适宜性分区主要考虑含水层岩性、分布、埋深、厚度、富水性、渗透性,地下水温、水质、水位动态变化,水源地保护,地质灾害等因素。

通过水文地质调查并结合以往资料,工作区浅层单井涌水量一般大于500m³/(d·m),根据回灌试验,单井回灌量约51%,浅层地下水水位多年处于基本均衡状态。根据1980—2014年浅层地下水水位动态监测资料(详见第五章),本阶段最高水位出现在2004年8月26日,水位标高为49.06m,最低水位出现在1991年11月6日,水位标高为39.98m,水位最大变幅为9.08m。地下水水位年下降量约0.3m。根据表4-9综合评价,工作区属于是地下水换热方式较适宜地区(图4-6)。

表4-9 地下水换热方式适宜性分区

分区	单项指标				综合评判标准
	单井涌水量	单井回灌量/单位涌水量	地下水水位年下降量	特殊地区	
适宜区	>500m³/(d·m)	>80%	<0.8m	—	3项指标均应满足
较适宜区	300~500m³/(d·m)	50%~80%	0.8~1.5m	—	不符合适宜区和不适宜区分区条件
不适宜区	30~50m³/(d·m)	<50%	>1.5m	重要水源地保护区、地面沉降严重区	至少两项指标应符合

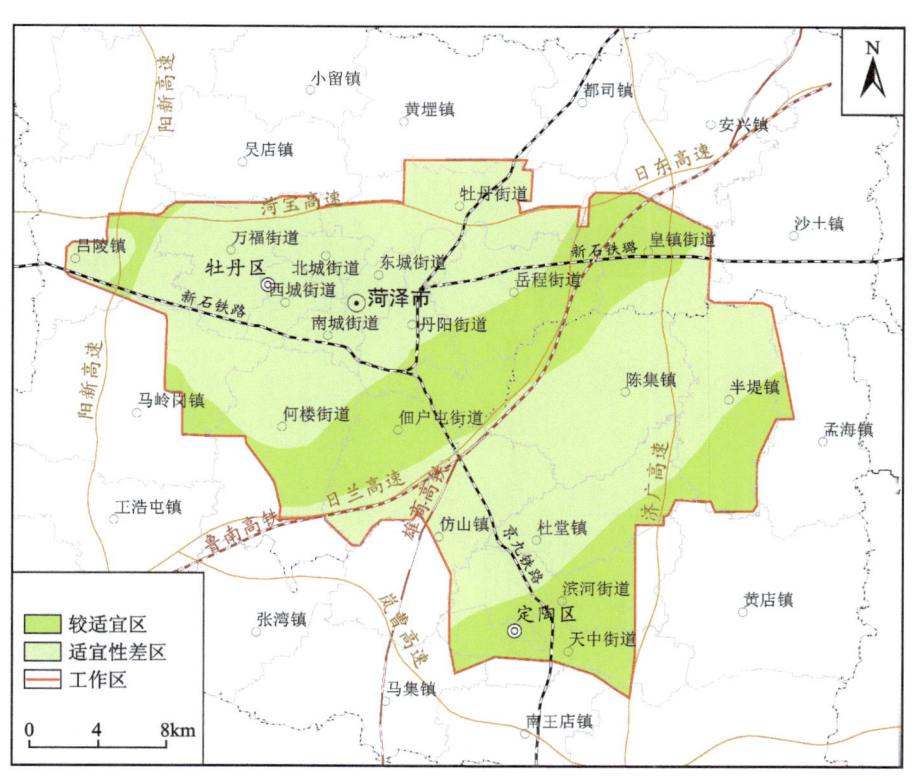

图4-6 工作区地下水地源热泵适宜性分区图

2.地埋管地源热泵适宜性分区

根据《浅层地热能勘查评价规范》(DZ/T 0225—2009)分区要求,结合工作区实际情况,对于地埋管换热方式,浅层地热能适宜性分区主要考虑岩土体特性、地下水的分布和渗流情况地埋管热泵适宜性分区主要考虑岩土体热物性参数、工程地质环境地质条件和水文地质条件等因素。主要指标见表4-10。

表4-10 (垂直)地埋管换热适宜性分区   单位:m

分区	分区指标(地表以下200m范围内)			综合评判标准
	第四系厚度	卵石层总厚度	含水层总厚度	
适宜区	>100	<5	>30	3项指标均应满足
较适宜区	<30 或 50~100	5~10	10~30	不符合适宜区和不适宜区分区条件
不适宜区	30~50	>10	<10	至少两项指标应符合

工作区地形平坦,全区为第四系覆盖,厚度一般大于400m,含水层岩性0~20m以粉细砂、粉砂为主,粗砂和中砂次之,20~60m以细砂和中砂为主,砂层累计厚度一般大于15m,60m以下以砂岩、粉质砂岩为主,浅层含水层总厚度一般20~25m,工作区为垂直地埋管换热方式较适宜地区(图4-7)。

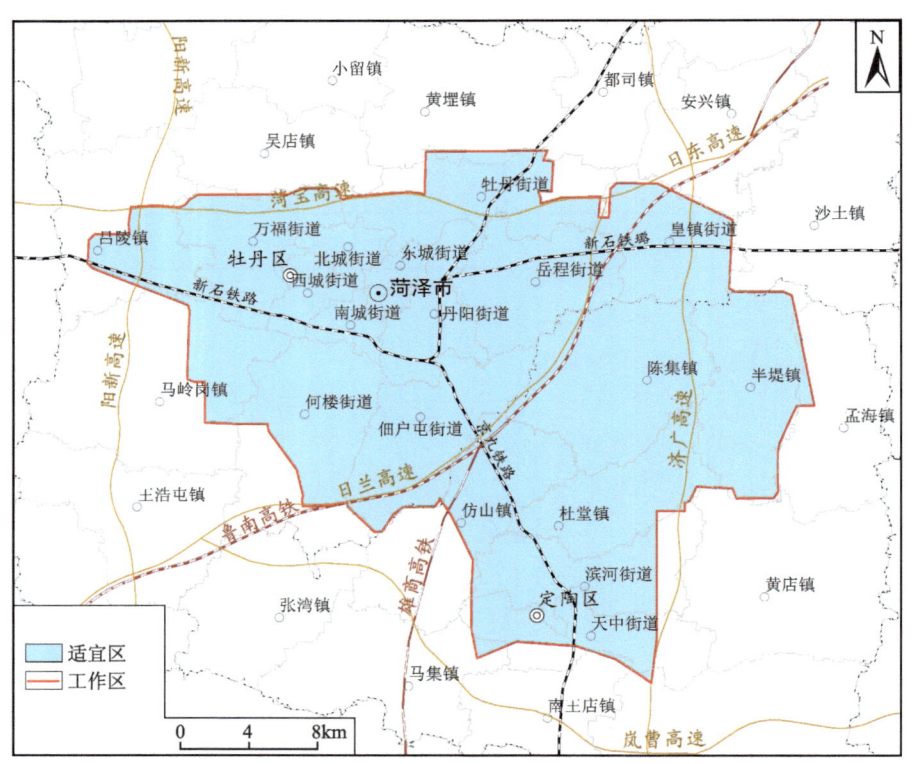

图4-7 工作区地埋管地源热泵适宜性分区图

3.浅层地热能开发利用适宜性区划

遵循地下水和地埋管换热方式适宜性优先的原则,将不同形式的热泵系统适宜性两两对比,按照表4-11进行划分。

对利用层次分析法对地埋管地源热泵适宜性以及地下水地源热泵评价的适宜性分区进行叠合,得到浅层地热能开发利用适宜性区划见表4-12。

综合分析可知,工作区浅层地热能开发利用适宜性分区适宜性好区1个,面积为251.17km²;适宜性中等区1个,面积为489.64km²(图4-8)。

表 4-11 浅层地热能适宜性区划表

地下水	地埋管		
	适宜区	较适宜区	适宜性差区
适宜区	适宜区	适宜区	较适宜区
较适宜区	适宜区	较适宜区	较适宜区
适宜性差区	较适宜区	较适宜区	适宜性差区

表 4-12 浅层地热能开发利用适宜性区划　　　　　　　　　　　单位：km²

地下水	适宜区	较适宜区	适宜性差区
地埋管适宜区	—	251.17k	489.64

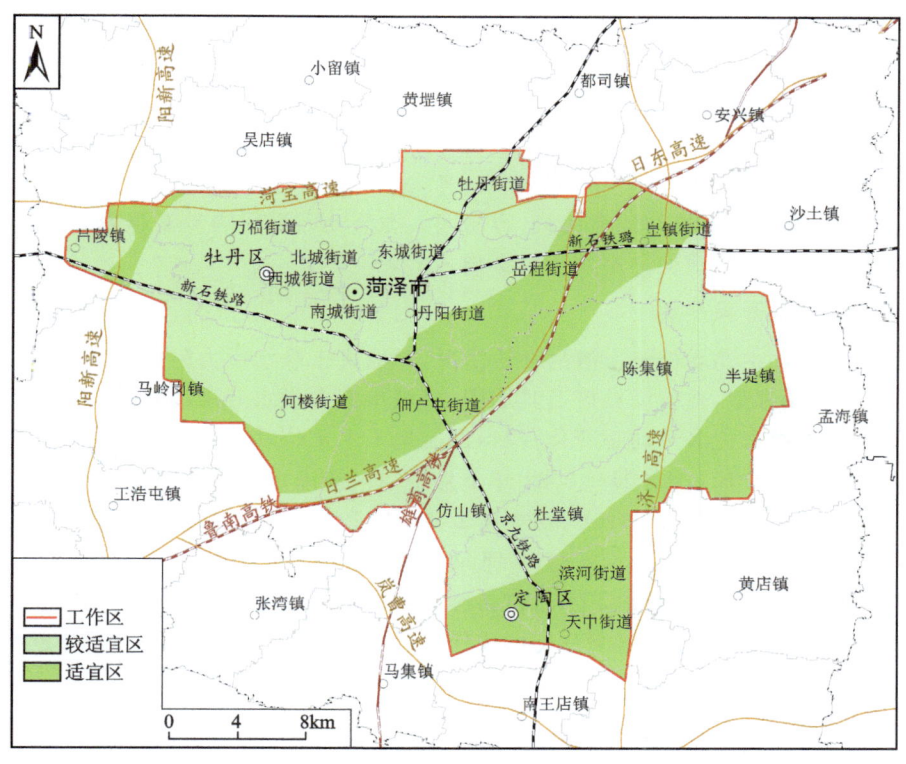

图 4-8　工作区浅层地热能适宜性分区图

六、浅层地热能的换热系统开发利用建议

菏泽市浅层地热能利用正快速发展，目前已有多家单位成功开发利用浅层地热能，采用浅层地温能供暖和制冷。目前菏泽市利用浅层地热能的主要有地下水热泵系统和地埋管热泵系统两种方式。

菏泽市利用浅层地热能的潜力巨大，结合工作范围和实际情况，综合评估地下水热泵换热系统夏季可制冷面积 $12\,835.566\,7\times10^4\,m^2$，冬季可供暖面积 $9\,656.65\times10^4\,m^2$。地埋管热泵系统夏季可制冷面积 $1\,051.75\times10^4\,m^2$，冬季可供暖 $2\,876.85\times10^4\,m^2$。

结合菏泽地区实地情况并考虑到经济成本，建议采用双 U 型地埋管，冬季单位孔深换热量推荐 33～37W/m；夏季单位孔深换热量推荐 44～48W/m。

第五章 城市环境地质现状及地质灾害

第一节 环境地质问题分布

菏泽市主要环境地质问题有水文地质问题和地质灾害等问题。

一、存在的主要水文地质问题

1. 浅层孔隙淡水水质易受人类活动影响

浅层地下水由于埋藏浅,直接与地表接触,容易因人类活动而受影响。工业和生活"三废"(废气、废液、废渣)排放以及农业生产活动均会对其产生影响。

2. 深层孔隙淡水过量开采严重

深层地下水动态变化主要受控于上游的补给情况,并取决于静水压力的传导速度,受气象因素的影响较小,动态类型多属径流型,在菏泽城区及其周围,受城市集中供水开采的影响,表现为径流-开采型。

根据区内深层地下水水位多年动态变化资料,深层地下水水位动态变化表现为"降—升"变化,受深层孔隙淡水超采影响,1980年1月1日—2022年1月10日,菏泽市深层孔隙淡水水位由43.38m(埋深3.90m)下降至−74.93m(埋深122.21m),2020年1月10日—2022年12月31日,深层孔隙淡水受压限采影响,水位标高呈波动状上升至−72.54m(埋深119.82m)。

大气降水对水位影响较小,深层地下水水位持续下降主要由不合理开采地下水所致。在开采集中区已形成了明显的水位降落漏斗,降落漏斗的形成使中层孔隙水和深层孔隙水之间形成水头压差,进而使含水层之间形成越流,间接影响到中层孔隙水水位埋深。

二、地质灾害

由《山东省菏泽市地质灾害核查报告》可知,工作区存在的地质灾害类型为第四系地面塌陷和地面沉降。

第二节 地质灾害分布与形成机理

一、地质灾害分布

工作区内地质灾害发育在地层上的受地层分布特征和孕灾地质条件控制,均发育在第四系松散层内。受工程地质、水文地质、人类工程活动等孕灾地质条件影响,区内地质灾害在地层有分布明显的规律特征(表5-1)。

表 5-1　工作区地质灾害发育地层分布规律

地质灾害类型	分布地层	分布的层位特征
地面沉降	Qh	分布在水位持续下降的深层地下含水层
第四系地面塌陷	Qh	分布在粉砂、粉土等含水黏粒含量较高的古河道发育带,发育深度一般5～10m

(一)地面沉降历史及现状情况

菏泽城区地面沉降发现于20世纪80年代,在1979年和1986年菏泽市地震局进行水准联测时发现城区部分水准点高程降低,推测为地面沉降引起。而后,在2002年、2014年、2015—2019年、2022—2023年4个时段分别进行了水准测量和InSAR解译,获取了菏泽市地面沉降相关数据。

第一时段(2002年):2002—2003年,山东省鲁南地质工程勘察院针对菏泽市城区进行水准路线测量,测量结果反映出牡丹区在不同程度的下沉。2002年10月—2003年10月1年间,市区最大点沉降量达26.8mm,最小点沉降量1.7mm。其中,年沉降量大于20mm的点占8%,年沉降量10～20mm的点在50%以上。

第二时段(2014—2015年):2014年3月、2015年12月山东省地矿工程勘察院在菏泽市开发区进行了水准测量,测量精度按二等水准测量精度要求。通过测量可看出,沉降趋势呈现城区东侧沉降较快,城区南、北两侧沉降相对较慢,沉降速率相对较快的区域主要集中城东组团区域,具体为菏泽大剧院—金都华庭—粮局家属院—菏泽火车站—东城国际一带,该区域人口密度较大的市中心区域,且东部为企业相对集中的工业集中区。

第三时段(2015—2019年):2015年7月—2019年7月4年的PS-InSAR地表形变监测结果反映,工作区处于累积沉降量30～70mm的范围内,累计沉降速率在7.5～17.5mm/a。根据《地面沉降区和海水入侵区地下水压采方案编制技术要求》,按照年沉降速率进行划分,将沉降速率30～50mm/a划分为中等区,沉降速率10～30mm/a划分为弱区,划分结果为牡丹区为弱区。沉降速率大于10mm/a的主要分布在何楼街道、南城街道和东城街道,其他区域沉降速率小于10mm/a。

第四时段(2022—2023年):2022年9月—2023年9月的InSAR地表形变监测结果反映,区域内有3处明显地面沉降区域(图5-1),沉降幅度超过40mm,最大沉降量-62.6287mm,且在东北侧有大面积-20～-10mm的沉降现象,监测结果符合工作区域实际情况。

根据牡丹区和定陶区2014—2022年深层地下水(承压水)开采情况可知(表5-2,图5-2),深层地下水逐年压采,但2022年度还是开采了200.979万m³,地面沉降还会继续下沉,但沉降速率将会减缓。

(二)第四系地面塌陷

1. 分布情况

从有记录以来(1975年)至2024年,工作区及其附近共发生第四系地面塌陷25起(图5-3,表5-3),主要分布在牡丹区和鲁西新区主城区,主要沿何楼街道办事处、南城办事处、东城办事处、牡丹街道办事处、佃户屯街道,呈北东-南西向。根据地面塌陷划分标准和地面塌陷稳定性野外鉴别标准,25处第四系地面塌陷全部为小型,且为已稳定状态。第四系地面塌陷具有分布范围广、发生频率较低、突发性、规模小、难以预测等特点(王华锋等,2022a,2022b)。

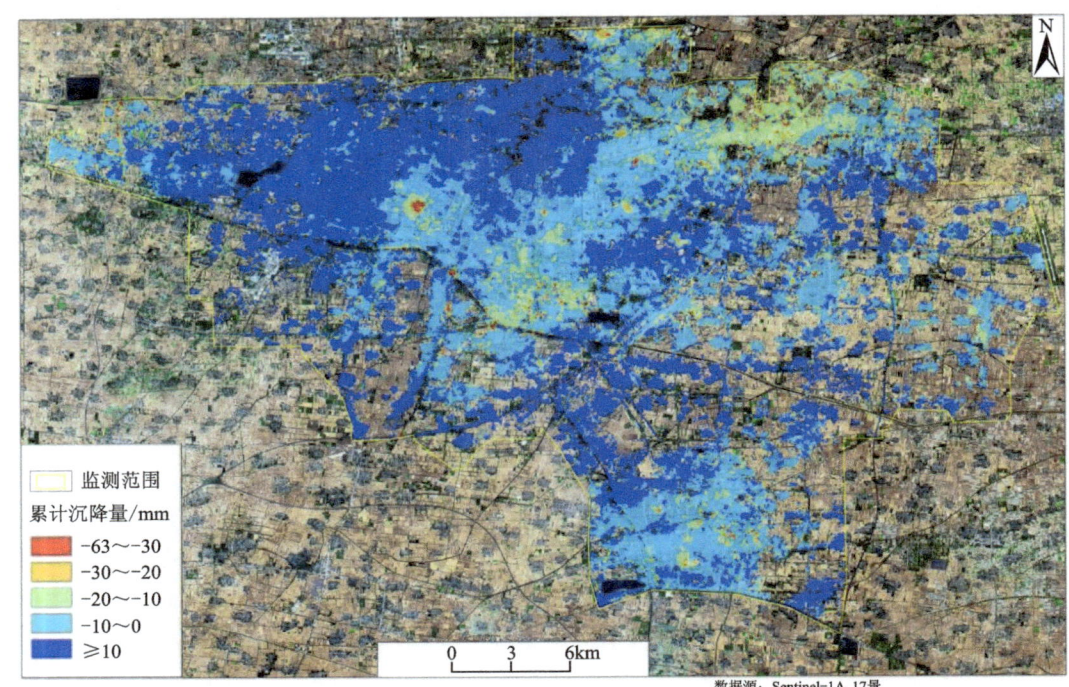

图 5-1 菏泽市城市地质调查 InSAR 解译累计沉降量图(2022.9—2023.9)

表 5-2 2014—2022 年牡丹区和定陶区深层地下水开采一览表　　　　单位:万 m³

年份	2014	2015	2016	2017	2018	2019	2020	2021	2022
深层承压水	3 210.5	2750	2850	1756	1727	1044	595	363	200.979

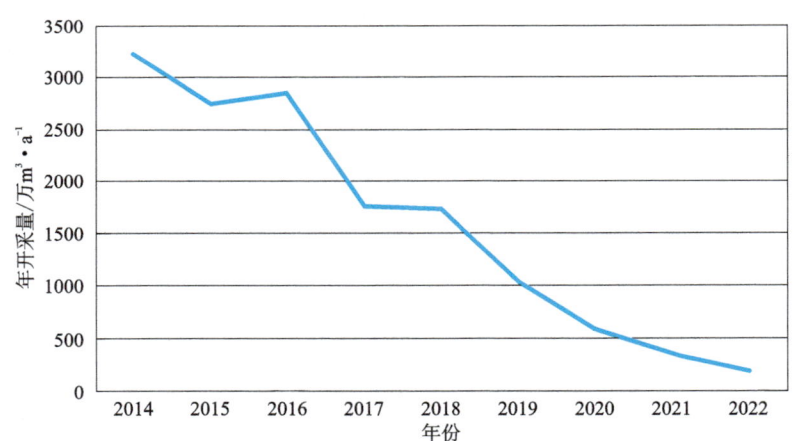

图 5-2 2014—2022 年牡丹区和定陶区深层开采量统计图

2. 第四系地面塌陷发育现状

(1)安兴镇魏庄村:经过现场调查走访,由于发生时间久远,只能推断该塌陷发生于 1979 年 11 月 9 日,面积约 1m²,深 2.5m,上口直径 1m,呈圆形,未造成人员伤亡,位置大概在安兴镇魏庄村。该处现已为耕地,且未再发生过塌陷。在该塌陷点周围 500m 范围内调查了 4 眼机井,其成井时间晚于塌陷发生时间,与农田灌溉机井抽取地下水关系不大或无直接关联。

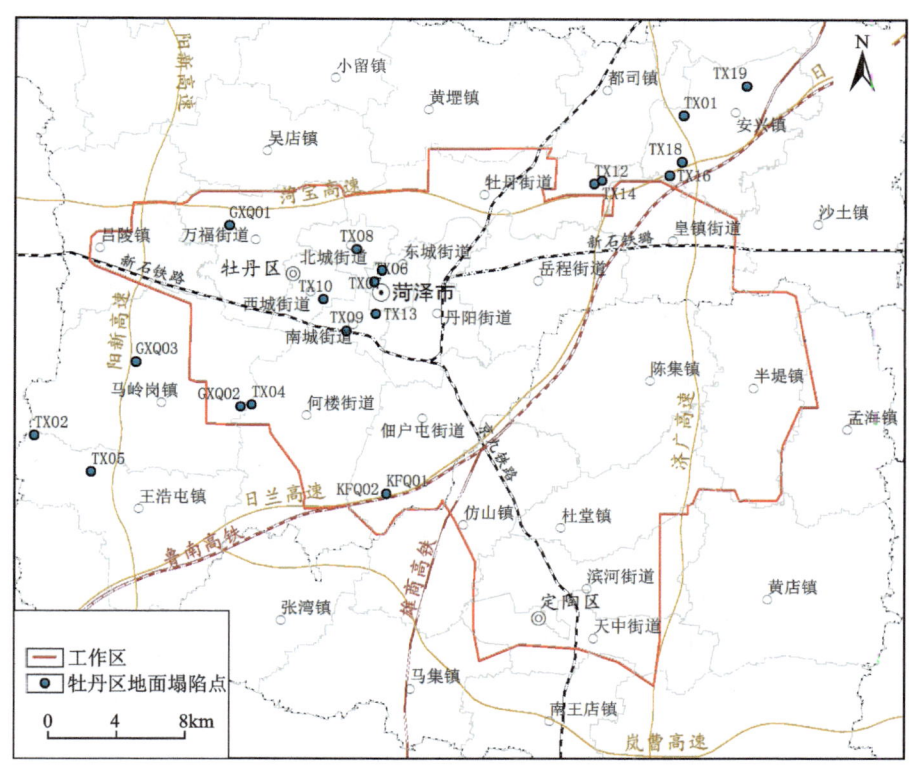

图 5-3　工作区及其附近多年来第四系地面塌陷点位置分布图

（2）王浩屯镇后刘庄：该塌陷发生于 2014 年 3 月,经现场走访调查,该塌陷坑为圆形,直径约 3m,深约 3m,上口小,下口大,呈瓮形,面积 7.1m²,未造成人员伤亡。经本次调查,该处现已为耕地,且未再发生过塌陷。在该塌陷点周围 500m 范围内调查了 4 眼机井,其成井时间晚于塌陷发生时间,与农田灌溉机井抽取地下水关系不大或无直接关联。

（3）胡集镇老关店村：经过现场调查走访,由于发生时间久远,只能推断该塌陷发生于 1980 年 11 月 5 日,面积约 8m²,深 3.35m,上口直径 2.82m,呈圆形,未造成人员伤亡,位置大概在胡集镇老关店村。该处现已为农村宅基地,且在该处未再发生过塌陷。在该塌陷点周围 500m 范围内调查了 5 眼机井,其成井时间晚于塌陷发生时间,与农田灌溉机井抽取地下水关系不大或无直接关联。

（4）何楼街道办事处岳园村：经过现场调查走访,由于发生时间久远,只能大概得出该塌陷发生于 1981 年 6 月 9 日,面积约 2m²,深 1.7m,上口直径 1.4m,呈圆形,未造成人员伤亡,位置大概在何楼街道办事处。该处现已成为耕地,且未再发生过塌陷。在该塌陷点周围 500m 范围内调查了 5 眼机井,其成井时间晚于塌陷发生时间,与农田灌溉机井抽取地下水关系不大或无直接关联。

（5）王浩屯镇张楼：经过现场调查走访,由于发生时间久远,只能大概得出该塌陷发生于 1988 年 8 月,深 2.0m,呈圆形,未造成人员伤亡,位置在王浩屯镇张楼村。该处现已为耕地,且未再发生过塌陷。在该塌陷点周围 500m 范围内调查了 4 眼机井,其成井时间晚于塌陷发生时间,与农田灌溉机井抽取地下水关系不大或无直接关联。

（6）牡丹办事处苇子园：2003 年 7 月 2 日,牡丹区牡丹办事处苇子园村发生的第四系地面塌陷,造成居民的围墙倒塌,直径 3m,面积约 7.1m²,深 2m,上口小,下口大,呈瓮形,未造成人员伤亡。经调查,该处现已为建设居民区,且未再发生过类似塌陷。在该塌陷点周围 500m 范围内未找到机民井。

（7）城区康庄路附近：2005 年 5 月 18 日,牡丹区康庄路附近一居民家中发生的地面塌陷,上口直径 2m,下底直径 4m,深度 5m,面积 3.14m²,圆形,上口小,下口大,呈瓮形,未造成人员伤亡。经调查,该处现已为建设居民区,且未再发生过类似塌陷。在该塌陷点周围 500m 范围内未找到机民井。

表 5-3 牡丹区历年第四系地面塌陷情况一览表

编号	位置	时间	现状情况
TX01	菏泽市安兴镇魏庄	1979 年 11 月 9 日	无
TX02	菏泽市牡丹区王浩屯镇后刘庄	2014 年 3 月	无
TX03	菏泽市牡丹区胡集镇老关店村	1980 年 11 月 5 日	无
TX04	菏泽市牡丹区何楼街道办事处岳园村	1981 年 6 月 9 日	隐患点
TX05	菏泽市牡丹区王浩屯镇张楼	1988 年 8 月	无
TX06	牡丹区牡丹办事处苇子园	2003 年 9 月	无
TX07	城区康庄路附近	2005 年 5 月 18 日	无
TX08	牡丹区北城街道田苑社区李丁楼村	2011 年 1 月 28 日	无
TX09	牡丹区技工学校	2013 年 1 月 21 日	无
TX10	牡丹区西城吴堤口	2013 年 4 月 8 日	无
TX11	牡丹区大黄集镇苑寨村	2015 年 7 月 3 日	无
TX12	牡丹办事处大闫庄西南农田内	2015 年 7 月	无
TX13	中山路与牡丹南路交会处北 100m 左右的东侧非机动车道路面	2017 年 11 月 28 日	无
TX14	牡丹办事处大闫庄	2020 年 7 月 5 日	灾害点
TX15	大黄集镇杨湖村	2021 年 8 月 3 日	无
TX16	安兴镇邢庙张庄村西北胡同内	2021 年 11 月 7 日	隐患点
TX17	高庄镇鲍楼村东北	2021 年 9 月 7 日	无
TX18	安兴镇李集村	2020 年 8 月 8 日	隐患点
TX19	安兴镇安兴村悦如基地	2021 年 11 月 10 日	无
GX01	万福办事处	1995 年 6 月	无
GX02	马岭岗镇	2003 年 9 月	无
GX03	鲁西新区四张村(第四系地面塌陷)	2020 年 7 月 12 日	隐患点
KF01	鲁西新区佃户屯办事处朱大庙村(地面塌陷①)	2015 年 7 月 1 日	无
KF02	鲁西新区佃户屯办事处朱大庙村(地面塌陷②)	2015 年 7 月 1 日	无
TX25	黄罡镇林楼村北侧	2024 年 6 月 19 日	

(8)北城街道田苑社区李丁楼村:2011 年 1 月底,牡丹区北城办事处田苑社区李丁楼村南 20m 处发生一起第四系地面塌陷,塌陷坑周围均为大棚蔬菜种植区,塌陷坑为近圆形,坑口直径为 1.80~2.0m,塌陷坑深度为 1~1.30m,坑底直径稍微变大,因坑内已填有杂物等,估计坑底直径有 2~2.4m,塌陷坑近中心偏西有一直径 15cm 的小水井,井深为 12m,井管为塑料管,据调查该井在成井后从未使用过,据测量井管口并未下降,井中水位为 5.8m,坑壁土质主要为粉土。本次现场踏勘时,该处塌陷坑早已填埋,房屋已进行旧城改造项目,经调查访问至今并未再次发生塌陷。在该塌陷点周围 500m 范围内未找到机民井。

(9)牡丹区技工学校:2013 年 1 月 21 日在菏泽市牡丹区技工学校附近一居民小区内,发生地面塌陷,该塌陷坑的情况直径 2m,深 1.2m,位于房屋下,未造成人员伤亡。本次现场踏勘时该处塌陷坑早已填埋,房屋已进行旧城改造项目,经调查访问,至今并未再次发生塌陷。在该塌陷点周围 500m 范围内未找到机民井。

(10)西城办事处吴堤口：2013年4月8日11时左右，牡丹区西城吴堤口社区一居民胡同出现第四系地面塌陷。塌陷坑位于胡同中央，北据金沙江西路30m左右，南距中华路约300m，胡同正中为砖砌居民排污通道。陷坑外口呈不规则圆形，直径约3.5m，坑深约1.5m，内呈倒碗口状，内径4~5m。坑内积水为下水道污水，深度约0.5m，非浅层地下水。陷坑内壁剖面显示，陷坑地表下30~50cm为人工夯土层或煤渣砖块垫层，下为粉土层，经洛阳铲浅钻勘查，地表至-2m均为粉土和黏粒较多的粉质土层。本次现场踏勘时，该处塌陷坑早已填埋，老旧房屋已建成新小区，经调查访问，至今并未再次发生塌陷。在该塌陷点周围500m范围内未找到机民井。

(11)大黄集镇苑寨村：2015年7月2日早，牡丹区大黄集镇苑集村出现了一地面塌陷坑。塌陷坑位于大黄集镇苑集村东南约150m耕地内，该区6月23—25日曾连续3天降水。塌陷坑周围地势较为平坦，肉眼能看出略有起伏，但坡降很低，村庄位置稍高，地势总体表现为向东南渐低。塌陷坑基本呈圆形，东西长5.05m，南北长5.13m，面积约27.6m²，深1.36~2.31m，坑内水位埋深1.25m，塌陷坑未造成人员伤亡。本次现场踏勘时，该处塌陷坑早已填埋，并种植玉米。经调查访问，该处至今并未再次发生塌陷。在该塌陷点周围500m范围内调查了5眼机井，其成井时间晚于塌陷发生时间，与农田灌溉机井抽取地下水关系不大或无直接关联。

(12)牡丹办事处大闫庄西南农田内：该塌陷坑发生于2015年7月，塌陷呈圆形，直径约4.5m，面积约15.9m²，塌陷坑深约5m。本次现场踏勘时，该处塌陷坑早已填埋，并种植玉米。经调查访问，该处至今并未再次发生塌陷。在该塌陷点周围500m范围内调查了4眼机井，其成井时间晚于塌陷发生时间，与农田灌溉机井抽取地下水关系不大或无直接关联。

(13)中山路与牡丹南路交会处北100m左右的东侧非机动车道路面：2017年11月28日，在菏泽市牡丹城区中山路与牡丹南路交会处北100m左右的东侧非机动车道路面上发生了一起地面塌陷，塌陷坑长6.35m，最宽3.6m，平均宽度为3.29m，呈椭圆形，未造成人员伤亡。该塌陷坑于发生后填平，现为建成区。经调查访问，该处至今并未再次发生塌陷。在该塌陷点周围500m范围内未找到机民井。

(14)牡丹办事处大闫庄：2020年7月5日7时30分，菏泽市牡丹办事处大闫庄村一农户家中发生一起第四系地面塌陷地质灾害。塌陷坑东西长约3m，南北长约2.6m，深约3m，影响面积约20m²。上部为人工杂填土，下部为黄河冲积粉砂土。由于该地质灾害发生于居民家中，塌陷坑于事发后填平，填料下部为黏土，上部为水泥灌注硬化路面。本次排查发现，该处地面并无明显变化，至今并未再次发生塌陷。在该塌陷点周围500m范围内调查了4眼机井，其成井时间虽然早于塌陷发生时间但与塌陷坑相距较远，与农田灌溉机井抽取地下水关系不大或无直接关联。

(15)大黄集镇杨湖村：2021年8月3日，在大黄集镇杨湖村西南耕地里发生了一起地面塌陷，该塌陷坑近似圆形，直径约4.5m，面积15.9m²，最深处约1.5m，未造成人员伤亡，经现场勘察后进行填埋。本次排查发现，该处现已恢复成耕地，且地面并无明显变化，至今并未再次发生塌陷。在该塌陷点周围500m范围内调查了5眼机井，其成井时间虽然早于塌陷发生时间，但与塌陷坑相距较远，与农田灌溉机井抽取地下水关系不大或无直接关联。

(16)安兴镇邢庙张庄村西北胡同内：2021年11月7日，牡丹区安兴镇邢庙张庄村西北胡同内发现一处小型第四系地面塌陷，该塌陷坑周围地势平坦，为居民房屋，塌陷坑近似圆形，塌陷坑上口小，下口大，呈瓮形，塌陷坑上口直径约为3.0m，最大深度约为2.0m，塌陷坑面积约7.0m²。塌陷坑内有水迹，很湿，振动析水现象明显，塌陷初期坑底有地下水。塌陷发生并未造成人员伤亡和较大财产损失。经现场踏勘后进行填埋。本次排查发现，该处现已成硬化路面，且地面并无明显变化，至今并未再次发生塌陷。在该塌陷点周围500m范围内调查了4眼机井，其成井时间虽然早于塌陷发生时间，但与塌陷坑相距较远，与农田灌溉机井抽取地下水关系不大或无直接关联。

(17)高庄镇鲍楼村东北：2021年9月15日，在高庄镇鲍楼村东北耕地内发生一起地面塌陷，该塌陷坑呈圆形，直径4m，面积约12.6m²，塌陷坑上口小，下口大，呈瓮形，塌陷时地下水水位埋深1m。经现场踏勘后,进行填埋。本次排查发现,该处现已恢复成耕地,且地面并无明显变化,至今并未再次发生塌陷。在该塌陷点周围500m范围内调查了4眼机井,其成井时间虽然早于塌陷发生时间,但与塌陷坑相距较远,与农田灌溉机井抽取地下水关系不大或无直接关联。

（18）安兴镇李集村：2020年8月8日,在安兴镇李集村发生一起第四系地面塌陷,塌陷坑近似圆形,塌陷坑上口小,下口大,呈瓮形,塌陷坑上口直径约为2.0m,最大深度约为4.0m,塌陷坑面积约4.0m²。塌陷坑内无水有水迹,很湿,振动析水现象明显,塌陷初期坑底有地下水。本次排查发现,该处现已恢复成耕地,且地面并无明显变化,至今并未再次发生塌陷。在该塌陷点周围500m范围内调查了5眼机井,其成井时间虽然早于塌陷发生时间,但与塌陷坑相距较远,与农田灌溉机井抽取地下水关系不大或无直接关联。

（19）安兴镇安兴村悦如基地：2021年11月17日,塌陷坑上口小,下口大,呈瓮形,上口南北向宽1.8m,东西向长2.4m,呈椭圆形,下口南北宽约3.2m,东西长约3m,呈圆形,北侧侧壁1～1.4m有一层粉砂,其他位置未发现粉砂。0～0.8m为耕植土,颜色为褐色,稍湿,含有植物草根,主要由粉质黏土、粉土组成；0.8m以下为粉土,黄褐色,中密,很湿；2.5m不易钻进,夹粉砂薄层；3.3m处不易钻进。经现场踏勘后,进行填埋。本次排查发现,该处现已恢复成耕地,且地面并无明显变化,至今并未再次发生塌陷。在该塌陷点周围500m范围内调查了4眼机井,其成井时间虽然早于塌陷发生时间,但与塌陷坑相距较远,与农田灌溉机井抽取地下水关系不大或无直接关联。

（20）万福办事处：经过现场调查走访,由于发生时间久远,只能大概得出该塌陷发生于1995年6月,上口直径5m,面积15.6m²,深度4m,罐状,未造成人员伤亡,位置在万福办事处。本次排查发现,该处现已恢复成耕地,且地面并无明显变化,至今并未再次发生塌陷。在该塌陷点周围500m范围内调查了4眼机井,其成井时间晚于塌陷发生时间,与农田灌溉机井抽取地下水关系不大或无直接关联。

（21）马岭岗镇：经过现场调查走访,由于发生时间久远,只能推断该塌陷发生于2003年9月,呈圆形,直径2m,面积3.14m²,深度3m,未造成人员伤亡,位置在马岭岗镇。本次排查发现,该处现已恢复成耕地,且地面并无明显变化,至今并未再次发生塌陷。在该塌陷点周围500m范围内调查了3眼机井,其成井时间晚于塌陷发生时间,与农田灌溉机井抽取地下水关系不大或无直接关联。

（22）马岭岗镇四张村：该隐患点于2020年7月和12月重复塌陷,现已填埋。根据户主描述及现场勘查,该处为近似1.5m的圆形,深约1m,为下口大、上口小的塌陷坑,现已回填。经过本次踏勘,建议该居民硬化路面,减少该户机井的使用。在该塌陷点周围500m范围内调查了5眼机井,其成井时间虽然早于塌陷发生时间,但与塌陷坑相距较远,与农田灌溉机井抽取地下水关系不大或无直接关联。

（23）佃户屯办事处朱大庙村塌陷①和②：2015年7月1日,开发区佃户屯镇朱大庙村南约200m、菏关高速公路北约150m刚收割完小麦的田地内发生两处地面塌陷,距离约10m。据访问,塌陷坑发生于2015年6月23、24、25日连续3天的大雨过后。实地观察,塌陷坑周围地势平坦,为麦收后刚播种不久的玉米地,塌陷坑近椭圆形。塌陷坑①塌陷坑口南北长3.30m,东西宽2.60m,塌陷坑深度为1.50m,坑壁直立；塌陷坑②塌陷坑口南北长3.00m,东西宽2.20m,塌陷坑深度为1.20m,坑壁直立。塌陷的发生并未造成人员伤亡和财产经济损失。本次排查发现,该处现已恢复成耕地,且地面并无明显变化,至今并未再次发生塌陷。在该塌陷点周围500m范围内调查了10眼机井,其成井时间晚于塌陷发生时间,与农田灌溉机井抽取地下水关系不大或无直接关联。

（24）黄堽镇林楼村北塌陷：2024年6月19日,在黄堽镇林楼村北侧的麦田内发生一起地面塌陷。经现场踏勘,麦地有漫灌迹象,塌陷坑有7个,塌陷坑大小不一,塌陷程度不一。大的塌坑直径约1.5m,小的直径约0.5m,局部深度超过1m,坑内水冲蚀现象明显,塌陷坑壁揭露土层上层为粉土夹杂黏土块的扰乱土层(耕作层),深处揭露为粉土层。经调查,塌陷地附近两眼灌溉机井,机井水位一个是10.6m,井深46m,一个是机井水位10.3m,井深33m。洛阳铲共在塌陷孔周边或塌陷坑内实施钻孔3个。经揭露,该区地表耕作层厚度30～50cm,其下为粉土,耕作层下2m左右为第一层黏土层,厚度30cm左右。

3m左右为第二层黏土层,厚度20～40cm,其下为砂质土。两黏土层中间夹略有黏性的砂土,岩芯显示该层土无明显被扰动现象,摇振反应含水量较大。第二层黏土层下为黏性更低的砂土。

3. 第四系地面塌陷发生时间规律

从有记录以来(1975年)至今(2024年8月),牡丹区共发生第四系地面塌陷25起,主要沿大黄集镇、王浩屯镇、何楼街道办事处、南城办事处、东城办事处、牡丹街道办事处、安兴镇、胡集镇,呈北东-南西向。根据地面塌陷划分标准和地面塌陷稳定性野外鉴别标准,牡丹区25处第四系地面塌陷全部为小型。第四系地面塌陷具有分布范围广、发生频率较低、突发性、规模小、难以预测等特点,本次主要从发生时段和发生月份进行分析。本区第四系地面塌陷按年发生次数主要分为4个时段,分别为1980年左右、2003—2005年、2013—2015年和2020—2021年(表5-4),合计20起,占比80%。现对各个时段分别叙述如下。

表5-4 牡丹区历年第四系地面塌陷发生时段一览表

发生时段	1980年左右	1988年	1995年	2003—2005年	2011年	2013—2015年	2017年	2020—2021年	2024年
次数/次	3	1	1	3	1	7	1	7	1
占比/%	12	4	4	12	4	28	4	28	4

(1)1995年以前:本次收集降水量从1995年1月—2022年1月(图5-4),1995年以前的数据由于时间较长,未能收集到相关降水量数据。

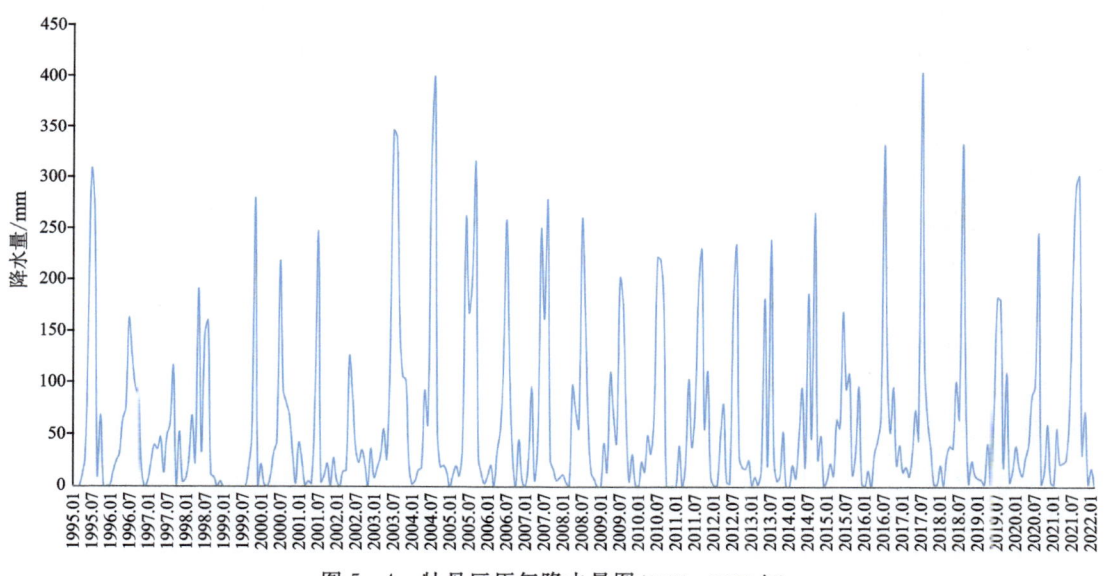

图5-4 牡丹区历年降水量图(1995—2022年)

(2)2003—2005年:该时段共发生了3处第四系地面塌陷,分别为牡丹办事处苇子园(2003年9月)、马岭岗镇(2003年9月)和康庄路附近(2005年5月18日)。

从图5-5可知,2003年8月27日—2003年9月7日间除8月27日未降水外,连续17天降水,单日最大降水量为138.64mm(2003年8月25日),累计降水量353.83mm,占全年(1 349.756mm)的26.3%,说明牡丹办事处苇子园和马岭岗镇第四系地面塌陷与降水量有密切关系。康庄路附近第四系地面塌陷发生前两天(5月15日、5月16日)连续降水,降水量为37.34mm,占全年(1 073.15mm)的3.5%,虽然降水量不大,但考虑到该处在城区,当排水设施排水不畅时会造成局部积水明显,积水导致降水入渗,土体吸水饱和,根据有效应力原理使得该处土层总应力增加,当总应力增加到一定程度时,打破了原有的力学平衡,便发生了塌陷,说明该处塌陷与降水量有密切的关系。

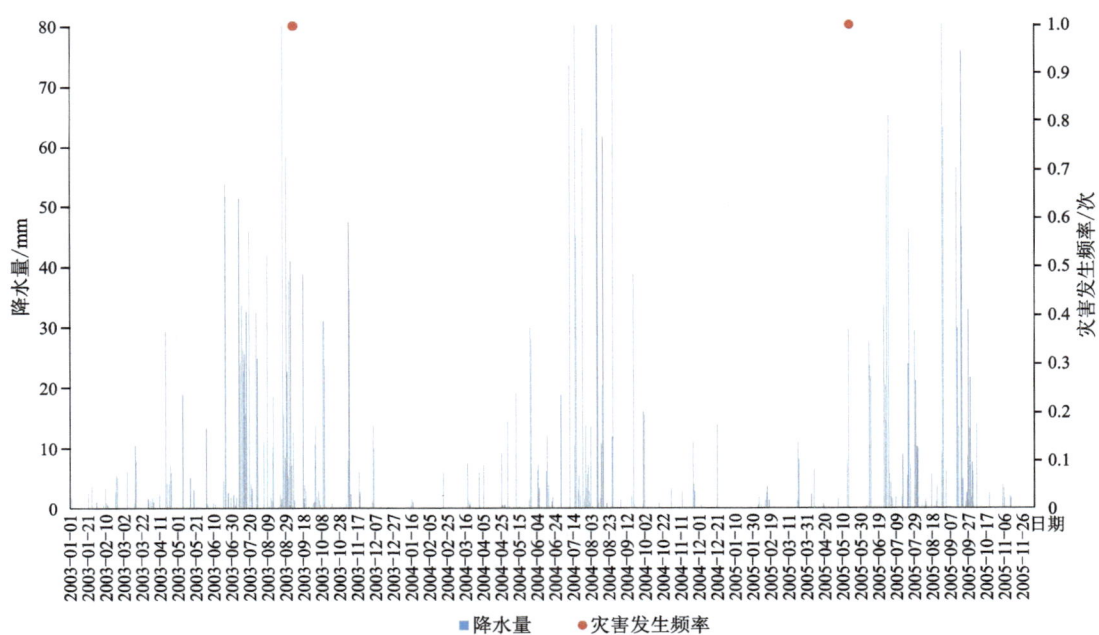

图 5-5 牡丹区逐日降水量灾害发生频率图(2003—2005 年)

(3)2013—2015 年:该时段内一共发生 7 起第四系地面塌陷,分别为牡丹区技工学校(2013 年 1 月 21 日)、西城吴堤口(2013 年 4 月 8 日)、王浩屯镇后刘庄村(2014 年 3 月)、佃户屯办事处朱大庙村 2 处 (2015 年 7 月 1 日)、大黄集镇苑寨村(2015 年 7 月 3 日)、牡丹办事处大闫庄村西南农田内(2015 年 7 月)。

从图 5-6 可知,牡丹区技工学校(2013 年 1 月 21 日)第四系地面塌陷发生前几天(1 月 19 日、1 月 20 日)连续降水,降水量为 1.78mm,占全年(571.5mm)的 0.3%。从图 5-7 可看出(相对位置:塌陷坑位于该水位监测点南偏西 23°约 750m 处),在塌陷发生前几天内,水位变幅不大,说明该处第四系地面塌陷与降水量不相关。西城吴堤口(2013 年 4 月 8 日)第四系地面塌陷发生前只有 3 月 11 日和 12 日两

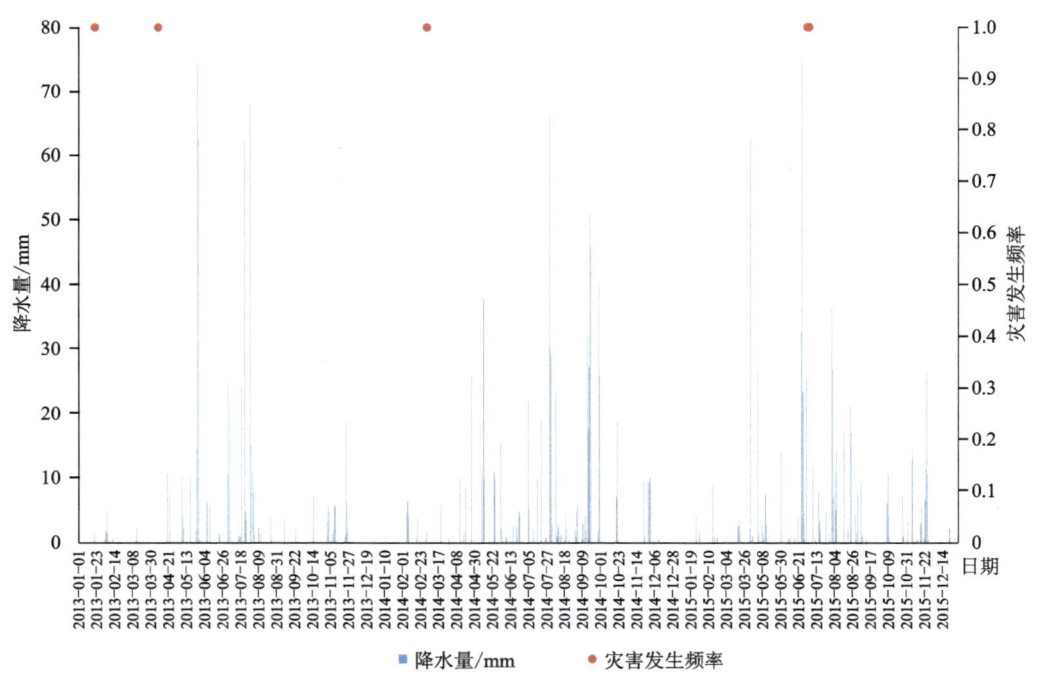

图 5-6 牡丹区逐日降水量图(2013—2015 年)

天降水(2.54mm),降水量较小。从图5-7可看出(相对位置:塌陷坑位于该水位监测点西偏北33°约2.00km处),在塌陷发生前几天内,水位变幅不大,说明该处第四系地面塌陷与降水量不相关。牡丹区技工学校和西城吴堤口2处塌陷发生时,已为多年建成区,初步推测因地基处理不均匀或地下排污或输水等管线渗水引起的塌陷。

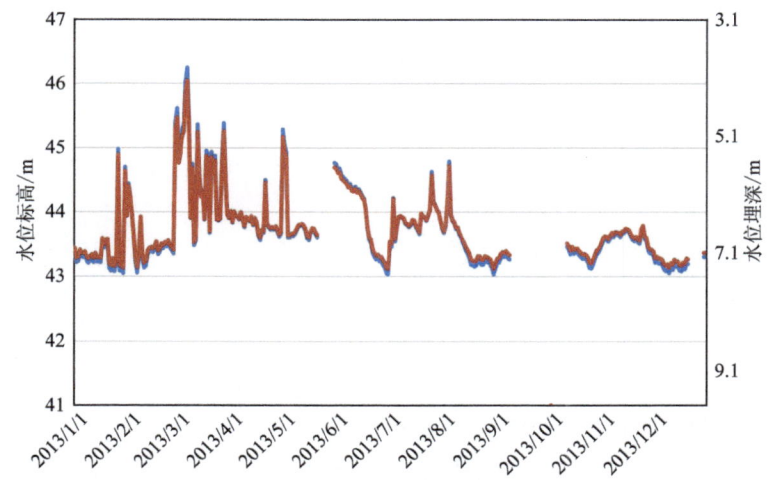

图5-7　2013年度牡丹区老国土局第四系孔隙水位标高和水位埋深变化图

王浩屯镇后刘庄村(2014年3月)第四系地面塌陷发生前2月5—8日、2月17日、2月18日、2月28日和3月1日降水,降水量为22.86mm,占全年的(768.1mm)3%。从图5-8可看出(相对位置:塌陷坑位于监测点西偏南22°约20km),在塌陷发生前几天内,降水量相对较大,根据有效应力原理,该处土层总应力增加,当总应力增加到一定程度时,打破了原有的力学平衡便发生了塌陷。说明该处塌陷与降水量有密切的关系。

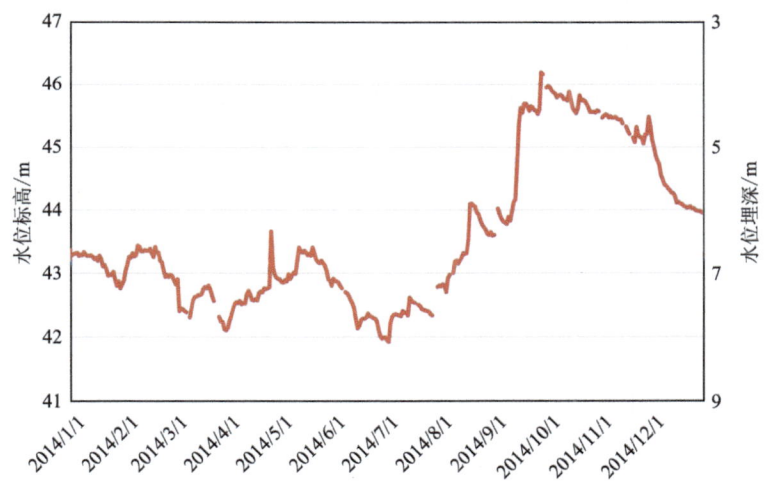

图5-8　2014年度牡丹区老国土局第四系孔隙水位标高和水位埋深变化图

佃户屯办事处朱大庙村2处(2015年7月1日)、大黄集镇苑寨村(2015年7月3日)、牡丹办事处大闫庄村西南农田内(2015年7月)均发生于2015年7月,在该塌陷发生前6月23—29日(除6月28日无降水外)连续6天降水,单日最大降水量74.68mm(6月24日),累计降水量为161.51mm,占全年(680.72mm)的23.7%。从图5-9可看出,在塌陷发生前几天内,水位急剧增大,根据有效应力原理,该处土层总应力增加,当总应力增加到一定程度时,打破了原有的力学平衡便发生了塌陷。这说明该处塌陷与降水量有密切的关系。

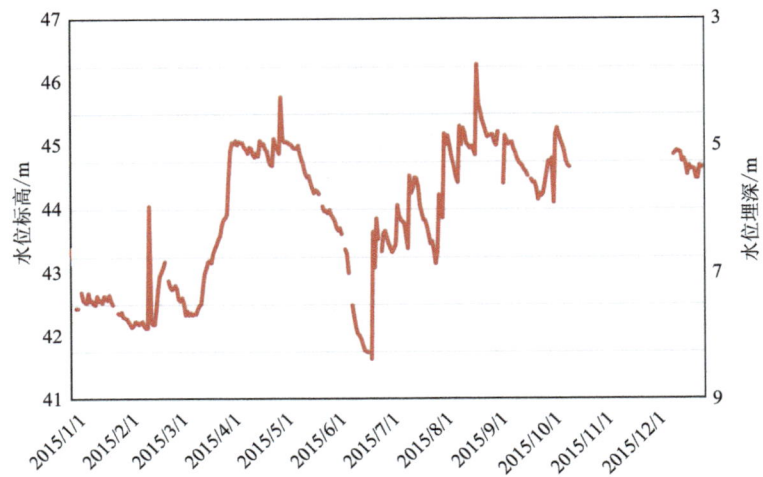

图 5-9 2015 年度牡丹区老国土局第四系孔隙水位标高和水位埋深变化图

（4）2020—2021 年：该时段内一共发生 7 起第四系地面塌陷，分别为牡丹办事处大闫庄（2020 年 7 月 5 日）、马岭岗镇四张村第四系地面塌陷（2020 年 7 月 12 日）、安兴镇李集村（2020 年 8 月 8 日）、大黄集镇杨湖村（2021 年 8 月 3 日）、高庄镇鲍楼村（2021 年 9 月 7 日）、安兴镇邢庙张庄（2021 年 11 月 7 日）、安兴镇安兴村悦如基地（2021 年 11 月 10 日）。

从图 5-10 可知，大闫庄村塌陷发生前 4 天（2020 年 7 月 2—5 日）连续 4 天降水，单日最大降水量为 17.78mm（7 月 2 日），累计降水量 22.61mm，占全年（653.8mm）的 3.5%。从图 5-11 可看出（相对位置：塌陷坑位于该水位监测点东偏北 40°约 5.50km 处），在塌陷发生前几天内，水位变幅虽不大，但该点位于村民院中，地面砖铺未硬化，雨水汇集至地表低洼处并通过砖缝入渗至土层，使得该处土层有效应力增加，当有效应力增加到一定程度时，由量变引起质变便发生了塌陷，说明该处塌陷与降水量有密切的关系。安兴镇李集村塌陷发生前 2020 年 7 月 31 日—8 月 7 日（除 8 月 2 日外）连续 7 天降水，单日最大降水量 133.6mm，累计降水量 174.75mm。从图 5-11 可看出（相对位置：塌陷坑位于该水位监测点东偏北 28°约 10.0km 处），在塌陷发生前几天内，水位急剧增大，根据有效应力原理，该处土层总应力

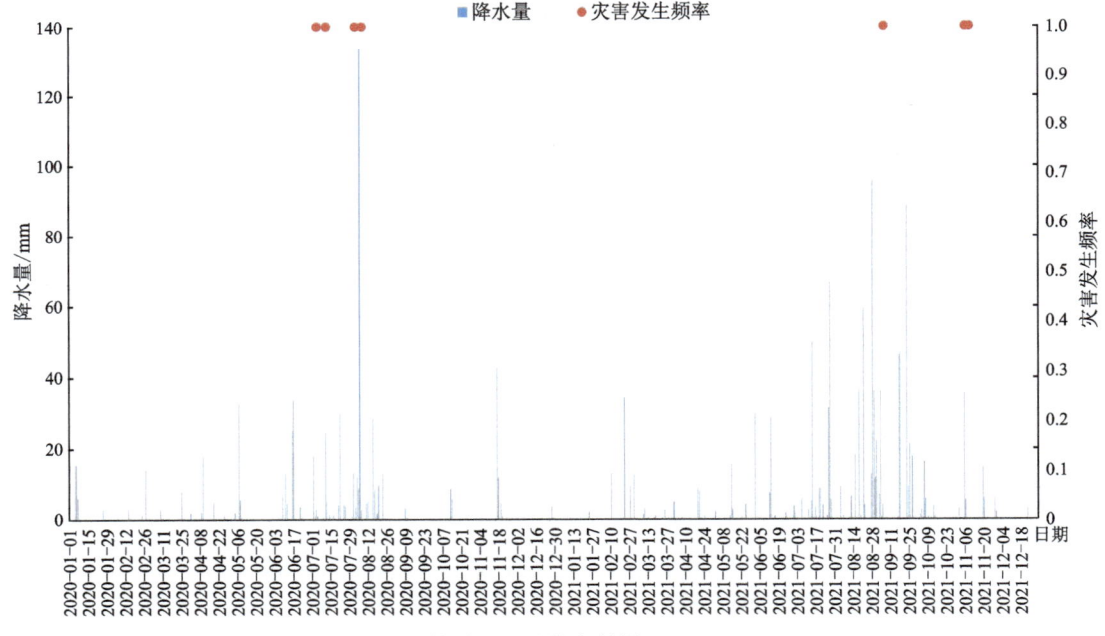

图 5-10 牡丹区逐日降水量图（2020—2021 年）

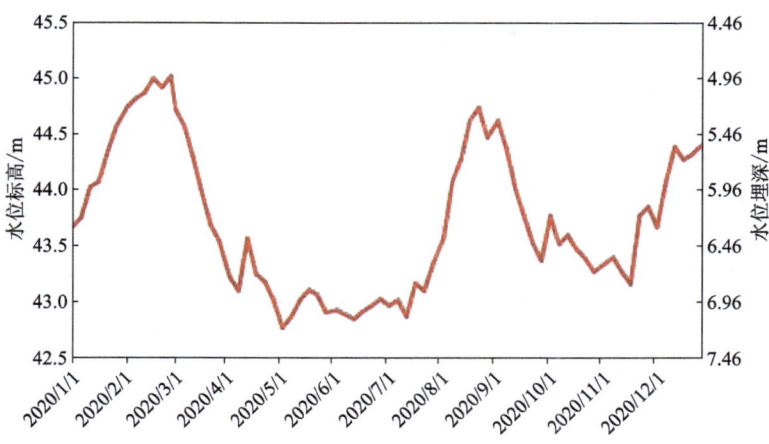

图 5-11 牡丹区官厂 407 号监测点第四系孔隙水 2020 年度地下水水位动态变化曲线图

增加,当总应力增加到一定程度时,打破了原有的力学平衡便发生了塌陷。说明该处塌陷与降水量有密切的关系。

马岭岗镇四张村塌陷发生前 4 天(2020 年 7 月 9 日—7 月 12 日)除 7 月 10 日外连续 3 天降水,单日最大降水量 24.64mm,累计降水量 30.23mm,占全年(653.8mm)的 4.6%。从图 5-11 可看出(相对位置:塌陷坑位于该水位监测点西偏南 20°约 23km 处),在塌陷发生前几天内,水位急剧增大,且该点位于村民院中,地面为土质路面并未硬化,雨水随着土层缝隙入渗,根据有效应力原理,该处土层总应力增加,当总应力增加到一定程度时,打破了原有的力学平衡便发生了塌陷,说明该处塌陷与降水量有密切的关系。

高庄镇鲍楼村塌陷发生前(2021 年 8 月 28 日—9 月 6 日,除 9 月 2 日未降水外)连续 9 天降水,单日最大降水量 95.76mm,累计降水量 227.1mm,占全年(1 105.15mm)的 20.5%。从图 5-11 可以看出(相对位置:塌陷坑位于水位监测点的东偏北 30°约 5.5km),在塌陷发生前几天地下水水位突然上升,根据有效应力原理,土层总应力增加,当总应力增加到一定程度时,打破了原有的力学平衡便发生了塌陷,说明该处塌陷与降水量有密切的关系。

大黄集镇杨湖村塌陷发生前(2021 年 7 月 12—29 日)除 5 天未下雨外,断断续续 12 天降水,单日最大降水量为 66.8mm(7 月 28 日),累计降水量 188.98mm,占全年(1 105.15mm)的 17.1%。从图 5-12 可以看出(相对位置:塌陷坑位于该水位监测点西偏南 45°约 34km 处),在塌陷发生前几天地下水水位突然上升,根据有效应力原理,土层总应力增加,当总应力增加到一定程度时,打破了原有的力学平衡便发生了塌陷。说明该处塌陷与降水量有密切的关系。

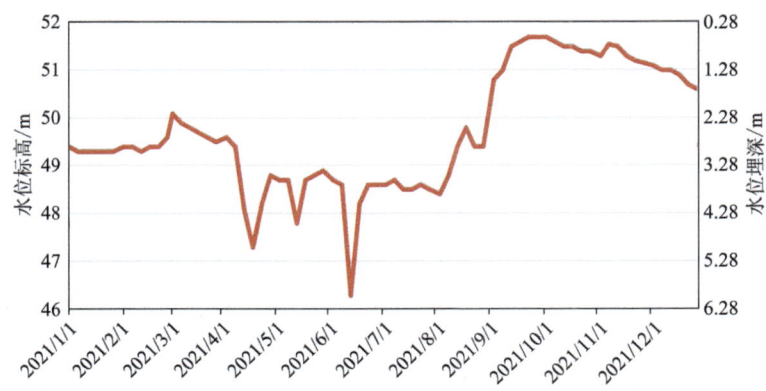

图 5-12 牡丹区高庄镇水管所第四系孔隙水 2021 年度地下水水位动态变化曲线图

安兴镇邢庙张庄塌陷发生前2日(11月6日和11月7日)有连续降水,单日最大降水量35.56mm,累计降水量41.15mm,占全年(1 105.15mm)的3.7%。安兴镇安兴村悦如基地11月6日和11月7日连续降水,单日最大降水量35.56mm,累计降水量41.15mm,占全年(1 105.15mm)的3.7%。从图5-12可以看出(安兴镇邢庙张庄相对位置:塌陷坑位于该水位监测点东偏北26°约9.0km处;安兴镇安兴村悦如基地相对位置:塌陷坑位于该水位监测点东偏北34°约15.0km处),在塌陷发生前几天内,水位急剧变化,土层总应力增大,当总应力增加到一定程度时,打破了原有的力学平衡便发生了塌陷。该处塌陷位于村庄胡同内,由于排水不畅,该处存在积水,积水不断下渗使得土体饱和,随着自重应力增加,破坏了原有的力学平衡便引起了塌陷。说明该处塌陷与降水量有密切的关系。

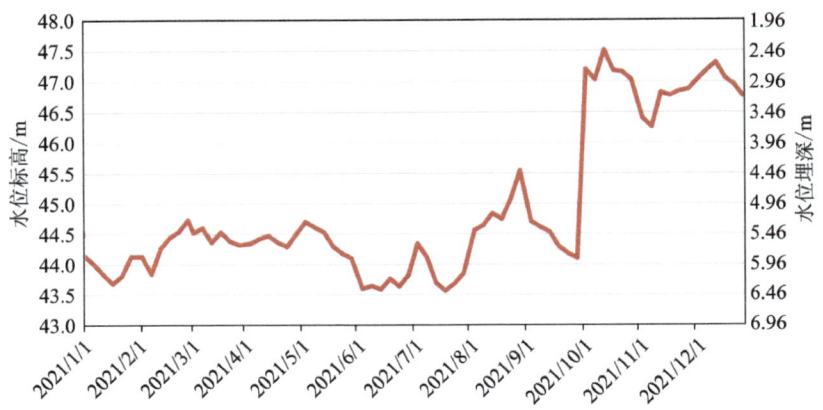

图5-13 牡丹区官厂407号监测点第四系孔隙水2021年度地下水水位动态变化曲线图

综上所述,1995年前发生的5次地面塌陷没有地下水水位相关数据,2011年、2017年和2021年各发生1次地面塌陷,发生频率较低,未进行相关分析。本次共分析了17处塌陷,除牡丹区技工学校和西城吴堤口塌陷与降水量不相关外,其他15处塌陷均与降水量密切相关。牡丹区技工学校和西城吴堤口两处塌陷位于市区内,初步推断该塌陷由于地基处理不当引起的工程地质问题,非地质灾害问题。这说明该区第四系地面塌陷发生的诱发因素主要是灾害发生前一段时间有强降水发生。

按月发生次数主要发生在每年的丰水期(2021年11月降水量大)(表5-5),共为18起,占全部(25起)的72.00%,说明丰水期降水量大是第四系地面塌陷的发生的重要的外部因素。

表5-5 牡丹区历年第四系地面塌陷发生月份一览表

发生时间	1月	2月	3月	4月	5月	6月	7月	8月	9月	10月	11月	12月
次数/次	2	0	1	1	1	3	6	3	3	0	5	0
占比/%	8	0	4	4	4	12	24	12	12	0	20	0

图5-14统计了除1979年11月安兴镇魏庄和2024年6月黄堽镇林楼村外的23处第四系地面塌陷点,在塌陷发生的当月降水量少(降水量<20mm)的点位主要为1980年11月胡集镇老关店村(11月份降水量2.5mm)、2011年1月北城街道的田源社区李丁楼村(1月降水量0mm)、2013年1月牡丹区技工学校(1月降水量1.7mm)、2013年4月西城街道吴堤口(4月降水量16.4mm)、2014年3月王浩屯镇后刘庄村(3月降水量8.6mm)和2017年11月中山路与牡丹南路交会口北100m(11月降水量2.1mm)6处塌陷点,其余塌陷点发生时月降水量均大于30mm。这进一步说明了第四系地面塌陷的主要外部因素是受降水或水位频繁变动。

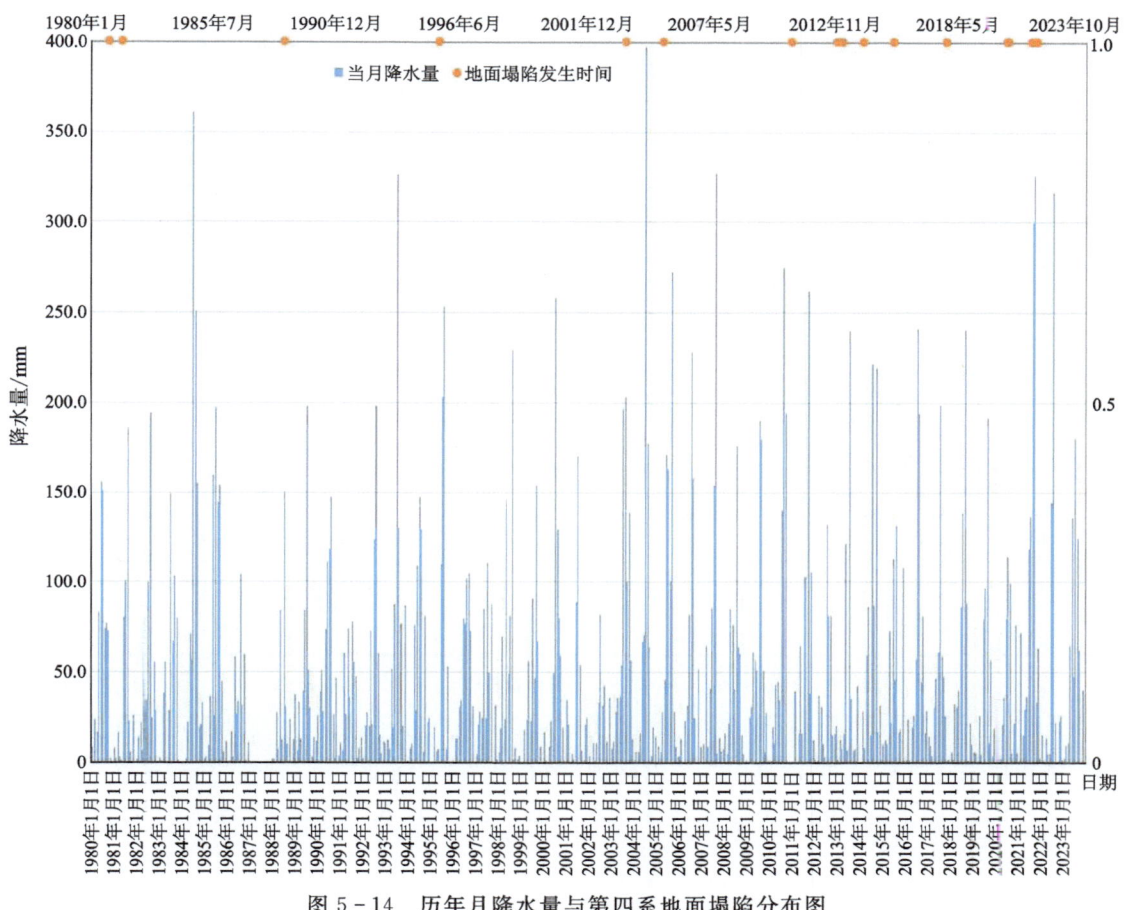

图 5-14 历年月降水量与第四系地面塌陷分布图

(三)第四系地面塌陷发育特征

根据前文所述,该区第四系地面塌陷塌陷深度小于 5m,塌陷规模一般小于 20m²,塌陷坑体积一般在 2.5~50.0m³ 之间,塌陷大部分为圆形或椭圆形,少部分为长方形,塌陷形状为上口小、下口大,呈瓮形。根据塌陷时现场调查情况,塌陷坑侧壁光滑,未发现水土流失痕迹,塌陷坑底部土层含水量随着时间的推移迅速减少,塌陷发生一两天后工作人员即可进入坑底勘探,并未发现导水通道。

本次勘察最大孔深 20.00m,勘探深度范围内场地地层为第四系全新统(Qh)黄河冲洪积层,主要由粉质黏土、粉土、粉砂等构成,地层从上至下可分为 11 层,分述如下。

1 层耕土(Qh^{pd}):黄褐色—黄灰色,松散,稍湿,成分以粉土及黏性土块为主,含植物根系及虫孔,土质均匀性差;厚度 0.60~1.50m,平均 0.84m;层底标高 46.66~54.25m,平均 50.51m;层底埋深 0.60~1.50m,平均 0.84m。

1-1 层素填土(Qh^{ml}):黄褐色,松散,稍湿,成分以粉土、黏性土为主,局部含有建筑垃圾及生活垃圾,土质均匀性差,厚度 0.70~3.80m,平均 1.69m;层底标高 45.38~49.58m,平均 47.76m;层底埋深 0.70~3.80m,平均 1.69m。

2 层粉土(Qh^{al}):黄灰色,稍密—中密,局部密实,湿—很湿,摇振反应迅速,无光泽反应,干强度低,韧性低,局部夹杂粉质黏土薄层;厚度 1.40~10.20m,平均 5.59m;层底标高 38.78~48.53m,平均 43.35m;层底埋深 4.00~11.00m,平均 6.89m,2 层粉土物理力学指标见表 5-6。

表 5-6 2 层粉土物理力学指标统计表

项目		最小值 X_{min}	最大值 X_{max}	平均值 X_m	数据个数 n	标准差 σ	变异系数 δ	标准值 X_k
w	%	20.3	37.8	25.1	37	3.3	0.13	26.0
γ	kN/m³	17.50	19.80	18.89	37	0.6	0.03	18.72
e		0.621	1.113	0.758	37	0.101	0.13	0.787
w_L	%	23.5	34.5	26.7	37	2.6	0.10	
w_P	%	15.7	19.6	16.8	37	1.0	0.06	
I_P		7.8	14.9	9.8	37	1.7	0.17	
I_L		0.36	1.57	0.85	37	0.30	0.35	0.94
c	kPa	8.8	32.8	12.3	35	4.6	0.38	11.0
φ	(°)	11.4	28.5	23.9	36	4.6	0.19	22.6
a_{1-2}	MPa⁻¹	0.08	0.55	0.24	37	0.12	0.48	0.28
E_{s1-2}	MPa	2.52	15.71	8.21	37	3.37	0.41	7.3
N	击	3	13	6.4	75	2.6	0.4	5.9

注：w 为含水率；γ 为容重；e 为孔隙比；w_L 为液限；w_P 为塑限；I_P 为塑性指数；I_L 为液性指数；c 为黏聚力；a_{1-2} 为以压缩系数；E_{s1-2} 为压缩模量；N 为标准贯入实验锤击数。

2-1 层粉质黏土（Qh^{al}）：棕色，可塑，局部硬塑，稍有光泽，干强度中等，韧性中等；厚度 0.50m；层底标高 40.58～42.10m，平均 41.54m；层底埋深 5.90～7.50m，平均 6.50m，2-1 层粉质黏土物理力学指标见表 5-7。

表 5-7 2-1 层粉质黏土物理力学指标统计表

项目		最小值 X_{min}	最大值 X_{max}	平均值 X_m	数据个数 n	标准差 σ	变异系数 δ	标准值 X_k
w	%	22.4	27.1	25.2	3	2.5	0.10	
γ	kN/m³	18.20	19.30	18.63	3	0.6	0.03	
e		0.684	0.849	0.793	3	0.095	0.12	
w_L	%	32.4	34.4	33.6	3	1.0	0.03	
w_P	%	19.4	19.8	19.6	3	0.2	0.01	
I_P		12.6	14.8	14.0	3	1.2	0.09	
I_L		0.21	0.51	0.39	3	0.16	0.41	
c	kPa	25.8	44.4	35.4	3	9.3	0.26	21.4
φ	(°)	11.5	13.5	12.8	3	1.1	0.09	11.1
a_{1-2}	MPa⁻¹	0.18	0.54	0.34	3	0.18	0.55	
E_{s1-2}	MPa	3.42	9.35	6.38	3	2.97	0.47	
N	击	—	—	—	—	—	—	—

3 层粉质黏土（Qh^{al}）：棕灰色，以可塑为主，局部流塑—软塑，稍有光泽，干强度中等，韧性中等，见植物腐殖质；厚度 0.50～4.30m，平均 1.90m；层底标高 36.48～43.35m，平均 40.72m；层底埋深 5.50～14.10m，平均 8.79m，3 层粉质黏土物理力学指标见表 5-8。

表 5-8　3 层粉质黏土物理力学指标统计表

项目		最小值 X_{min}	最大值 X_{max}	平均值 X_m	数据个数 n	标准差 σ	变异系数 δ	标准值 X_k
w	%	20.9	51.1	29.9	42	7.6	0.25	32.0
γ	kN/m³	16.20	19.70	18.28	42	0.9	0.05	18.05
e		0.663	1.473	0.913	42	0.211	0.23	0.969
w_L	%	31.2	46.3	35.5	42	4.0	0.11	
w_P	%	18.4	23.9	20.0	42	1.4	0.07	
I_P		12.0	22.4	15.3	41	2.5	0.17	
I_L		0.28	2.09	0.61	39	0.44	0.71	0.73
c	kPa	7.1	59.7	30.8	41	11.5	0.37	27.7
φ	(°)	8.8	16.7	12.8	40	1.6	0.13	12.4
a_{1-2}	MPa⁻¹	0.20	0.95	0.46	41	0.17	0.37	0.51
E_{s1-2}	MPa	2.34	6.66	4.30	41	1.07	0.25	4.0
N	击	1	10	4.8	17	2.4	0.50	3.8

4 层粉土（Qh^al）：黄灰色，中密—部密实，湿，摇振反应中等—迅速，无光泽反应，干强度低，韧性低；场区普遍分布，厚度 0.70～6.10m，平均 3.12m；层底标高 34.69～46.53m，平均 38.11m；层底埋深 8.30～15.70m，平均 12.19m，4 层粉土物理力学指标见表 5-9。

表 5-9　4 层粉土物理力学指标统计表

项目		最小值 X_{min}	最大值 X_{max}	平均值 X_m	数据个数 n	标准差 σ	变异系数 δ	标准值 X_k
w	%	21.4	27.8	24.4	18	1.8	0.07	25.1
γ	kN/m³	18.10	20.10	19.08	18	0.4	0.02	18.90
e		0.599	0.840	0.728	18	0.058	0.08	0.752
w_L	%	24.0	31.6	26.3	17	1.6	0.06	
w_P	%	15.8	19.2	16.8	17	0.9	0.05	
I_P		8.2	11.7	9.5	17	0.8	0.08	
I_L		0.22	1.23	0.78	18	0.26	0.34	0.89
c	kPa	9.3	32.0	12.4	17	5.3	0.43	10.1
φ	(°)	16.7	29.2	25.4	17	2.8	0.11	24.2
a_{1-2}	MPa⁻¹	0.13	0.44	0.23	18	0.09	0.40	0.26
E_{s1-2}	MPa	3.91	13.13	8.53	18	2.59	0.30	7.5
N	击	3	16	9.9	34	3.8	0.39	8.8

4-1 层粉质黏土（Qh^al）：灰褐色，可塑—硬塑，无摇振反应，稍有光泽，干强度中等；韧性中等。厚度 0.50～2.80m，平均 1.50m；层底标高 35.69～38.75m，平均 38.05m；层底埋深 10.50～14.80m，平均 11.56m，4-1 层粉质黏土物理力学指标见表 5-10。

表5-10 4-1层粉质黏土物理力学指标统计表

项目		最小值 X_{min}	最大值 X_{max}	平均值 X_m	数据个数 n	标准差 σ	变异系数 δ	标准值 X_k
w	%	21.3	33.8	26.3	24	3.3	0.13	27.4
γ	kN/m³	17.20	20.20	18.70	24	0.8	0.04	18.42
e		0.608	1.147	0.821	24	0.136	0.17	0.869
w_L	%	27.9	42.7	34.2	24	3.0	0.09	
w_P	%	18.3	21.7	19.5	24	0.8	0.04	
I_P		9.6	22.0	14.7	24	2.3	0.15	
I_L		0.15	0.72	0.46	21	0.20	0.45	0.53
c	kPa	8.9	53.5	35.0	24	10.5	0.30	31.3
φ	(°)	7.0	15.8	13.5	23	2.0	0.15	12.8
a_{1-2}	MPa⁻¹	0.16	0.54	0.37	23	0.09	0.25	0.40
E_{s1-2}	MPa	2.98	6.63	4.90	23	1.08	0.22	4.5
N	击	3	7	4.7	9	1.4	0.3	3.8

5层粉质黏土（Qh^{al}）：黄褐色，可塑—硬塑，无摇振反应，稍有光泽，干强度中等，韧性中等；厚度0.60~7.35m，平均2.64m；层底标高28.25~36.31m，平均33.50m；层底埋深15.00~20.31m，平均16.19m，5层粉质黏土物理力学指标见表5-11。

表5-11 5层粉质黏土物理力学指标统计表

项目		最小值 X_{min}	最大值 X_{max}	平均值 X_m	数据个数 n	标准差 σ	变异系数 δ	标准值 X_k
w	%	20.0	30.2	24.6	63	2.2	0.09	25.0
γ	kN/m³	18.00	20.20	19.23	63	0.5	0.03	19.12
e		0.615	0.942	0.735	63	0.075	0.10	0.752
w_L	%	29.3	42.9	35.4	63	4.2	0.12	
w_P	%	17.7	20.7	19.3	63	0.7	0.04	
I_P		11.6	23.5	16.1	63	3.9	0.24	
I_L		0.12	0.65	0.34	63	0.13	0.37	0.36
c	kPa	25.3	55.3	42.4	58	6.6	0.16	40.9
φ	(°)	12.3	16.8	14.5	58	1.0	0.07	14.3
a_{1-2}	MPa⁻¹	0.16	0.50	0.30	63	0.07	0.25	0.32
E_{s1-2}	MPa	3.62	10.37	6.06	63	1.47	0.24	5.7
N	击	2.5	13	8.8	34	2.5	0.28	8.6

5-1层粉土（Qh^{al}）：黄灰色，中密—密实，湿，摇振反应迅速，无光泽反应，干强度低，韧性低。该层未穿透，5-1层粉土物理力学指标见表5-12。

5T层空洞：该层为空洞，从现场钻探揭露情况，空洞顶板均见有青砖（推测为地下构筑物顶板），钻进过程中有明显掉钻现象；厚度0.50~3.30m，平均1.87m；层底标高33.69~41.19m，平均35.81m；层底埋深8.20~14.80m，平均12.92m。

表 5-12　5-1 层粉土物理力学指标统计表

项目		最小值 X_{min}	最大值 X_{max}	平均值 X_m	数据个数 n	标准差 σ	变异系数 δ	标准值 X_k
w	%	21.9	27.9	24.7	11	2.1	0.09	25.9
γ	kN/m³	18.10	19.70	19.14	11	0.5	0.03	18.87
e		0.640	0.826	0.726	11	0.065	0.09	0.762
w_L	%	23.0	26.8	24.8	10	1.3	0.05	
w_P	%	15.5	17.0	16.1	10	0.5	0.03	
I_P		7.5	9.8	8.6	10	0.8	0.09	
I_L		0.30	1.30	0.95	11	0.30	0.32	1.12
c	kPa	8.7	13.5	11.1	10	1.7	0.15	10.0
φ	(°)	23.9	28.3	26.0	10	1.1	0.04	25.3
a_{1-2}	MPa⁻¹	0.09	0.43	0.21	11	0.11	0.53	0.27
E_{s1-2}	MPa	4.25	18.22	10.48	11	4.67	0.45	7.9
N	击	7	17	11.8	21	2.8	0.24	10.7

6 层粉砂（Qh^{al}）：黄灰色，中密—密实，饱和，级配不良，成分以石英为主，长石云母次之。该层未穿透。

根据本次工程地质钻探资料：在塌陷及其附近均发现掉钻现象，为空洞，其上、下地层的岩性一般为粉土或粉质黏土，且在掉钻前钻出的岩芯均出现了不同颜色的砖块，其直径大小不一，在 0.5～15cm 之间，其上地层均为软塑—可塑的粉土或粉质黏土，标准贯入试验锤击数一般在 3～7 击之间，在该层大部分都出现了植物腐殖质，植物腐殖质层出现的原因是古河道改道使得河床被掩埋，所不同的是空洞的深度和植物腐殖质的出现次数。

第四系地面塌陷具有分布范围广、发生频率较低、突发性、规模小、难以预测等特点，当发生时其上无人时，产生的危害较小；当发生时其上部土层有人时，将会造成人员伤亡等重大损失。例如牡丹办事处大闫庄于 2020 年 7 月发生了一起致 2 人死亡的第四系地面塌陷，且引起周围人民群众恐慌，给人民群众生产生活带来了严重危害。

二、地质灾害形成机理

（一）地面沉降

1. 地面沉降成因

地面沉降可由多方面活动引起，主要包括地壳沉降活动、松散沉积物的自然固结压实、人类开采地下水或油气资源引起的土层压缩沉降。能够引起地面沉降的因素可分为自然因素和人为因素两大类。

（1）自然因素：牡丹区地处黄河冲积平原区，区内第四系全新统地层，其沉积环境受黄河影响，在巨厚的高、中压缩性淤泥质土的地区，形成了以细颗粒为主的地层。所表现出的岩性以粉质黏土、粉土最为广泛，其次为粉砂，局部含淤泥质。当土的先期固结压力较低时（超固结比＜1.0），在自重压力下将引起固结沉降。区内基本无欠固结土，说明自重固结沉降量占地面沉降总量的比重较小。

（2）人为因素：人类工程和经济活动的能力和强度与日俱增，其对地面沉降的影响已占主导地位。影响地面沉降的人为因素主要为大量抽取地下水，松散岩类孔隙水在多年开采情况下，已形成了地下水水位降落漏斗，含水层失水，进而造成土体压缩。

2. 地面沉降机理

过量开采地下水是地面沉降的主要原因。当长期过量开采地下水时,地下水水位持续下降,破坏了地层内原有的应力状态,使地层内原有的孔隙水压力减小,土粒间有效应力增加,导致含水层弹性变形,黏性土层固结排水引起地面沉降。

太沙基固结理论建立在有效应力原理基础之上,有效应力原理的是土力学中一个最常用的基本理论,太沙基(Terazghi)于1925年最早提出饱和土有效应力原理的基本概念。其基本思想是将饱和多孔介质看作等效的连续介质,将其总应力与孔隙压力的差视为有效应力(图5-15)。

在土中某一点截取一水平截面,其面积为 F,截面上作用应力为 σ,它是由上面的土体的重力、静水压力及外荷载 p 所产生的应力,称为总应

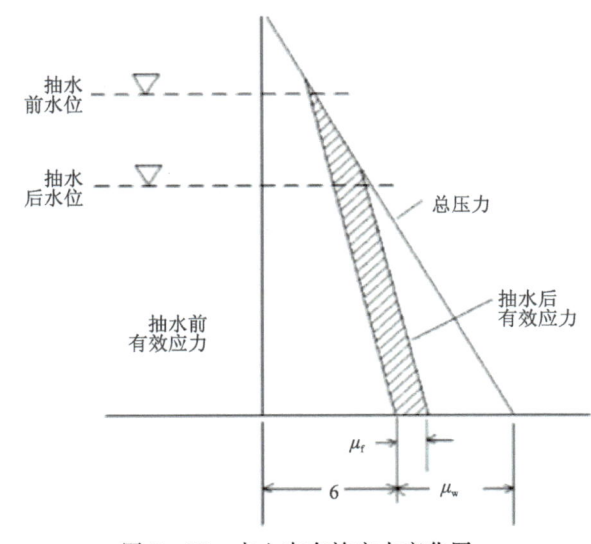

图5-15 水土中有效应力变化图

力。这一应力一部分是由土颗粒间的接触面承担,称为有效应力 σ';另一部分是由土颗粒间的水及气体承担,称为孔隙应力 u。σ 方程为

$$\sigma = \sigma' + u \tag{5-1}$$

总应力 σ 中不仅包括上覆岩层(包括骨架颗粒和水)的重量,还包括地面建筑物及地面运输荷载等重量。因此,严格说来一般不是常数,但当含水层埋藏较深时,可以足够准确地把它视为常数,即可以认为它是不变的。

抽水引起地下水水位下降,地层内孔隙水压力降低。假定总应力保持不变,孔隙水压力降低值为 Δu_w,依据上述有效应力的原理,孔隙水压力的降低值 Δu_w 转化为有效应力增量,式(5-2)成立。

$$\sigma = (\sigma' + \Delta u_w) + u - \Delta u_w \tag{5-2}$$

土颗粒本身的压缩量是很微小的,在研究中可以忽略。骨架的压缩只有通过颗粒的排列变化(拓扑变化)来实现,即只有通过颗粒接触点传递的有效应力,才能引起土的变形和影响土的强度,抽水造成的饱和土孔隙水压力消散引起粒间有效应力的增加,是土层发生压缩变形的基本机理。

在有效应力原理的基础上,太沙基通过联立一维固结基本单元体的质量平衡方程、达西定律以及土体的本构方程得到了太沙基一维固结微分方程,如式(5-3)、式(5-4)所示。

$$\frac{\partial u}{\partial t} = C_v \frac{\partial^2 u}{\partial^2 z} \tag{5-3}$$

$$C_v = \frac{k(1+e_1)}{a\gamma_w} = \frac{kE_s}{\gamma_w} \tag{5-4}$$

式中:C_v 为土的竖向固结系数(cm²/s);u 为孔隙水压力;z 为竖向位置;t 为时间。通过解上式就能得到孔隙水压力随深度时间的变化关系。

为方便分析和求解,太沙基作了如下假定:①土是均质的、完全饱和的理想弹性材料;②土体变形是微小的,满足通常小变形假定;③土颗粒和孔隙水均不可压缩;④孔隙水渗流服从达西定律,渗透系数为常数;⑤荷载一次瞬时施加并维持不变,土体承受的总应力不随时间变化;⑥土体中只发生竖向压缩变形和竖向孔隙水渗流。

工作区地面沉降地质灾害具有发育范围广、形变速度慢、变形特征不明显、在小范围内沉降相对均匀的特点。根据收集到的以往地表变形监测资料,工作区受深层孔隙承压水开采利用的影响,市域内除巨野县东部基岩出露地区外,均面临地面沉降灾害的问题。

区内广泛分布巨厚松散层,内含多层含水层,其中饱水多孔介质失水压密是地面沉降形成的机理;当饱水介质中黏粒含量越大,能够形成的地面沉降量也就越大。

长期开采深层地下水是地面沉降灾害发生的主控因素。工作区内松散岩类深层孔隙承压水在多年开采情况下,承压水位逐渐降低,使含水层本身及其上、下相对隔水层中的孔隙水压力随之而减小,已形成了地下水水位降落漏斗,随着社会经济的不断发展,对地下水的需求量不断增加,水位降深也逐渐增大,地面沉降的范围也相应扩大。

另外,随着城市建设的迅猛发展,地下设施的建设也愈来愈广泛,施工降水也已成为浅层地下水水位下降的又一重要因素,为便于施工继而将上部含水层疏干,土体在上覆荷重的影响下,孔隙体积不断变小,将引起缓慢的地面下沉,由每年1~2mm增加至10mm或更多,沉降范围不断扩大。

(二)第四系塌陷形成机理

根据本次勘探和收集资料:在钻探深度内,地层以粉土、粉质黏土为主,未发现有大孔隙如松散卵石层、基岩裂隙等可以大幅度运移颗粒物体的通道,周围也未出现由于大幅度降水而引起的流土、流沙塌陷现象。根据工作区地质灾害风险普查项目塌陷点处易溶盐土工试验,场地中易溶盐含量低,不存在类似钙芒硝之类的易溶性岩土类形成的空洞。

产生地面塌陷的原因是多方面的因素,主要包括地下空腔的存在、工程地质、水文地质和农田灌溉等。这些因素又分为形成条件和诱发因素,其中形成条件是发生第四系地面塌陷的必要条件。

1. 形成条件

同岩溶塌陷、采空区塌陷一样,第四系地面塌陷也需要具备一定规模的地下无岩土的空间,即空腔。空腔是洞体顶板、侧壁局部冒落物以及塌陷发生时坠落物的储容空间。

空腔的形成原因:一是由于原地下存在着建(构)筑物,当发育于全新世的古河道改道时,掩埋了原建(构)筑物,形成了空洞;二是由于动植物如鼠洞、植物根系等,地下存在较小的空洞;三是土体结构本身原因,当土体级配不良时,缺失某一种粒径土质,在大颗粒的边缘总有部分空隙没有完全被细颗粒土质充填,这些部位相对于级配良好的部分为结构缺陷部位,即空洞。

根据本次调查及钻探资料,①动植物原因,塌陷坑面积在 $1\sim20m^2$,深在 $1\sim5m$ 之间,一般动植物形成土洞塌陷时难以达到如此规模;②土体结构原因,细小颗粒被带走的前提条件是粗颗粒构成的孔隙直径必须大于细颗粒的直径,也就是说在砂性土可以发生,即管涌在级配不连续的情况下,水流可将土体粗颗粒东西中充填的细颗粒土带走,破坏土的结构,长期管涌的结果,就可以形成地下土洞,土洞由小逐渐扩大,就可以导致地表塌陷。通过本次钻探和搜集的钻探资料,20m以浅区域,砂性土非常少,基本上就是粉土、粉质黏土。

通过以上分析,该区域空腔形成的主要原因为原地下存在着建(构)筑物,当发育于全新世的古河道改道时,掩埋了原建(构)筑物,形成了空洞。

2. 诱发因素

(1)水文地质原因:在塌陷形成的前期阶段,当发生强降水等原因引起地下水水位反复波动,高水位时侧向潜蚀作用加强,土颗粒随地下水运移而运动,顶板变薄,空间加大。同时,当地下水快速排泄,水位骤然下降至空间盖层空间以下时,原本充满地下水的空洞必定转化为低气压状态,似呈真空的负压腔。在负压腔内不断下降的水面,犹如巨型吸盘,强有力地抽吸着腔壁及顶端的土体下落并使其流变。随着水面不断降低,真空腔不断增大,上部盖层的内部结构不断发生围观,作为盖层的土层底部呈现颗粒状或片状,快速自行剥落直至坍塌破坏。与此同时,由于负压腔内外的压差效应,腔外的大气压对盖层表面产生冲压作用,降低土体强度,加速盖层宏观平衡的破坏,使盖层发生形变。

(2)农田灌溉原因:对于广发分布的厚层疏松土体,其孔隙发育,透水性中等,抗水性差。在塌陷形成前期阶段,旱季大量农业灌溉,使得土体含水率和容重短时间内快速上升,这样原本稳定的地下土拱因为灌溉增加了较大的荷载,同时含水率增加将导致其抗剪强度减小,当荷载大于抗剪强度时,土体结构会被破坏,导致土体下部塌陷发生。

工作区内农田灌溉时间一般在3月和6月,在这两个月内发生的第四系地面塌陷为4次,分别为王浩屯镇后刘庄村、何楼街道办事处岳园庄村、万福办事处和黄堽镇林楼村北,其中前3处因塌陷时周围少有机民井,说明该3处塌陷因农田灌溉而发生的概率不大;而林楼村北塌陷附近存在2眼机民井,且塌陷时间与灌溉时间重合,说明该处塌陷可能是由于灌溉引起的。

根据前文所述,第四系地面塌陷主要分布在古河道范围内,附近多存在古建(构)筑物,塌陷发生时间主要在丰水期。根据每个灾害点及其附近钻探资料,在6~15m存在一层灰褐色粉质黏土或粉土层,存在人类活动痕迹,出现掉钻现象;其上4.0~13.1m存在一层河湖相沉积的灰褐色粉质黏土或粉土层,软塑,且发现了植物腐殖质或根茎,结合相关资料,该层由古河道形成;其下有一层持力层,为5层粉质黏土和5-1层粉土层。基本上每个灾害点及附近都钻探发现蓝色或红色砖块或红色陶土,存在人类工程痕迹,其中有5处(高庄镇鲍楼村、牡丹办事处大闫庄、安兴镇邢庙张庄、安兴镇李集村和王浩屯镇后刘庄村)中有掉钻现象。初步推断为地下古建(构)筑物或已形成的空洞,因古河改道把该处构筑物或建筑物掩埋,形成了腔体。

3. 地质灾害成灾模式

按照太沙基浅埋隧道理论及洞体稳定相关理论假设,地下洞穴的受力状况如同梁的受力,洞的顶板相当于承载上覆岩土体自重的梁,洞的两侧如同位于梁端的两个支点,洞穴是否发生塌陷取决于顶板是否能够形成稳定的支撑拱。

塌陷的形成原因:一是当地下水动力条件改变时,原来被堵塞的洞隙及与其相连的下部排水通道复活,重新成为地下水集中活动的地段,即降水入渗后,洞顶覆土的含水量增大,自重应力加大,且地下水水位的升降使得粉土、粉质黏土层强度降低,进而自稳能力减弱;二是古建(构)筑物顶板随时间增长,空洞上面持力层经地下水长年累月的侵蚀,逐渐变薄,使得持力层的承载力逐渐减少,其强度降低;三是在地下水渗流和土颗粒自重应力的作用下,古建(构)筑物一侧土体发生移动,进入了古建(构)筑物空洞中;四是在潜蚀、真空吸蚀等作用下,空洞逐步增大,向地表发展,顶板变薄,直至拱顶板不足以支撑上部土体自重时,便突然发生塌落,形成第四系地面塌陷(图5-16)(王华锋等,2024a)。

综上所述,当洞顶板的承载力小于荷载时,就会发生塌陷,属突变型。

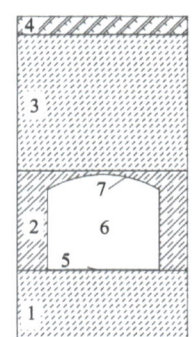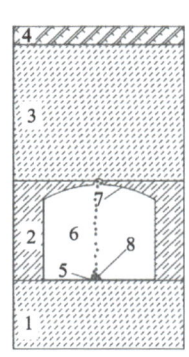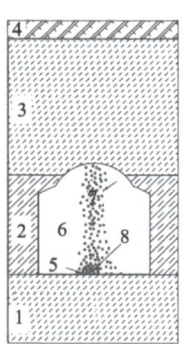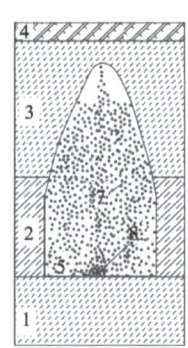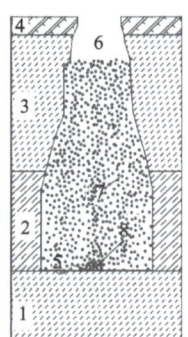

图5-16 第四系地面塌陷形成机理示意图
1.粉土;2.粉质黏土;3.粉土;4.耕植土;5.空洞底板;6.空洞;7.空洞顶板;8.土层塌落

三、地质灾害易发性分区

(一)地质灾害易发性分区

选择不同的评价方法进行地质灾害易发性评价(即地面沉降易发性选用层次分析法,第四系地面塌陷选择信息量模型法),然后进行地质灾害易发性综合评价。

1. 地面沉降易发性评价指标体系

在分析工作区地质环境特征的基础上结合现有的研究成果和地质资料,采用层次分析法建立评价指标体系。本次菏泽市地面沉降易发性评价可以划分为三分层次进行评价。第一层为目标层,即工作区易发性评价;第二层为类指标层,即一级评价因子3个;第三层为基础指标层,即二级评价因子共7个(图5-17)。

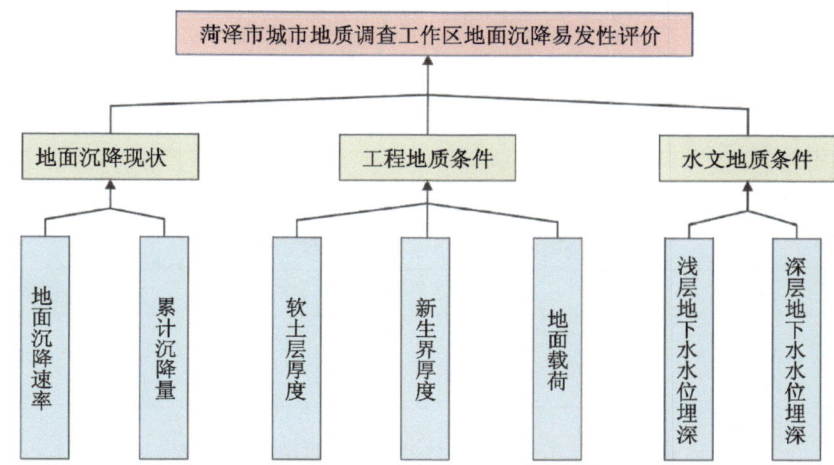

图 5-17 菏泽市城市地质调查工作区地面沉降易发性评价体系图

2. 评价指标权值分配

在工作区地面沉降易发性评价的过程中,评价指标权值的确定是核心。因参与评价的因子较多,在评价时应该综合考虑各个评价因子对地面沉降易发性评价的贡献并加以区别,赋予不同的权值。权值的求解过程实际就是因子之间重要度的比较过程。本次评价采用层次分析法对评价指标进行权值分配。

本次评价聘请了对工作区地面沉降情况较为了解的专家组,首先进行地面沉降易发性评价的影响和控制因子分析,建立评价指标体系,对各个评价因子之间的重要度进行比较,并对评价因子的重要度进行打分,利用层次分析法(analytic hierarchy process,简称AHP)确定各因子的权重,利用GIS的空间计算功能进行运算和分级,最终得到牡丹区地面沉降易发性的评价结果。

(1)判断矩阵:确定参与评价因子的判断矩阵表格,请选定专家组参照层次分析法判断矩阵标度进行比较并确定判断矩阵,同时对判断矩阵进行一致性检验。综合各位专家给出的判断矩阵,构造新的判断矩阵并再次移交给专家进行审查、判断。对专家提出异议的综合构造判断矩阵进行修改,重新提交专家审核直至通过为止。菏泽市牡丹区地面沉降易发性评价经过讨论确定的各地质环境因子的标度值见表5-13至表5-17。

表 5-13　判断矩阵标度及其含义表

标度值	含义
1	因素 x_i 与 x_j 同样重要
3	因素 x_i 比 x_j 稍微重要
5	因素 x_i 比 x_j 明显重要
7	因素 x_i 比 x_j 强烈重要
9	因素 x_i 比 x_j 极端重要
2、4、6、8	2、4、6、8 分别表示相邻判断 1~3、3~5、5~7、7~9 的中值
倒数	因素 x_i 与 x_j 的重要性比较得到判断矩阵 x_{ij}，则因素 x_j 与 x_i 的重要性相比的判断矩阵为 $x_{ji}=1/x_{ij}$

表 5-14　一级评价因子标度值表

标度值	地面沉降现状(A)	工程地质条件(B)	水文地质条件(C)
地面沉降现状(A)	1	2	2
工程地质条件(B)	1/2	1	1/2
水文地质条件(C)	1/2	2	1

表 5-15　地面沉降现状二级评价因子标度值表

标度值	地面沉降速率(A_1)	累计沉降量(A_2)
地面沉降速率(A_1)	1	1/2
累计沉降量(A_2)	2	1

表 5-16　工程地质条件二级评价因子标度值表

标度值	有无软土层(B_1)	新生界厚度(B_2)	地面荷载(B_3)
有无软土层(B_1)	1	1/4	1/2
新生界厚度(B_2)	4	1	4
地面荷载(B_3)	2	1/4	1

表 5-17　水文地质条件二级评价因子标度值表

标度值	浅层地下水水位埋深(C_1)	深层地下水水位埋深(C_2)
浅层地下水水位埋深(C_1)	1	1/6
深层地下水水位埋深(C_2)	6	1

(2)计算权重：根据最终确定的判断矩阵，应用 Yaahp 软件求解，得到矩阵的特征向量，即为相应因子的重要性排序。经过归一化处理后，得到各个因子的权值(表 5-18~表 5-23)。

3. 评价要素赋值

层次结构和权重建立完毕后，将以往研究成果的数据，输入 GIS 软件中，利用其图形制作功能将这些数据编制成各评价要素的分区图形，按评价要素对上层指标的影响大小对各评价要素的不同分区进行赋值。

表 5-18　方案层中要素对决策目标的排序权重

备选方案	权重
累计沉降量	0.327 0
深层地下水水位埋深	0.267 3
地面沉降速率	0.163 5
新生界厚度	0.129 5
浅层地下水水位埋深	0.044 6
地面荷载	0.041 8
有无软土层	0.026 4

表 5-19　第 1 个中间层中要素对决策目标的排序权重

备选方案	权重
地面沉降现状	0.490 5
水文地质条件	0.311 9
工程地质条件	0.197 6

表 5-20　菏泽市牡丹区地面沉降易发性评价

菏泽市牡丹区地面沉降易发性评价	地面沉降现状	工程地质条件	水文地质条件	W_i
地面沉降现状	1.000 0	2.000 0	2.000 0	0.490 5
工程地质条件	0.500 0	1.000 0	0.500 0	0.197 6
水文地质条件	0.500 0	2.000 0	1.000 0	0.311 9

注：地面沉降易发性评价一致性比例为 0.051 7；菏泽市牡丹区地面沉降易发性评价的权重为 1.000 0；λ_{max} 为 3.053 7。

表 5-21　地面沉降现状权重

地面沉降现状	地面沉降速率	累计沉降量	W_i
地面沉降速率	1.000 0	0.500 0	0.333 3
累计沉降量	2.000 0	1.000 0	0.666 7

注：地面沉降现状一致性比例为 0；菏泽市牡丹区地面沉降易发性评价的权重为 0.490 5；λ_{max} 为 2.000 0。

表 5-22　工程地质条件权重

工程地质条件	有无软土层	新生界厚度	地面荷载	W_i
有无软土层	1.000 0	0.250 0	0.500 0	0.133 5
新生界厚度	4.000 0	1.000 0	4.000 0	0.655 1
地面荷载	2.000 0	0.250 0	1.000 0	0.211 4

注：工程地质条件一致性比例为 0.052 0；菏泽市牡丹区地面沉降易发性评价的权重为 0.197 6；λ_{max} 为 3.054 1。

表 5-23　水文地质条件权重

水文地质条件	浅层地下水水位埋深	深层地下水水位埋深	W_i
浅层地下水水位埋深	1.000 0	0.166 7	0.142 9
深层地下水水位埋深	6.000 0	1.000 0	0.857 1

注：水文地质条件一致性比例为 0；菏泽市牡丹区地面沉降易发性评价的权重为 0.311 9；λ_{max} 为 2.000 0。

4. 影响因素分析

（1）水文地质条件：水文地质条件主要是有浅层地下水水位埋深和深层地下水水位埋深。

浅层地下水水位埋深：浅层地下水水位的变化会引起浅层岩土体的有效应力的改变，进而引起该层土体的压缩和回弹。由于浅层地下水水位多年变化幅度不大，引起的有效应力变化量不大，进而引起地面沉降或回弹量亦不是很大。浅层地下水水位埋深分级见表 5-24 和图 5-18。

表 5-24　浅层地下水水位埋深分级一览表

分级	小	较小	中等	较大	大
浅层地下水水位埋深/m	<2.0	2.0～3.0	3.0～4.0	4.0～5.0	>5
评价指标量化分级	1	3	5	7	9

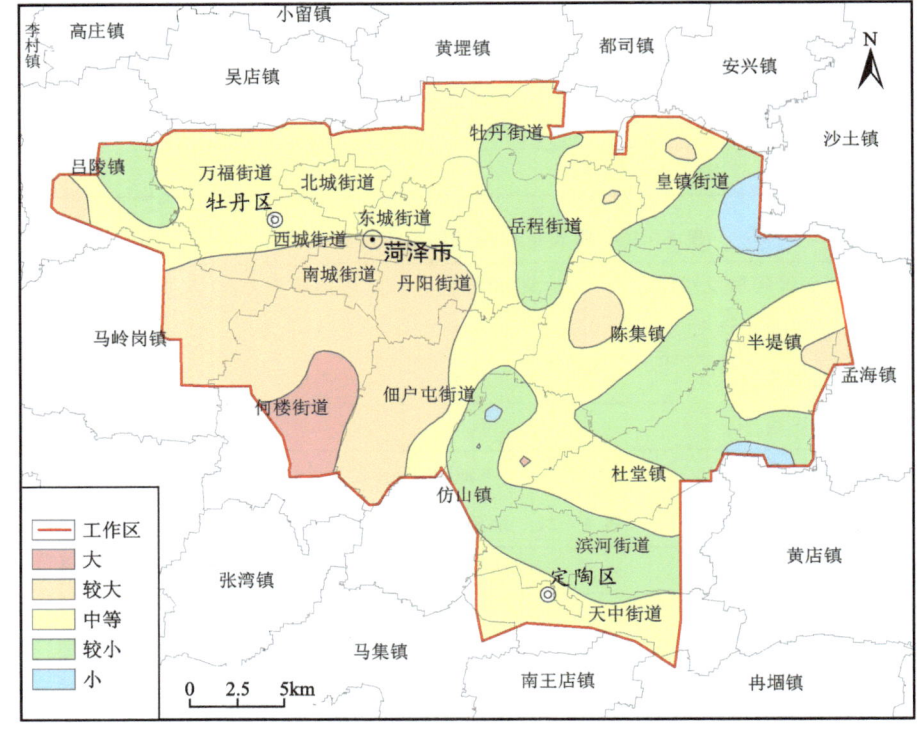

图 5-18　工作区浅层地下水水位分级图

深层地下水水位埋深：地面沉降的主要原因是深层地下水的开采。根据多年监测资料，深层孔隙淡水变化趋势为"下降-持平"状态；近年来，深层孔隙淡水受压限采影响，水位呈波动状平衡状态。深层地下水水位埋深分级见表 5-25 和图 5-19。

表 5-25　深层地下水水位埋深分级一览表

分级	小	中	大
深层地下水水位埋深/m	<100	100～120	>120
评价指标量化分级	3	6	9

（2）工程地质条件：工程地质条件主要由新生界厚度、软土层和地面荷载等要素组成。

新生界厚度：新生界是菏泽市的主要沉积层，其厚度的大小与沉降的大小和发展有直接关系。一般来说，新生界越厚，地面沉降发生的可能性就越大，故新生界厚度是评价地面沉降易发性的重要因素。

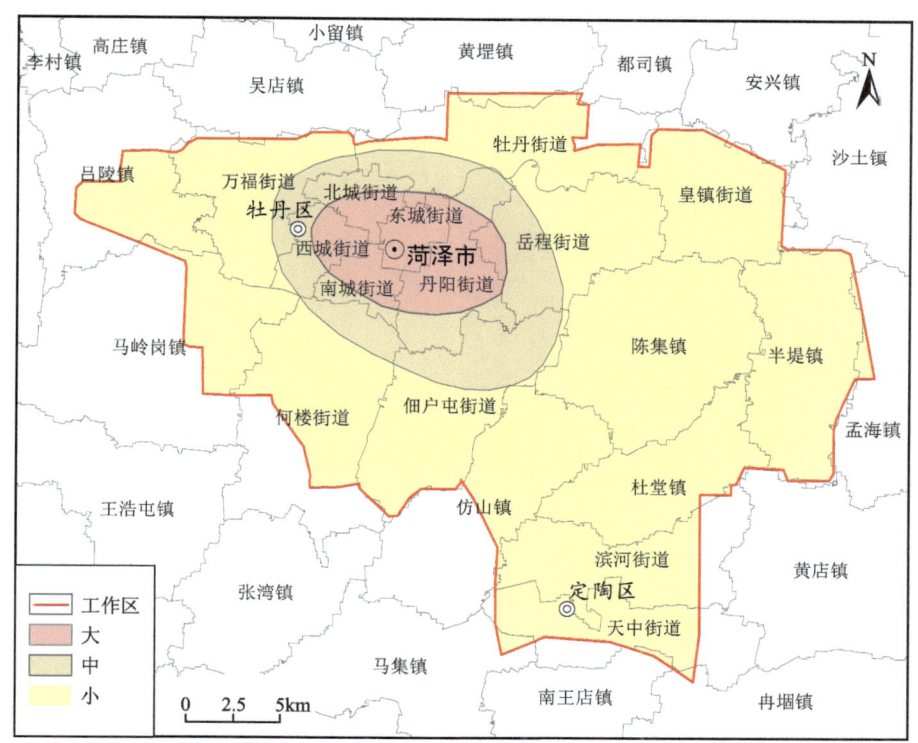

图 5-19 工作区深层地下水水位分级图

本次以菏泽市新生界厚度图为基础对工作区新生界厚度进行分级，将其分为薄、较薄、中等、较厚、厚 5 个等级，具体分级方法见表 5-26，新生界厚度分级见图 5-20。

表 5-26 新生界埋深分级一览表

分级	薄	较薄	中等	较厚	厚
新生界厚度/m	<800	800~900	900~1000	1000~1100	>1100
评价指标量化分级	1	3	5	7	9

软土层：软土具有天然含水大于液限、天然孔隙比大于或等于 1、压缩性高、抗剪强度低、固结系数小、固结时间长、灵敏度高、扰动性大、透水性差、有机质含量高、成土年代较近、土层层状分布复杂、各层之间物理力学性质相差较大等特点。软土具有高含水量、高压缩性、低强度、低透水性，高灵敏度、高触变性、不均匀性等工程特性，在附加应力作用下会产生固结沉降变形，导致地下沉降和加大地面下沉；在较强地震作用下，软土地基会产生震陷和不均匀沉降，对建筑物施工与安全造成不良影响和危害。具体分级方法见表 5-27，软土层厚度分级见图 5-21。

地面荷载：由于建筑物荷载的作用，在土中产生的应力增加，称为附加应力。受中心荷载作用时

$$p_0 = p_k - p_c = \frac{F_k + G_k}{A} - p_0$$

式中：p_0 为基地附加应力；p_k 为基地压力；p_c 为基地自重应力；F_k 为相应于作用的标准组合时，上部结构传至基础顶面的竖向力值(kN)；G_k 为基础自重和基础上的土重(kN)；A 为基础底面面积(m^2)。

附加应力将使地基主要受力层产生新的变形，即建筑物荷载主要由该层土来承担，而地基沉降的绝大部分是由部分土层的压缩所引起的。一般主要受力层 $\sigma_z = 0.2 p_0$，即当基底附加应力越大，影响深度就越大，产生的沉降量越大。根据工作区的城镇边界为基础，对工作区的地面荷载条件进行分级，将其分为大、较大、中等、较小、小 5 个等级，具体分级方法如表 5-28 所示，地面荷载分级图如图 5-22 所示。

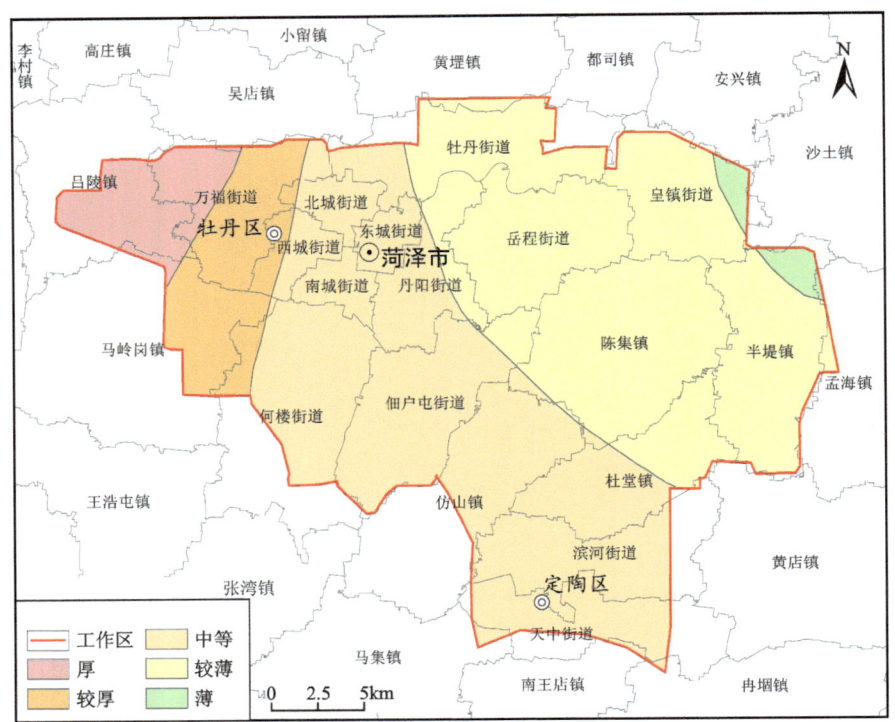

图 5-20 工作区新生界厚度分级图

表 5-27 软土层厚度分级一览表

分级	薄	中等	厚
软土层厚度	<3	2~6	>6
评价指标量化分级	3	6	9

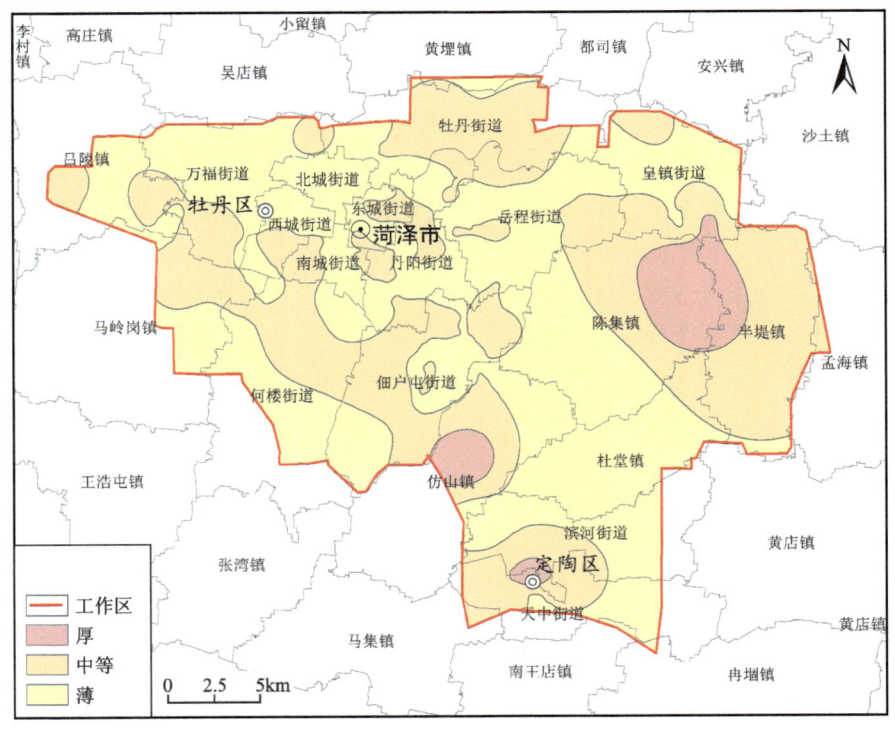

图 5-21 工作区软土层厚度分级图

表 5-28 地面荷载分级表

等级	小	中等	大
功能区	主要为农用地、防护绿地、公共绿地,上部零星存在一些低矮的小型构筑物、农村用地、公共用地等,荷载小	主要为城镇用地,荷载中等	主要为城市开发边界,主要为住宅楼和商业区,荷载大
评价指标量化分级	3	6	9

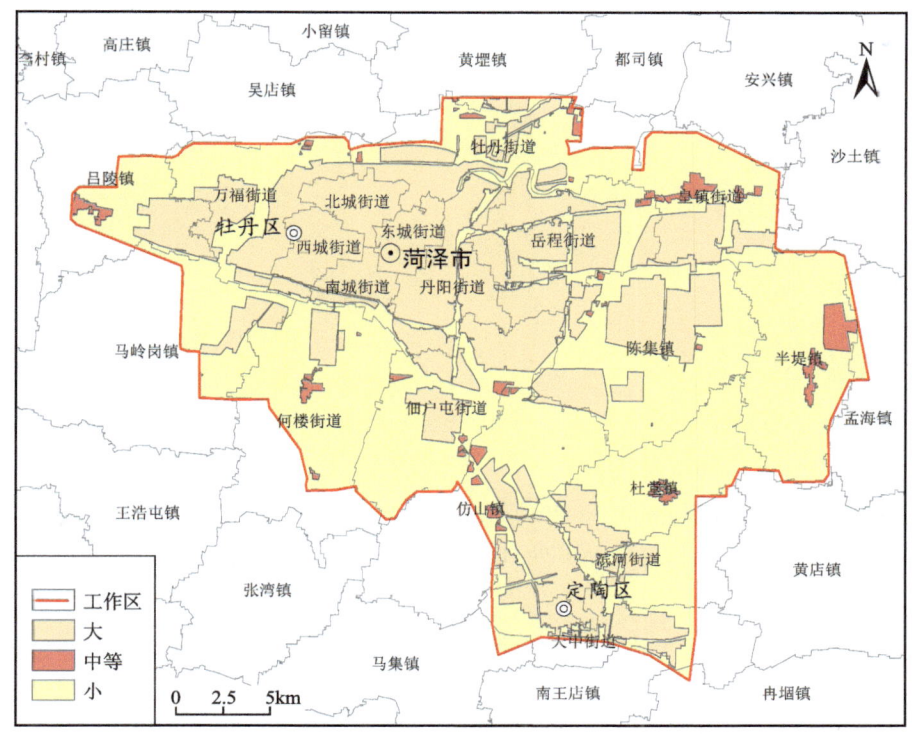

图 5-22 工作区地面荷载大小分级图

(3)地面沉降现状:地面沉降现状主要包括地面沉降速率和地面累计沉降量(近5年)。

地面沉降速率:根据 InSAR 的解译成果,工作区域内有3处明显地面沉降区域,沉降幅度超过40mm,分别位于中和路与解放大街交叉口附近、运河西路北侧的侯店社区和南京路与渤海路交叉口东北角的田地内。工作区内监测时间段最大沉降量达到62.6287mm,为南京路与渤海路交叉口东北角的田地内。在工作区内东北侧连固线沿道路和道路北侧、东鱼河北支以北菏泽站以南、汉源路南济阴路北有大面积-20～-10mm 的轻微沉降现象。

根据《地质灾害危险性评估规范》(GB/T 40112—2021)第4.7.2条的规定,地面沉降发育程度分为强发育、中等发育、弱发育和不发育,具体分级方法见表5-29,地面沉降速率分级见图5-23。

表 5-29 地面沉降发育程度分级表

发育程度	不发育	弱发育	中等发育	强发育
近5年平均沉降速率/mm·a^{-1}	0	0～10	10～30	≥30
评价指标量化分级	1	3	6	9

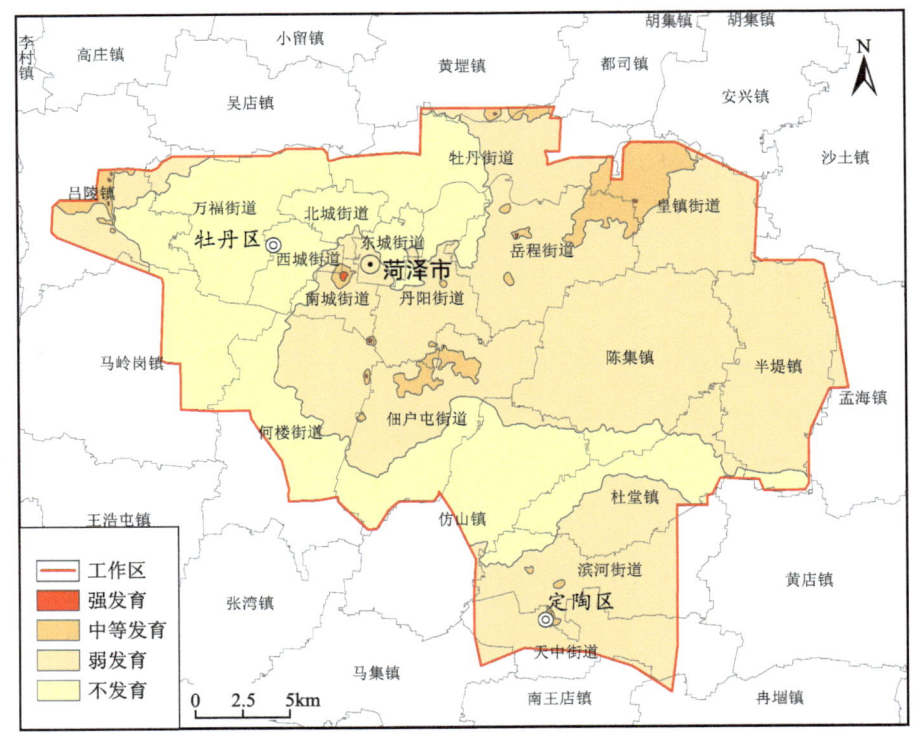

图 5-23 工作区地面沉降速率分级图

地面累计沉降量:根据收集到的 2015—2019 年 InSAR 的 4 年的解译成果,工作区累计沉降量在 20～110mm 之间,最大的地方位于丹阳街道办事处,地面累计沉降量分级见图 5-24,地面沉降发育程度分级表见表 5-30。

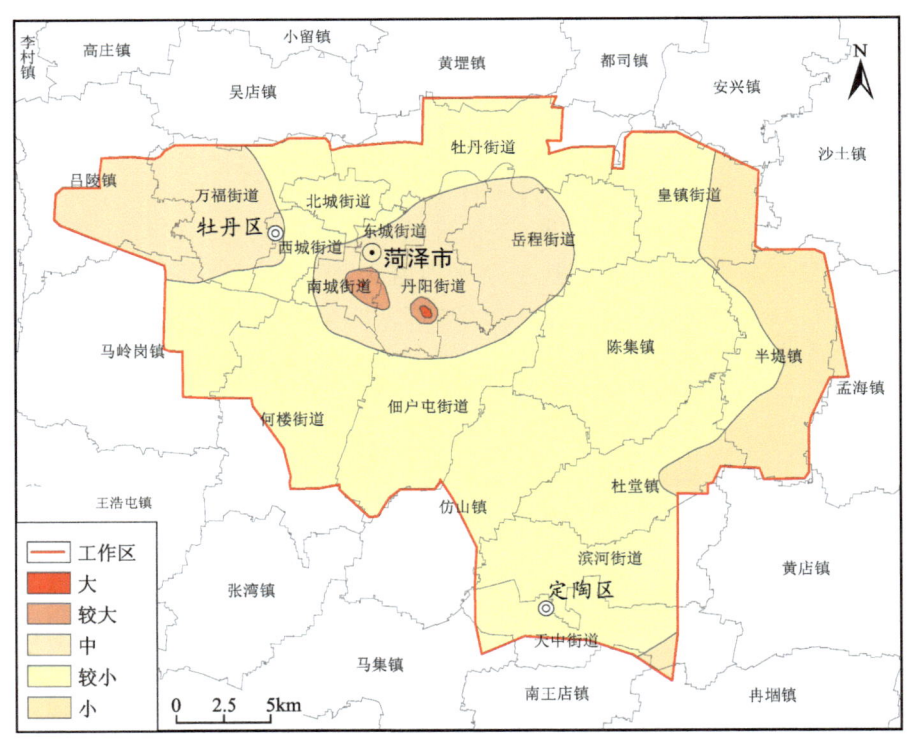

图 5-24 工作区地面累计沉降量分级图

表 5-30 地面沉降发育程度分级表

累计沉降量/mm	≤30	30～50	50～70	70～90	≥90
分级	小	较小	中	较大	大
评价指标量化分级	1	3	5	7	9

（4）地面沉降易发性分区：菏泽市牡丹区地面沉降易发性评价在图形栅格化的基础上，利用 Spatial Analyst Tools 工具中的地图代数工具将各要素相对应的权重系数进行栅格计算（图 5-25）。根据最终栅格计算得到的地质灾害易发值，将菏泽市地面沉降地质灾害易发性分为高易发、中易发、低易发 3 个等级，分类情况见表 5-31。

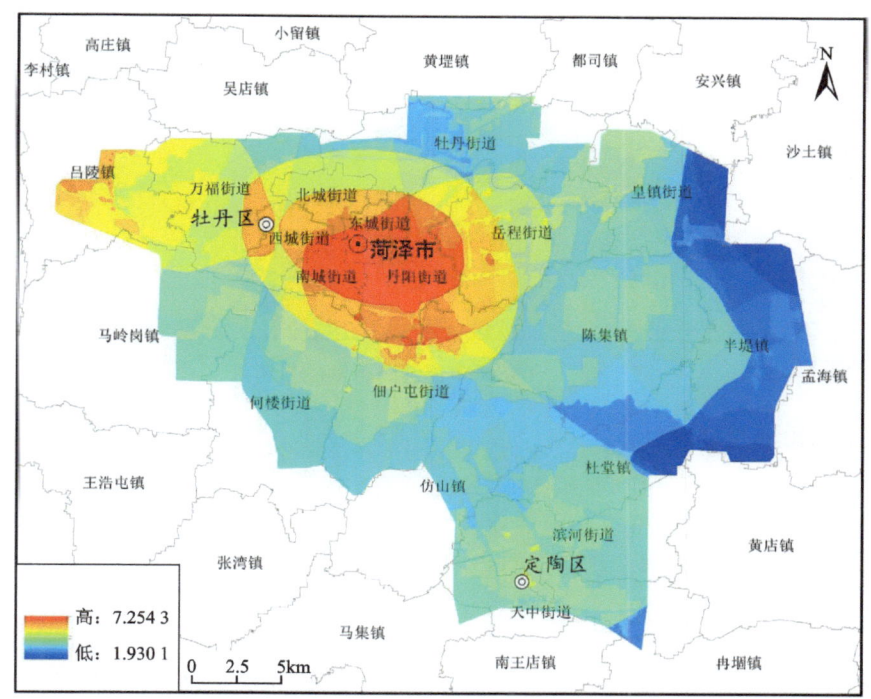

图 5-25 工作区栅格计算过程

表 5-31 地面沉降易发性等级划分

易发等级	易发名称	易发值	面积/km²	占比/%	分布范围
1	低易发	<4	540.2	73.00	中易发区、高易发区以外的区域
2	中易发	4～5.5	160.1	21.64	菏泽市主城区周边地区，定陶区零星分布
3	高易发	>5	39.7	5.36	主要分布于菏泽市主城区

对地面沉降易发性进行综合评价（图 5-26），工作区地面沉降易发性主要为高易发性、中易发性和低易发性，其中高易发性主要分布在城中心区域，中易发性主要分布在菏泽市主城区周边地区，定陶区零星分布，低易发区主要分布在除中易发区以外的其他区域。

（二）第四系地面塌陷易发性评价

1. 评价因子选择

通过地质灾害发育特征与分布规律总结，建立一个相对合理的地面塌陷易发性评价体系，选取的评价指标主要有地形地貌、水文地质条件、古河道和古建筑物。

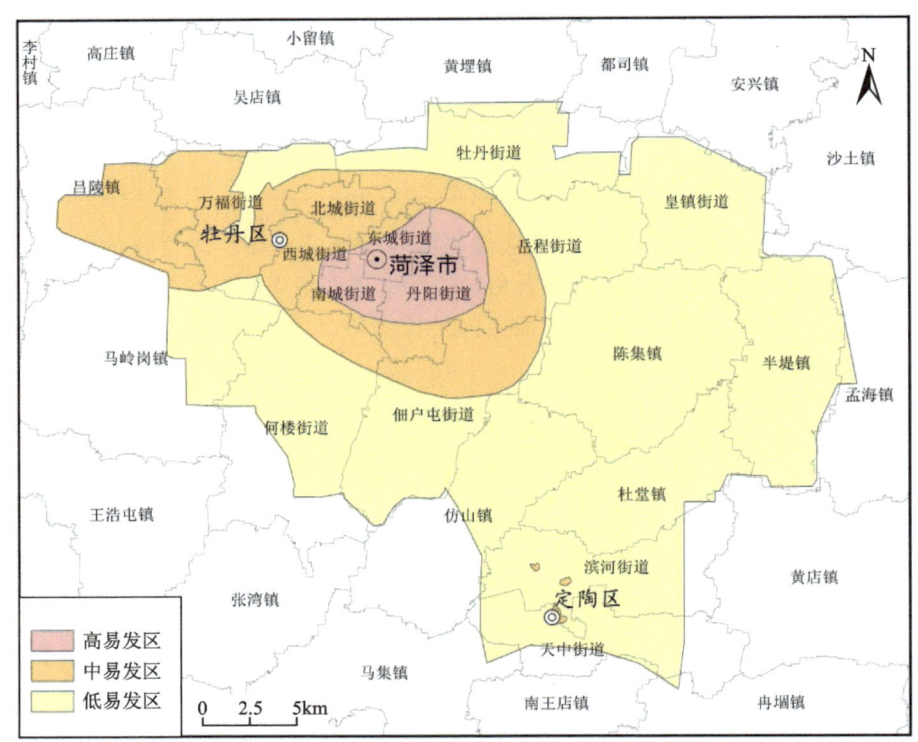

图 5-26 工作区地面沉降易发性分区图

2. 第四系地面塌陷易发性评价

第四系地面塌陷的形成受多种因素影响,信息量模型反映了一定地质环境下最易致灾因素及其细分区间的组合,具体是通过特定评价单元内某种因素作用下地质灾害发生频率与区域地质灾害发生频率相比较实现的。对应某种因素特定状态下的地质灾害信息量公式为

$$I_{A_j \to B} = \ln \frac{N_j/N}{S_j/S} \quad (j=1,2,3,\cdots,n) \tag{5-5}$$

式中:$I_{A_j \to B}$ 为对应因素 A 在 j 状态(或区间)下地质灾害 B 发生的信息量;N_j 为对应因素 A 在 j 状态(或区间)下地质灾害分布的单元数;N 为工作区已知有地质灾害分布的单元总数;S_j 为因素 A 在 j 状态(或区间)分布的单元数;S 为工作区单元总数。

当 $I_{A_j \to B} > 0$ 时,反映了对应因素 A 在 j 状态(或区间)下地质灾害发生倾向的信息量较大,地质灾害发生的可能性较大,或者说利于地质灾害发生;当 $I_{A_j \to B} < 0$ 时,表明因素 A 在 j 状态(或区间)条件下,不利于地质灾害发生;当 $I_{A_j \to B} = 0$ 时,表明因素 A 在 j 状态(或区间)不提供有关地质灾害发生与否的任何信息,即因素 A 在 j 状态(或区间)可以剔除掉,排除其作为地质灾害预测因子。

由于每个评价单元受众多因素的综合影响,各因素又存在若干状态,各状态因素组合条件下地质灾害发生的总信息量可以确定,公式为

$$I = \sum_{i=1}^{n} \ln \frac{N_i/N}{S_i/S} \tag{5-6}$$

式中:I 为对应特定单元地质灾害发生的总信息量,指示地质灾害发生的可能性,可作为地质灾害易发性指数;N_i 为对应特定因素、第 i 状态(或区间)条件下的地质灾害面积或地质灾害点数;S_i 为对应特定因素、第 i 状态(或区间)的分布面积;N 为工作区地质灾害总面积或总地质灾害点数;S 为工作区总面积。

为了比较地形地貌、水文地质条件、古河道分布、古建(构)筑物等致灾因子的贡献率,本次第四系地面塌陷易发性评价的过程,选用 GIS 软件采用信息量的统计方法。具体评价过程为:利用 GIS 重分类功能,将已选取的致灾因子进行分类统计,通过生成的数据,按信息量模型的公式进行信息量计算;由信

息量模型可知,评价单元的信息量和其贡献率存在正相关关系,信息量大则说明此区域内出现地质灾害的可能性增加。通过分析计算结果,初步了解所选致灾因子中贡献率的高低排序;在 GIS 软件中对不同评价因子栅格图的不同层级赋值对应的信息量值,通过 GIS 软件的栅格计算器功能对所有评价因子进行叠加计算,得到工作区内总的信息量值。

(1)地形地貌:根据以上步骤综合分析得出(表 5-32,图 5-27):岗地有利于第四系地面塌陷的发生,而微倾斜低平原、洼地、决口扇形地不利于第四系地面塌陷的发生。

表 5-32 第四系地面塌陷易发生性评价结果一览表

评价因子	Value	栅格数/个	类型	地质灾害栅格单元/个	地灾栅格比例 N_i/N	区间栅格所占比例 S_i/S	信息量 $\ln[(N_i/N)/(S_i/S)]$	结果
地形地貌	1	431 646	岗地	7	0.636 363 636	0.364 121 797	0.558 281 735	利于第四系地面塌陷发生
	2	7750	决口扇形地	0	0	0.006 530 092	—	不提供有关地质灾害发生与否的任何信息
	3	684 203	微倾斜低平原	4	0.363 636 364	0.577 174 624	-0.461 990 494	不利于第四系地面塌陷发生
	4	61 845	洼地	0	0	0.052 170 722	—	不提供有关地质灾害发生与否的任何信息
	小计	1 185 444		11				
水文地质条件	1	484 987	低	5	0.454 545 454	0.409 118 440	0.105 293 221	利于第四系地面塌陷发生
	2	469 351	中	4	0.363 636 364	0.395 928 445	-0.085 079 132	不利于第四系地面塌陷发生
	3	231 106	高	2	0.181 818 182	0.194 953 115	-0.069 751 906	不利于第四系地面塌陷发生
	小计	1 185 444		11				
古河道分布	1	572 872	非	2	0.181 818 182	0.483 255 219	-0.977 537 73	不利于第四系地面塌陷发生
	2	612 572	是	9	0.818 181 818	0.516 744 781	0.459 535 484	利于第四系地面塌陷发生
	小计	1 185 444		11				
古建(构)筑物	1	1 161 800	非	6	0.545 454 545	0.980 054 731	-0.585 988 942	不利于第四系地面塌陷发生
	2	23 644	是	5	0.454 545 455	0.019 945 269	3.126 305 924	利于第四系地面塌陷发生
	小计	1 185 444		11				

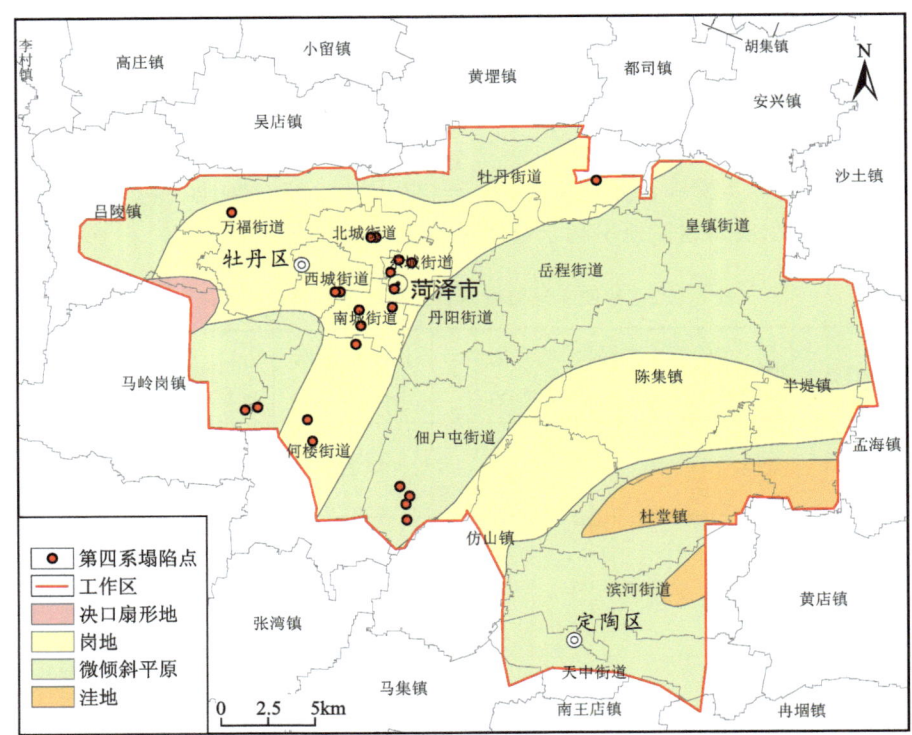

图 5-27　工作区地形地貌与第四系地面塌陷统计分区图

（2）水文地质条件：水文地质条件主要考虑富水性分区，根据工作区富水性情况，分为高富水性（大于1000m³/d），中等富水性（500～1000m³/d），低富水性（小于500m³/d）。具体计算结果见表 5-32 和图 5-28，显示低富水性利于第四系地面塌陷发生，中等富水性、高富水性不利于第四系地面塌陷发生。

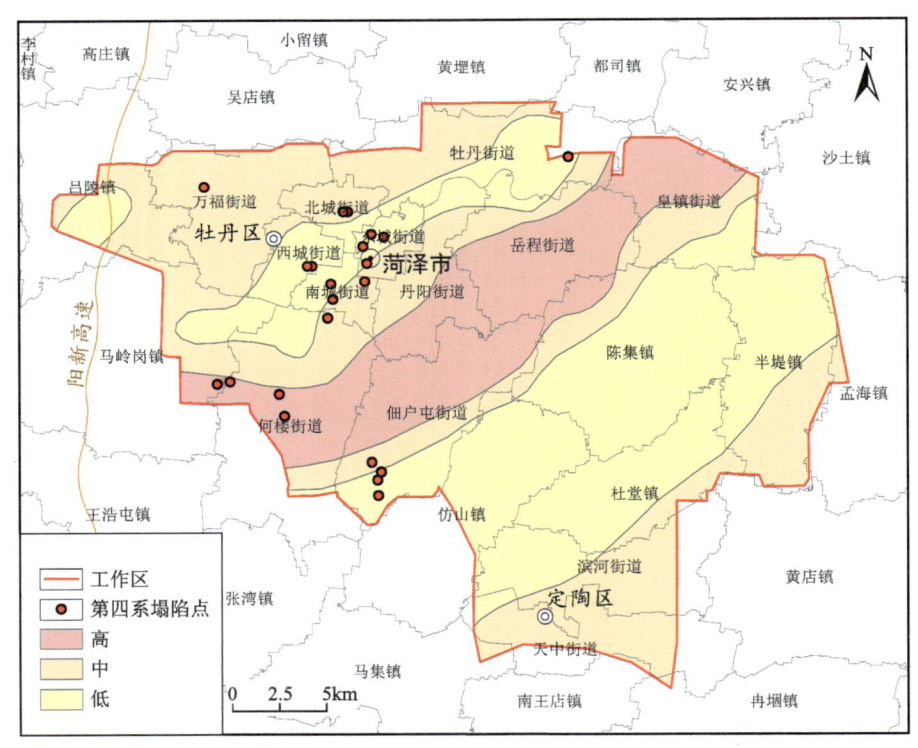

图 5-28　工作区水文地质条件与第四系地面塌陷统计分区图

(3)古河道：由于古河道的存在，7～13m深度处有一层河湖相沉积层，岩性为粉质黏土和黏土，软塑状态。根据以上分析，当为古河道时，有利于第四系地面塌陷地质灾害的发生；当不为古河道时，不利于第四系地面塌陷地质灾害的发生（表5-32，图5-29）。

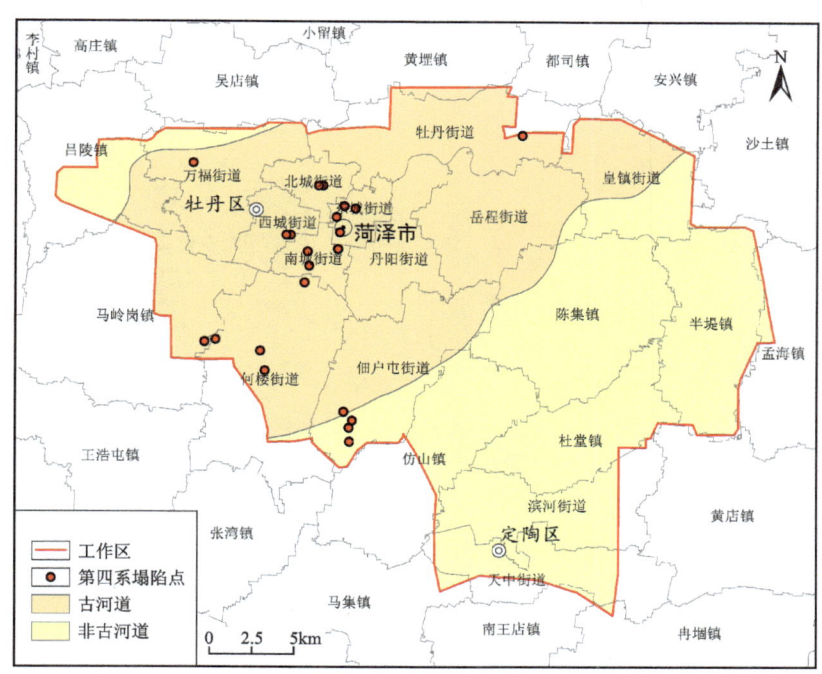

图5-29　工作区古河道与第四系地面塌陷统计分区图

(4)古建（构）筑物：根据第四系地面塌陷形成的机理可知，由于古建（构）筑物的存在，可能使得地下存在空洞，而空洞是形成该地质灾害的必要条件，本次评价将菏泽古城的范围作为古建筑范围，在古城内及附近的塌陷点都视为古建筑区。因此，当存在古建（构）筑物时，有利于第四系地面塌陷的发生；当不存在古建（构）筑物时，不利于第四系地面塌陷的发生（表5-32，图5-30）。

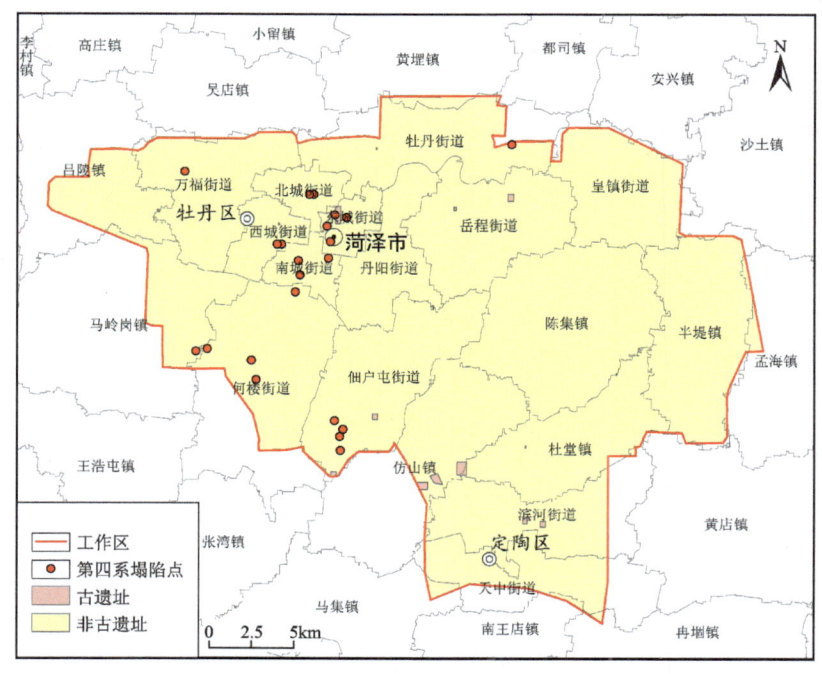

图5-30　工作区古建筑与第四系地面塌陷统计分区图

3. 第四系地面塌陷易发性分区

根据地形地貌、水文地质条件、古河道和古建（构）筑物等致灾因子的信息量分析，利用AcrGIS中分析工具进行叠加分析，最后得出第四系地面塌陷的易发性分区（图5-31）。

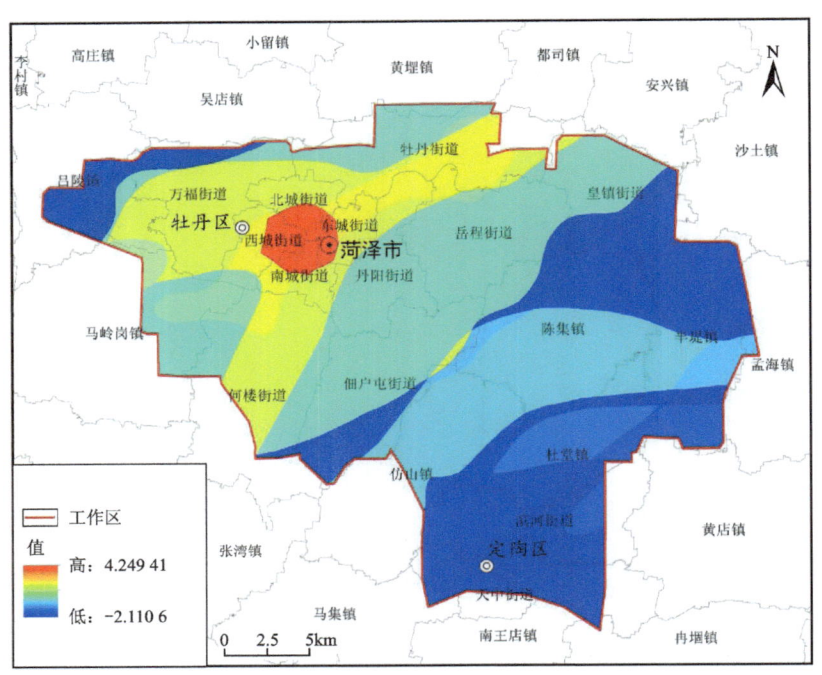

图5-31 工作区栅格计算过程

第四系地面塌陷易发性分为中易发区、低易发区和高易发区。其中，高易发区分布在西城街道—东城街道一带，主要位于主城区；中易发区主要分布在高易发区外围，主要位于牡丹区；低易发区主要分布在除中易发区和低易发区以外的区域（图5-32）。

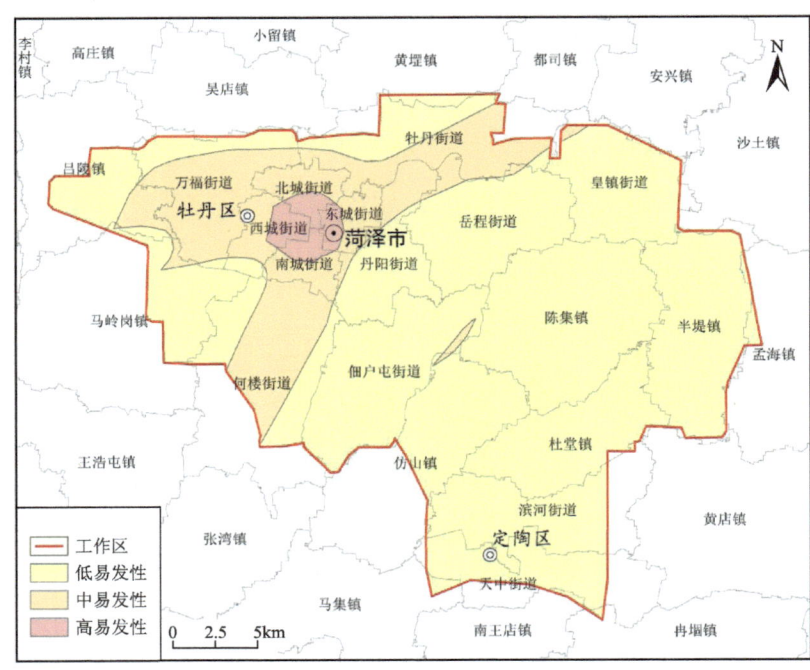

图5-32 工作区第四系地面塌陷易发性分区图

（三）易发性综合评价

根据地面沉降和第四系地面塌陷的易发性分区图综合评价工作区地质灾害易发性分区，根据就高不就低的原则，利用 GIS 中的栅格计算器进行叠加分析，综合评价出工作区地质灾害易发性分区图（表 5-33，图 5-33）。

表 5-33　工作区地质灾害易发性评价分区位置及代号一览表

易发性分区	分区带号	分布范围	面积/km²	占比/%
高易发区	GYF01	靠近主城区的区域	47.38	6.40
中易发区	ZYF01	工作区西北部地区、主城区外围、沿何楼街道—牡丹街道一带	209.22	28.23
	ZYF02	工作区皇镇街道北部	0.85	0.11
	ZYF03	定陶区城区	0.13	0.02
	ZYF04	定陶区城区	0.18	0.02
	ZYF05	定陶区城区	0.55	0.07
低易发区	DYF01	工作区东部及南部大部分区域	422.74	57.15
	DYF02	工作区北部、牡丹街道北部区域	26.08	3.52
	DYF03	工作区西南部、何楼街道西北部、马岭岗镇东北部区域	33.91	4.58

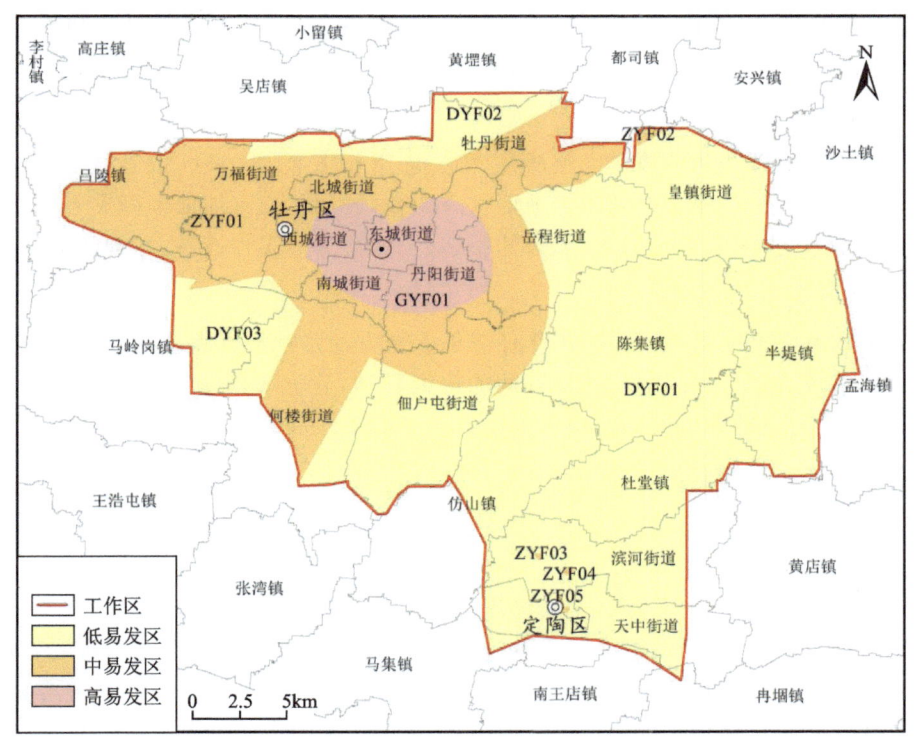

图 5-33　工作区地质灾害易发性综合分区图

工作区易发性综合评价分区分为高易发区、中易发区和低易发区。其中，高易发区主要分布在靠近主城区的区域，东城街道大部、南城街道大部、西城街道东部、北城街道南部、丹阳街道大部，面积

47.38km²,占比6.40%；中易发区分布在工作区高易发区外围,工作区西北部的其他几乎全部区域,何楼街道、牡丹街道一带,零星分布于定陶区城区主城区,分布范围较广,面积210.93km²,占比28.45%；低易发区为除高易发区及中易发区以外的其他区域,主要位于工作区东部区域南部区域,地质灾害少,易发性不强,面积482.73km²,占比65.25%。

四、地质灾害防治

菏泽市地处黄河冲积平原,地表为巨厚层的松散层,历史灾害频次少,主要灾种包括突发型的第四系地面塌陷和缓变型的地面沉降。伴随着极端天气（强降雨、暴雨）的频发和人类活动大规模开采深层地下水,地质灾害危害会不断升级,因此亟需建立高效科学的地质灾害风险管控体系,提高地质灾害防治能力,为保护人民群众生命财产安全提供有力保障。

（一）地质灾害风险管控原则

1. 统筹规划、因地制宜

依据地层岩性、地面沉降防治现状、替代水源保障能力以及经济社会发展需求,因地制宜、合理确定控沉目标和防治任务,统筹推进地面沉降防治工作。

2. 突出重点、注重实效

以控制地面沉降速率（即年地面沉降量）为主要约束指标,重点控制地面沉降重点防治区、压缩深层地下水开采量,加强基础地质调查与地面沉降监测监控,加大替代水源建设和工程治理力度,减轻地面沉降对社会经济发展的影响。优先推进菏泽中心城区、重要城市规划区、黄河沿线和高速公路、防洪排涝、引调水工程等重大工程区内的地面沉降防治工作。

3. 依靠科技、综合防治

加强地面沉降成灾机理和防治技术方法研究,推广应用新技术、新方法,依靠科技进步,提高菏泽市地面沉降的防治能力和水平。建立综合防治地面沉降的长效机制,完善地面沉降灾害评估制度,建立地面沉降防治监测预警系统,采取压采与扩源、自然缓解、工程治理等多种措施,综合防治地面沉降。

4. 分级负责、协调推进

各级地方人民政府应把地面沉降防治工作任务纳入地方经济社会发展规划统筹安排,分解目标,落实责任,分级负责,有效推进。加强部门和地区间的协调联动,建立政府主导、部门协同、区域联动的工作体系,形成部门间分工负责、齐抓共管,地区间协作推进的工作局面。

（二）地质灾害风险管控措施建议

1. 地面沉降

地面沉降成灾缓,影响持久,损失大,不易治理,具有不可逆性、累进性和范围广的特点,可造成建筑物地基下沉、房屋开裂、地下管道破损、井管抬升、内涝、地面水准高程变化等一系列地质环境问题。菏泽市区域地面沉降还存在发展空间大、发展趋势强、地下流体采源深和影响因素复杂等特点,对工农业生产、城区防洪排涝、高速公路和机场建设等造成了一定的影响。因此,应加强地面沉降的防治工作,确保重大基础工程结构的安全稳固,维护人民群众生命财产安全。

（1）加强区域地面沉降调查：菏泽市地面沉降主要由大量开采深层孔隙水资源引发。开展以基底构造、第四系结构、新近系结构、含水层结构等为主要内容的综合调查与地面沉降专项调查,全面查明地面沉降的分布、成因、发展趋势和灾害损失,进行地面沉降地质灾害损失评估,开展地面沉降灾害风险评估,研究提出地面沉降分区控制目标和防治对策建议,可为地面沉降防治工作提供决策依据。

(2)建立健全重点地区地面沉降监测网:在地面沉降调查评价的基础上,逐步健全完善重点地区地面沉降监测网络。健全完善菏泽市主要地面沉降区的地面沉降监测网络;及时建立高速公路、黄河沿线、防洪排涝、引调水等重大工程区的地面沉降专项监测网。结合地下水动态监测网建设,构建由地下水动态监测网、高等级GPS监测网和InSAR空间观测系统组成的区域地面沉降监测网,建立以精密水准网、基岩标、分层标以及自动化监测系统组成的重点地区地面沉降立体监测网,实现地面沉降三维监测和实时监控。整合国土资源、测绘、水利、地震、铁路、交通、规划、住建等部门布设的精密水准测量、地下水监测等监测网点资源,优化布局,一点多用,实现监测数据共享、互联物联、相互补充。加强地面沉降监测站点设施保护,基岩标、分层标、水准点、控制性的地下水动态监测井孔和GPS监测点等设施建立永久性保护装置,确保监测设施不遭破坏和正常安全使用。

(3)严格深层孔隙淡水资源管理:深层孔隙淡水超采是产生地面沉降的主要因素,实现对孔隙水的合理开发是防治地面沉降的根本途径。统筹配置地表水、地下水和其他水源,合理开发地下水,实现区域水资源的合理开发和生态环境有效保护。依据地下水可开采量,制订流域和行政区域地下水开发利用总量控制指标,严格地下水开发利用总量控制和水位控制。对于达到或超过地下水取水总量控制指标的地区,严格控制新建、改建和扩建建设项目开发利用地下水,对接近地下水取水总量控制指标的地区,严格限制地下水开发利用。对于容易引发地面沉降的承压水,原则上只能作为应急和战略储备水源限制开发。公布经省政府批准的地下水超采区名录、范围及管理要求;各级政府在经省政府批准的地下水禁采区和限采区内应当采取措施,严格控制开采深层孔隙水淡水,逐步实现采补平衡。综合运用水源替代措施以及经济和法律杠杆,加快黄河客水的利用,使地表供水能力不断增强;地下水超采区内的地表水调水工程,要优先用于替代地下水源;凡有水源替代条件的,禁止超采开采地下水。严格新建、改建和扩建建设项目的地下水取水管理。加强地下水自动化监测网(点)建设,及时准确掌握地下水水位动态变化,为地下水用水总量控制和水位控制提供决策依据。

(4)实施地面沉降灾害防控:实施地下水直接替代工程,通过加快黄河客水的利用、井灌区节水改造和再生水利用等工程建设,增加替代水源,保障压采地下水后的生产和生活用水需求,达到控采和地面沉降防治的目的。

(5)健全完善地面沉降防治管理体系:建立政府主导、部门协同、区域联动、分级负责、齐抓共管的地面沉降防治工作管理体系。进一步结合山东省地面沉降防治局级联席会议制度的协调机制作用,建立菏泽市市级、县(区)级地面沉降防治联动机制,协调推进跨县(区)地面沉降防治工作。加强重大工程建设项目管理。严格地面沉降区工程建设项目地质灾害危险性评估制度。构建重大工程区地面沉降监测、预警和应急处置体系。对于地面沉降区内高速公路、输水管线、油气管线等重大工程,遵循"谁建设谁监控,谁开采谁负责"的原则,由建设或运营主管部门参考自然资源部门提供的地面沉降监测信息,在确保重大工程安全运营的基础上,建立地面沉降监测、预警和应急处置体系,建立监测数据共享机制,有效防范工程建设及运营期间的地面沉降灾害。

(6)构建地面沉降防治技术支撑体系:执行地面沉降防治相关技术标准。针对沉降特点、发育机理、防控标准等,进一步完善地面沉降测量、地面沉降调查、监测与防治,完善地面沉降监测与防治工作。

加强地面沉降防治技术研究。不断总结、探索地面沉降监测与防治技术,深化地面沉降调查与监测技术应用研究,开展地面沉降的成因机理和预测预报精细化研究,加强地面沉降灾害的防治关键技术研究,提高地面沉降预测与防治能力。

实现信息互联,资料互通有效利用。按照统一标准、安全可靠、动态开放的原则,建立地面沉降防治信息管理系统。完善地面沉降监测数据库和综合减灾网络平台,完善信息系统基础设施,保障信息源全面准确,实现数据采集、传输、统计、分析、查询自动化,为政府及相关部门和单位提供及时准确的地面沉降信息及快速便捷的"智慧控沉"管理平台。

2. 第四系地面塌陷

菏泽市第四系地面塌陷具有随机、突发的特点,其发生存在一定的内在和外部原因。针对塌陷的原因采取一些必要的措施,可以避免或减少灾害的损失,具体风险管控措施如下。

(1)提高水井建设质量:有关部门要科学制订地下水开发利用方案,合理开采地下水,改进地下水抽采技术,限制漏砂井抽采,减少对地下含水层的破坏,调查灾害点周边水井质量,将质量较差的井管淘汰替换处理。

(2)减少地表水下渗:经过对工作区内地面塌陷发生时间的统计分析,大多数地面塌陷发生在雨季。因此,首先,应注意雨季前疏通地表排水沟渠,降雨季节时刻提高警惕,加强防范意识,发现异常情况及时躲避;其次,加强地下输水管线的管理、地表和地下排水系统的防水工作,发现问题及时解决。

(3)加强塌陷多发区的地质勘察工作:除降水外,地面塌陷不断发生的另一方面原因是工程勘察工作做得不够。由于地下情况不明,因此只能在塌陷事件突发后去进行勘察,再研究治理办法。建议应加强塌陷多发区地质工程勘察和资料收集分析工作,通过地质手段,提前圈划地质灾害靶区,采用物探方法对靶区开展定期调查,对有明显物性变化的区域提前预警,防止第四系地面塌陷灾害突发,造成人员财产损失。

第六章 城市工程地质及建设适宜性评价

第一节 工程地质条件

菏泽市地处黄河下游,地域辽阔、平缓,总体自西向东缓倾,由于黄河频繁改道,其携带物不断堆积形成。区内多见岗、坡、洼地等相间分布的微地貌形态,地面标高一般在38～68m,东部的低山残丘局部可达130m。根据岩土体工程地质性质及岩性特征(土体深度30m),区内可划分为多种岩土体工程地质类型(王华锋等,2024b)。

土体结构东西向变化较大,以多层结构为主,其次为双层结构,局部有单层结构。工作区西部为上部砂性土的双层结构向东转变为上部砂性土的多层结构,再向东转变为上部黏性土的多层结构,总体从西向东砂性土逐渐减少,黏性土逐渐增多。上层砂性土厚度逐渐从西部的10～20m向东渐变为3～5m至渐灭。黏性土以粉质黏土为主,其次淤泥质土、黏土等;砂性土以粉土、粉砂、粉细砂为主,其次为细砂、中砂等。砂性土一般随着颗粒的由细变粗,密实度增加,力学强度逐渐增大。

鲁西黄泛冲洪积层(Qh^{al}):主要为冲积,间夹湖沼相沉积,广泛分布于区内。地层沉积时间15m以上小于6000年,30m以上小于1.0万年。地层颜色以灰黄色、灰色为主,间夹灰黑色。岩性以粉土、粉细砂、粉质黏土为主,夹淤泥质土、细砂、中砂、黏土透镜体,岩性颗粒从西向东逐渐变细。淤泥质土透镜体厚度由西向东,自南向北逐渐变薄;顶板埋深由西往东变浅,自南向北则为深浅交替,总的又有向北深度逐渐增大的趋势。

按地层从上到下的揭露顺序综合叙述各土层物理力学特征如下。

①粉土:浅黄色、浅棕黄色;稍湿—饱和,中密—密实,具中等—低压缩性,力学性质一般;本层厚度较大,分布稳定,较普遍,$f_{ak}=110\sim130$kPa,$E_{s1-2}=10\sim11$;部分区段具有振动析水现象。

②粉细砂:浅黄色、深灰色;饱和,松散,具中低压缩性,力学性质较差,本层厚度较小,层位不稳定,呈透镜体状分布;$f_{ak}=60\sim80$kPa;部分区段具有振动析水现象。

③粉土:灰黄色、褐黄色、黄绿色;含云母及少量结核;饱和,中密—密实,具中等—低压缩性,力学性质一般;本层厚度较大,分布稳定,较普遍;$f_{ak}=110\sim140$kPa,$E_{s1-2}=10\sim11$;部分区段具有振动析水现象。

④淤泥类土:深灰色、灰黑色;含大量有机质及生物碎屑;一般流塑—可塑,以软塑为主,湿—饱和,中密,具中—高压缩性,力学强度较低;淤泥 $f_{ak}=50\sim70$kPa,淤泥质土 $f_{ak}=80\sim100$kPa;多呈透镜体状产出。

⑤粉质黏土、黏土:浅灰色、灰黄色、褐黄色;可塑—硬塑,含少量铁锰质氧化物及钙质结核,偶见生物碎屑,干强度及韧性高,切面具光泽反应,无摇振反应;具中等压缩性,力学性质一般较好;$f_{ak}=120\sim180$kPa,$E_{s1-2}=5\sim10$;层位相对较稳定,厚度变化较大。

⑥粉土:灰黄色、褐黄色;含云母碎片;很湿,中密—密实,具中等—低压缩性,力学性较好,切面无光泽,振动析水反应明显;本层厚度较大、分布稳定,较普遍。$f_{ak}=190\sim200$kPa,$E_{s1-2}=13\sim15$。

菏泽市特殊类土主要有淤泥类土、盐渍土以及粉砂土的液化等问题。

淤泥类土广泛分布于鲁西平原,岩性为黑色淤泥、淤泥质粉土、淤泥质粉质黏土、淤泥质砂等。顶板埋深西部 10~15m、东部 5~10m，部分埋深大于 15m 或埋深小于 5m，分布层位一般有 1~2 层，单层厚度 1~10m，多夹于粉土或粉质黏土层中，含大量有机质及生物碎屑。淤泥类土一般流塑—可塑，以软塑为主，湿—饱和，中密，具中—高压缩性，力学强度较低。淤泥 f_{ak}=50~70kPa，淤泥质土 f_{ak}=80~100kPa。

盐渍土主要分布于河间洼地，呈带状分布。土壤含盐量较高，一般 0.6%~1.5%，或大于 1.5%，盐化类型以氯化物、硫酸盐、碳酸盐和非盐碱土碱等几种类型为主，干燥状态下具有较高的强度，浸水后盐分易溶解，强度降低，压缩性增大，对建筑的稳定性有较大的影响，一般对金属和混凝土具有腐蚀性。

粉砂土主要分布在菏泽市中西部地区，该区域设计基本地震加速度值为 0.10~0.15g；地震烈度为 7 度。岩性以粉土为主，粉细砂次之，地层黏粒含量小于 10%，野外可见振动析水现象。埋藏深度一般较浅，但处于地下水水位之下，或水位变化带附近。地层的标准贯入试验锤击数（$N_{63.5}$）一般小于 10 击，液化指数值变化较大，介于 0.1~15 之间。建筑物设计施工时，对特殊类土一般应采取相应的处理措施。

第二节　工程地质分层与岩土物理力学参数

一、工程地质分层

根据收集资料以及本次钻探揭露和室内土工试验资料，结合收集钻孔资料，工作区 100m 以浅岩土体自上而下依次分全新统（Qh）黄河组和黑土湖组沉积地层，上更新统（Qp₃）和中更新统（Qp₂）平原组沉积地层。岩性主要由粉土、黏性土及粉砂等构成，地层分布较均匀，变化不大，自上而下描述如下。

1. 填土

①耕土（Qh^{pd}）：黄褐色，松散，以粉土为主，含大量植物根系，该层属欠固结高压缩性土。

①-a 素填土（Qh^{pd}）：黄褐色—褐黄色，松散，以粉土、粉质黏土为主，土质不均匀，该层属欠固结高压缩性土。

①-b 杂填土（Qh^{pd}）：杂色，松散，以粉土、粉质黏土为主，含砖头等建筑垃圾，该层属欠固结高压缩性土。该层厚度一般 0.5~3m，平均厚度为 0.69m。

2. 全新统（Qh）黄河组

②层粉质黏土（Qh^{al+pl}）：黄褐色、褐黄色，可塑，含铁锰质结核，无摇振反应，有光泽，干强度中等，韧性中等。该层具中—高压缩性，土质均匀性较差。在工程建设时，当该层为持力层时，应充分考虑该层土的性质，宜进行开挖或进行地基处理后，方可进行建设。该层顶板埋深基本集中在 0.5m 左右，局部地区较大，最深处为 2.1m。底板埋深范围为 1.8~11m，厚度范围基本集中在 1~6m，最小处为 0.8m，位于中华西路秦桥西张家庙南，总体平均厚度为 3.36m。

③层粉土（Qh^{al+pl}）：黄褐色，稍密—中密，稍湿—湿，摇振反应迅速，无光泽反应，干强度低韧性低。该层具中压缩性，土质均匀性较差。该层顶板埋深范围为 0.5~11m，底板埋深范围为 3~13.2m，厚度基本集中在 1.0~3.0m，厚度最小处为 0.9m，最大厚度为 7.2m，总体平均厚度为 2.74m。

④层粉质黏土（Qh^{al+pl}）：灰褐色、灰黑色、黑灰色，软塑—可塑，具有机质污染，含少量植物腐殖质，有腥味，无摇振反应，有光泽，干强度中等，韧性中等。该层属于中高压缩性土。该层顶板埋深一般为 3~13.2m，底板埋深一般为 13~23.6m，厚度分布范围比较均匀，平均厚度为 10.63m。

⑤层粉细砂（Qh^{al+pl}）：褐黄色—黄灰色，稍密—中密，饱和，含石英、长石，级配差，分选性较好，磨圆度中等，含少量贝壳碎片，局部含泥量较高，夹粉土、粉质黏土薄层。该层属中低压缩性土。该层顶板埋深 2~23.6m，底板埋深 5.2~30.5m，该层厚度变化较大，厚度 0.8~13.3m，平均厚度为 7.89m。

3. 全新统（Qh）黑土湖组

⑥层黏土：浅褐灰色—棕褐色，软塑—可塑，无摇振反应，稍有光泽，韧性、干强度中等，局部为粉质黏土。在工程建设时，当该层为持力层时应充分考虑该层土的性质，宜进行开挖或进行地基处理后方可进行建设。

⑦层粉质黏土层：灰褐色，软塑，无摇振反应，有光泽，干强度中等，韧性中等。该层具中—高压缩性，土质均匀性较差。在工程建设时，当该层为持力层时应充分考虑该层土的性质，宜进行开挖或进行地基处理后方可进行建设。

⑧层粉土：黄褐色，稍密—中密，湿，摇振反应迅速，无光泽反应，干强度低，韧性低。该层具中压缩性土质均匀性较差。

⑨层粉细砂（Qh^{al+pl}）：褐黄色—黄灰色，稍密—中密，饱和，含石英，长石，级配差，分选性较好，磨圆度中等，含少量贝壳碎片，局部含泥量较高，夹粉土、粉质黏土薄层。该层属中低压缩性土。

⑩层淤泥质土：黑灰色，稍密，湿，摇振反应中等，夹淤泥质黏土。在工程建设时，当该层为持力层时应充分考虑该层土的性质，宜进行开挖或进行地基处理后方可进行建设。

4. 上更新统（Qp_3）和中更新统（Qp_2）

⑪粉质黏土（Qp_{2+3}^{al+pl}）：褐红色、褐黄色，可塑—硬塑（局部坚硬），含铁锰质结合以及姜石，姜石分布不均匀，局部富集，无摇振反应，干强度中等，韧性中等，有光泽反应。该层属于低压缩性土。该层顶板埋深5.2～28.6m，底板埋深10～41.5m，该层厚度变化较大，厚度0.8～19m，平均厚度为7.87m。

⑫粉土（Qp_{2+3}^{al+pl}）：灰黄色、黄灰色，中密—密实，见锈染，含姜石，姜石分布不均匀，局部富集，局部夹粉质黏土薄层，摇振反应中等，无光泽反应，干强度低，韧性低。该层属于低压缩性土。该层顶板埋深10～40.8m，底板埋深14.6～50.5m，厚度1.3～18.2m，平均厚度为8.22m。

⑬粉细砂（Qp_{2+3}^{al+pl}）：褐黄色—黄灰色，中密—密实，饱和，含石英，长石，级配差，分选性较好，磨圆度中等，含少量贝壳碎片，局部含泥量较高，夹粉土、粉质黏土薄层。该层属中低压缩性土。该层顶板埋深14.6～41.5m，底板埋深23.8～42.8m，厚度范围0.7～11.2m，平均厚度为3.75m。

⑭粉质黏土（Qp_{2+3}^{al+pl}）：灰黄色—褐红色，可塑—硬塑，含铁锰质结核，偶见姜石，夹灰白色高岭土条带，土质不均，无摇振反应，干强度中等，韧性中等，有光泽反应。该层顶板埋深23.8～45m，底板埋深50～51.8m，厚度5～26.7m，平均厚度为13.8m。其中，厚度最小钻孔为GK05，位于高路口，厚度最大钻孔为GK41，位于长城路与牡丹北路交叉口东北。

⑮层粉土（Qp_3^{al}）：黄褐色，密实，湿，摇振反应迅速，无光泽反应，干强度低，韧性低，局部有砂感，局部夹粉质黏土薄层。该层具中—低压缩性，土质均匀性稍差。

⑯层粉土（Qp_3^{al}）：黄褐色，密实，湿，摇振反应迅速，无光泽反应，干强度低，韧性低，局部有砂感。该层具中—低压缩性，土质均匀性稍差。

⑰层粉砂（Qp_3^{al}）：黄褐色，密实，饱和，主要成分为石英和长石，次为云母等，颗粒级不良。该层具中等—低压缩性，土质均匀性较差。

⑱层粉质黏土（Qp_3^{al}）：黄褐色，局部青灰色，硬塑，无摇振反应，有光泽，干强度中等，韧性中等，偶含姜石，最大粒径约3.0cm，含铁质氧化物。该层具中压缩性，土质均匀性较差。

⑲层粉砂（Qp_3^{al}）：黄褐色，密实，饱和，主要成分为石英和长石，次为云母等，颗粒级不良。该层具中等—低压缩性。土质均匀性较差。

⑳层粉质黏土（Qp_3^{al}）：黄褐色，硬塑，无摇振反应，有光泽，干强度中等，韧性中等，偶含细小姜石，含铁质氧化物。该层具中压缩性，土质均匀性一般。

㉑层粉砂（Qp_3^{al}）：黄褐色，密实，饱和，主要成分为石英和长石，次为云母等，颗粒级不良。该层具中等—低压缩性，土质均匀性一般。

㉒层粉质黏土（Qp_3^{al}）：黄褐色，坚硬，无摇振反应，有光泽，干强度中等，韧性中等，偶含姜石，最大粒径约 4.0cm，含铁质氧化物，局部夹粉土薄层。该层具中压缩性，土质均匀性一般。

㉓层粉砂（Qp_2^{al}）：黄褐色，密实，饱和，主要成分为石英和长石，次为云母等，颗粒级不良。该层具中等—低压缩性，土质均匀性一般。

㉔层粉质黏土（Qp_2^{al}）：黄褐色，坚硬，无摇振反应，有光泽，干强度中等，韧性中等，偶含姜石，最大粒径约 4.0cm，含铁质氧化物，局部夹粉土薄层。该层具中压缩性，土质均匀性一般。

结合《山东省城市地质调查技术要求（试行）》，对工作区 100m 以浅地层进行标准分层，全新统（Qh）黄河组底板埋深 0.3～21.5m，平均埋深 6.72m；黑土湖组底板埋深 2.4～28.53m，地层厚度 0.3～22.15m；100m 以下为更新统平原组地层。

二、岩土体物理力学参数

为查清工作区土体物性特征，本次调查共采取土样 211 个，分别对含水率（w）、孔隙比（e）、饱和度（S_r）、密度（ρ）、干密度（ρ_d）、土粒比重（G_s）、液限（w_L）、塑限（w_P）、塑性指数（I_P）、液性指数（I_L）、压缩系数（a_{1-2}）、压缩模量（E_{s1-2}）、黏聚力（c）、内摩擦角（φ）等项目进行了测试分析，土工试验严格按照《土工试验方法标准》（GB/T 50123—2019）的相关要求进行操作和土工试验数据的整理。通过整理分析，各土层的物性特征如下（表 6-1～表 6-8）。

表 6-1 ②层粉质黏土物性特征表

项目	w %	ρ g/cm³	ρ_d g/cm³	G_s g/cm³	e	S_r	w_L %	w_P %	I_P	I_L	a_{1-2} MPa⁻¹	E_{s1-2} MPa	c kPa	φ (°)
X_{min}	44.80	2.02	1.59	2.76	1.35	100.00	59.10	34.30	24.80	0.95	0.92	17.01	20.00	25.80
X_{max}	22.20	1.70	1.17	2.69	0.70	85.00	26.20	17.40	8.80	0.37	0.10	2.56	10.00	3.10
n	22	22	22	22	22	22	22	22	22	22	22	22	22	22
μ	28.45	1.91	1.50	2.71	0.83	91.67	33.78	21.10	12.68	0.62	0.45	6.71	13.00	10.88
σ	7.66	0.10	0.15	0.02	0.23	6.29	11.47	5.99	5.50	0.21	0.27	5.16	3.27	8.82
δ	0.27	0.05	0.10	0.01	0.28	0.07	0.34	0.28	0.43	0.35	0.61	0.77	0.25	0.81
Φ_k													7.6	15.8

注：Φ_k 为标准值。

表 6-2 ③层粉质黏土物性特征表

项目	w %	ρ g/cm³	ρ_d g/cm³	G_s g/cm³	e	S_r	w_L %	w_P %	I_P	I_L	a_{1-2} MPa⁻¹	E_{s1-2} MPa	c kPa	φ (°)
X_{min}	39.60	1.93	1.56	2.73	1.01	100.00	42.10	25.30	16.80	0.85	0.71	12.58	19.00	20.70
X_{max}	24.00	1.75	1.36	2.69	0.73	78.00	28.70	20.20	8.40	0.44	0.14	2.82	8.00	3.70
n	31	31	31	31	31	31	31	31	31	30	31	31	31	31
μ	29.30	1.88	1.46	2.71	0.87	89.20	33.70	22.02	11.68	0.59	0.38	7.23	13.50	12.20
σ	5.50	0.07	0.08	0.01	0.11	6.97	4.82	1.85	3.05	0.14	0.24	3.83	5.50	8.50
δ	0.19	0.04	0.05	0.01	0.13	0.08	0.14	0.08	0.26	0.24	0.63	0.53	0.41	0.70
Φ_k													7.6	15.8

表6-3 ⑦层粉质黏土物性特征表

项目	w	ρ	ρ_d	G_s	e	S_r	w_L	w_P	I_P	I_L	a_{1-2}	E_{s1-2}	c	φ
	%	g/cm³	g/cm³	g/cm³			%	%			MPa⁻¹	MPa	kPa	(°)
X_{min}	34.10	2.07	1.79	2.75	1.06	100.00	51.70	29.70	22.00	1.04	0.65	14.96	53.00	31.80
X_{max}	15.90	1.78	1.33	2.69	0.51	84.00	20.40	13.20	7.20	0.06	0.11	2.82	5.00	3.10
n	19	19	19	19	19	19	19	19	19	19	19	19	19	19
μ	26.26	1.95	1.55	2.71	0.76	92.40	33.33	20.97	12.36	0.47	0.32	7.31	17.29	12.96
σ	5.05	0.02	0.09	0.03	0.10	7.50	9.50	5.00	4.50	0.08	0.11	2.60	23.00	3.55
δ	0.19	0.01	0.06	0.01	0.13	0.08	0.29	0.24	0.36	0.16	0.35	0.36	1.33	0.27
Φ_k													11.3	7.2

表6-4 ⑨层粉细砂物性特征表

项目	q_c/MPa	f_s/kPa	N/击	颗粒分析/%			
				0.50~2.0mm	0.25~0.50mm	0.075~0.25mm	0.005~0.075mm
X_{min}	11.950	107	16.0	19.90	45.50	41.80	17.10
X_{max}	15.175	143	28.0	4.60	30.20	31.00	10.80
δ	21	50	47	7	7	7	7
μ	13.550	124	21.5	11.26	36.34	37.06	13.13
σ	1.425	14	3.4	5.36	4.35	3.16	2.56
δ	0.11	0.11	0.16	0.48	0.12	0.09	0.19

表6-5 ⑪层粉质黏土物性特征表

项目	w	ρ	ρ_d	G_s	e	S_r	w_L	w_P	I_P	I_L	a_{1-2}	E_{s1-2}	c	φ
	%	g/cm³	g/cm³	g/cm³			%	%			MPa⁻¹	MPa	kPa	(°)
X_{min}	31.40	2.01	1.62	2.74	0.86	100.00	43.90	26.50	17.40	0.68	0.55	15.24	53.00	16.30
X_{max}	21.50	1.91	1.46	2.70	0.67	86.00	27.60	18.00	9.10	−0.10	0.11	3.38	15.00	5.20
n	32	32	32	32	32	32	32	32	32	32	32	32	32	32
μ	24.19	1.96	1.58	2.71	0.72	91.11	33.44	20.99	12.46	0.28	0.28	7.36	29.71	11.04
σ	1.16	0.00	0.01	0.02	0.02	2.05	6.73	3.31	3.46	0.22	0.04	3.08	10.50	0.95
δ	0.05	0.00	0.01	0.01	0.03	0.02	0.20	0.16	0.28	0.78	0.15	0.42	0.35	0.09
Φ_k													11.3	14.7

表6-6 ⑫层粉土物性特征表

项目	w	ρ	ρ_d	G_s	e	S_r	w_L	w_P	I_P	I_L	a_{1-2}	E_{s1-2}	c	φ
	%	g/cm³	g/cm³	g/cm³			%	%			MPa⁻¹	MPa	kPa	(°)
X_{min}	25.80	2.00	1.64	2.70	0.77	97.00	27.60	18.70	9.40	0.98	0.23	15.24	13.00	29.30
X_{max}	21.10	1.88	1.52	2.69	0.65	80.00	26.00	17.30	8.70	0.33	0.11	7.44	8.00	15.30
n														

续表6-6

项目	w	ρ	ρ_d	G_s	e	S_r	w_L	w_P	I_P	I_L	a_{1-2}	E_{s1-2}	c	φ
	%	g/cm³	g/cm³	g/cm³			%	%			MPa⁻¹	MPa	kPa	(°)
μ	22.70	1.94	1.58	2.70	0.71	87.00	27.08	18.06	9.02	0.52	0.18	9.95	10.20	20.40
σ	1.75	0.04	0.04	0.00	0.04	6.45	0.57	0.48	0.23	0.24	0.05	2.84	1.72	5.02
δ	0.08	0.02	0.03	0.00	0.06	0.07	0.02	0.03	0.03	0.46	0.25	0.29	0.17	0.25
Φ_k													11.3	14.7

表6-7 ⑬层粉细砂物性特征表

项目	q_c/MPa	f_s/kPa	N/击	颗粒分析/%			
				0.50~2.0mm	0.25~0.50mm	0.075~0.25mm	0.005~0.075mm
X_{min}	12.150	112	21.0	27.30	46.80	53.50	16.80
X_{max}	16.171	145	29.0	2.10	32.60	19.50	9.80
δ	87	78	99	11	11	11	11
μ	11.550	121	25.5	12.99	38.33	34.29	12.47
σ	1.521	13	4.4	9.65	3.51	10.23	2.03
δ	0.12	0.12	0.11	0.74	0.09	0.30	0.16

表6-8 ⑭层粉质黏土物性特征表

项目	w	ρ	ρ_d	G_s	e	S_r	w_L	w_P	I_P	I_L	a_{1-2}	E_{s1-2}	c	φ
	%	g/cm³	g/cm³	g/cm³			%	%			MPa⁻¹	MPa	kPa	(°)
X_{min}	31.40	2.01	1.66	2.72	0.86	100.00	39.20	24.00	15.20	0.98	0.56	15.24	38.00	22.30
X_{max}	18.10	1.78	1.46	2.69	0.63	69.00	24.10	16.00	8.10	-0.06	0.11	3.19	8.00	5.20
n	34	34	34	34	34	34	34	34	34	34	34	34	34	34
μ	23.17	1.93	1.57	2.70	0.72	86.74	29.95	19.14	10.81	0.40	0.29	6.70	18.10	13.46
σ	2.64	0.05	0.05	0.01	0.06	7.89	3.97	2.05	2.02	0.26	0.11	2.52	8.52	4.79
δ	0.11	0.03	0.03	0	0.08	0.09	0.13	0.11	0.19	0.65	0.37	0.38	0.47	0.36
Φ_k													11.3	14.7

三、主要土层承载力初步评价

通过钻探揭露,依据《岩土工程勘察规范》(GB 50021—2001)(2009年版)、《建筑地基基础设计规范》(GB 50007—2002)、《建筑地基处理技术规范》(JGJ 79—2012)等规范,结合原位测试、标准贯入试验、室内土工试验资料及邻近建筑物经验,各岩土层的承载力特征值、水泥粉煤灰碎石桩桩周土侧阻力标准值、端阻力标准值、钻孔灌注桩桩周土侧阻力标准值、端阻力标准值、混凝土预制桩桩周土侧阻力标准值和端阻力标准值见表6-9。

根据当地建筑经验,结合场地条件以及拟建构筑物的结构特征,当天然地基满足建设要求时,应采用天然地基或浅基础,1~2层建筑以②层粉质黏土为基础持力层,3~6层建筑以③层粉土、⑦层粉质黏

表 6-9　各岩土层力学特征表　　　　　　　　　　　　　　　　　　　　单位：kPa

地层		承载力特征值 f_{ak}	水泥粉煤灰碎石桩（CFG桩）		钻孔灌注桩		混凝土预制桩	
			桩周土的侧阻力标准值 q_{sik}	桩端端阻力特征值 p_k	桩的极限侧阻力标准值 q_{sik}	桩的极限端阻力标准值 q_{pk}	桩的极限侧阻力标准值 q_{sik}	桩的极限端阻力标准值 q_{pk}
②	粉质黏土	80~120	10~15		30~45		35~45	
③	粉土	90~140	35~45		40~55			
⑦	粉质黏土	80~100	10~15		25~35		30~45	
⑨	粉细砂	140~160	25~40	300~450	50~65	600~900	60	1900~2200
⑫	粉质黏土	180~230	30~40	500~600	55~75	700~1000	60~80	2000~2400
⑬	粉土	190~240	35~45	550~650	60~90	800~1100	65~95	2100~2500
⑭	粉细砂	200~260	40~50	700~800	70~100	900~1200	75~110	2200~2600
⑮	粉质黏土	260~280	50~55	800~900	100~110	1200~1400	110~120	2600~2800

土、⑨层粉细砂为基础持力层；当存在不均匀沉降时，可采用条形基础或筏板基础等浅基础，并采用铺垫一定厚度的砂石垫层等措施，以消除不均匀沉降造成的不利影响；若天然地基不能满足地基承载力的要求，拟建建筑物的地基可以采用CFG桩、后注浆灌注桩以及预制桩等深基础的形式进行地基处理，地基处理深度可根据拟建建筑物层高和地基承载力特征值情况确定基础持力层。

第三节　岩土体工程地质特征

本次工作共施工工勘钻孔15孔，总进尺1501.9m，共收集了水文地质钻孔资料86孔，工程地质钻孔3926孔，地热井32孔，共计4044孔，并优选353孔钻孔，按照《山东省城市地质调查技术要求（试行）》，对山东省三维地质模型分层标准进行了分层，基本查清了城区工程地质条件。依据岩土工程地质钻探揭露、野外鉴别、原位测试及室内土工试验资料，结合土的物理力学性质、粒度成分和物质组成，区内主要分为砂性土、黏性土两种工程地质类型。

一、砂性土

1. 砂土

砂土在工作区广泛分布，0~50m一般厚度1.9~26m，万福街道西部及吕陵镇50m以浅没有砂土，50~100m砂土一般为一层，厚度在1.9~3.3m之间，工作区东南部地区厚度较大。砂土岩性以粉砂为主，颜色多为棕黄色、灰黄色或黄色，随着深度增加，密实度逐渐增大，标准贯入锤击数一般在5~20击之间，上部湿—很湿，属于松散、稍密和中密；下部稍密—中密，标准贯入锤击数高者可达20~40击之间；0~100m范围内承载力特征值一般为140~330kPa。在20m以浅，液化等级为不液化或轻微液化。

2. 粉土

粉土在工作区分布广泛，呈褐黄色、灰黄色、土黄色，含有较多云母碎片，厚度不一，单层厚度最大可达12m，多与黏性土、砂性土成层分布，或夹于砂性土、黏性土之中。纹层理较为发育，显示出明显的沉积韵律。土体结构疏松、多孔,具一定黏结性,多为稍密、中密、密实;摇振反应迅速,干强度低,韧性差,具中等压缩性,0~100m 范围内承载力特征值一般为 100~310kPa;在 20m 以浅,液化等级为不液化或轻微液化。

二、黏性土

黏性土主要为粉质黏土和黏土,粉质黏土工作区广泛有分布,一般处于表层粉土之下。粉质黏土特征主要为棕黄色、棕灰色,含少量铁锰质结核和钙质结核;可塑—硬塑,以可塑为主,干强度中等,韧性中等,具中等压缩性,0~100m 范围内承载力介于 90~340kPa 之间。昆明路以西区域少有黏土,黏土在建模区零星分布,主要分布在马岭岗镇、万福街道、西城街道 3 个乡镇相邻区域及何楼街道等一些区域,黏土特征主要为棕黄色、棕红色或灰黄色,结构密实,塑性强;中上部多为薄层,夹于粉土、砂性土或粉质黏土层中,下部层厚增大;一般分布 1~9 层,总厚度在 16.3~67.7m 之间,黏土遇水塑性增加,脱水变得坚硬,液性指数大小取决于含水量,从软塑、可塑、硬塑至坚硬状态,力学性质变化很大,承载力一般在 100~300kPa 之间。

根据工勘钻探揭露,区内 100m 土体为黏性土与砂性土互层的多层结构,其中黏性土厚度较大,工作区的土体工程地质类型为黏性土多层结构。

第四节 特殊类土分布及工程地质性质

根据收集资料和本次工程地质钻探结果,工作区范围内特殊类土主要为液化土、软弱土、填土等。

一、液化土

1. 场地类型的判别

为划分场地土类型及建筑场地类别,采用单孔法对 ZK1#(图 6-1)、ZK3#、ZK5#、ZK6#、ZK8#、ZK9#、ZK11#、ZK12#、ZK13#、ZK14# 勘探孔进行波速测试。测试工作依据《建筑抗震设计规范》(GB 50011—2010)(2016 年版)及《地基动力特性测试规范》(GB/T 50269—2015)中的有关规定进行。

测试方法采用单孔法,利用已经钻好的钻孔,将起振板置于井口 1~3m 处,并使其中点与井口的连线垂直于起振板,同时在其上加压整体性较好的重物(1t 以上);然后锤击起振板产生剪切波,并通过置于井内的三分量拾振器将土的振动历程输入仪器;经电脑分析,获得各测点剪切波时,经计算可得到各土层的剪切波速。

现场数据采集使用的仪器是上海岩联工程技术有限公司生产的 YL-SWT 波速测试仪,采集的数据是由井中的三分量传感器,通过仪器记录三道波形,经与电脑通信,将仪器中的数据传送到电脑中,处理后得到各土层的剪切波速,进而确定建筑的场地类别。

根据《建筑抗震设计规范》(GB 50011—2010)(2016 年版)第 4.1.5 条规定,土层的等效剪切波速 v_{se} 计算式为

$$v_{se} = d_0/t, \quad t = \sum_{i=1}^{n}(d_i/v_{si}) \qquad (6-1)$$

式中:v_{se} 为土层等效剪切波速(m/s);d_0 为计算深度(m),取覆盖层厚度和 20m 两者的较小值;t 为剪切

第六章 城市工程地质及建设适宜性评价

工程名称	"菏泽市城市地质"调查项目				工程编号			
孔　号	ZK1		坐标	X=3906566.361mm	钻孔直径	130mm	稳定水位	深度2m
孔口标号	51.78m			Y=39346899.457m	初见水位	深度	测量日期	2023.10.23

地质时代	层号	层底标高/m	层底深度/m	分层深度/m	柱状图1:200	地 层 描 述	标贯点中深度/m	标贯实测击数/次	附注
Qh^{ml}	①	51.28	0.50	0.50		耕土:黄褐色,松散,稍湿,成分以粉质黏土为主,含少量植物根系,为近期回填,局部为素填土。该层土质均匀性差			
Qh^{al}	②	49.78	2.00	1.50		粉质黏土:黄褐色,可塑,无摇振反应,有光泽反应,干强度中等,韧性中等。该层具中—高压缩性,土质均匀性较差	1.80	4.0	
							3.30	7.0	
Qh^{al}	③	40.38	11.40	9.40		粉土:黄褐色,稍密—中密,稍湿—湿,摇振反应迅速,无光泽反应,干强度低,韧性低,局部夹粉质黏土薄层。该层具中压缩性,土质均匀性较差	4.80	6.0	
							6.30	7.0	
							7.80	12.0	
							9.30	12.0	
							10.80	14.0	
Qh^{al}	④	38.28	13.50	2.10		粉质黏土:灰褐色,可塑,无摇振反应,有光泽,干强度中等,韧性中等,局部有刺激性气味。该层具中—高压缩性,土质均匀性较差	12.30	6.0	
Qh^{al}	⑤	36.28	15.50	2.00		粉土:黄褐色,中密,湿—很湿,摇振反应迅速,无光泽反应,干强度低,韧性低,局部有砂感。该层具中压缩性,土质均匀性一般	13.80	11.0	
							15.30	15.0	
Qh^{al}	⑥	33.58	18.20	2.70		粉质黏土:黄褐色,可塑,无摇振反应,有光泽,干强度中等,韧性中等,偶含姜石,最大粒径约1cm。该层具中压缩性,土质均匀性较差	16.80	7.0	
							18.30	15.0	
Qp_3^{al}	⑦	27.68	24.10	5.90		粉土:黄褐色,中密,湿,摇振反应迅速,无光泽反应,干强度低,韧性低。该层具中压缩性,土质均匀性较差			
Qp_3^{al}	⑧	21.58	30.20	6.10		粉土:黄褐色,中密—密实,湿,摇振反应迅速,无光泽反应,干强度低,韧性低,局部夹粉质黏土薄层。该层具中—低压缩性,土质均匀性较差			
Qp_3^{al}	⑨	1.88	49.90	19.70		粉质黏土:黄褐色,可塑—硬塑,无摇振反应,有光泽,干强度中等,韧性中等,偶含姜石,最大粒径约6cm,含铁质氧化物,局部夹粉土薄层。该层具中压缩性,土质均匀性稍差			
Qp_3^{al}	⑩	-0.52	52.30	2.40		粉土:黄褐色,密实,湿,摇振反应迅速,无光泽反应,干强度低,韧性低。该层具中—低压缩性,土质均匀性较差			
Qp_3^{al}	⑪	-7.52	59.30	7.00		粉质黏土:黄褐色,硬塑,无摇振反应,有光泽,干强度中等,韧性中等,含铁质氧化物,局部夹粉土薄层。该层具中压缩性,土质均匀性较差			
Qp_3^{al}	⑫	-10.82	62.60	3.30		粉砂:黄褐色,密实,饱和,主要成分为石英和长石,次为云母等,颗粒级不良。该层具中—低压缩性,土质均匀性一般	61.30	46.0	
Qp_3^{al}	⑬	-19.72	71.50	8.90		粉质黏土:黄褐色,硬塑,无摇振反应,有光泽,干强度中等,韧性中等,偶含姜石,最大粒径约3cm,含铁质氧化物,局部夹粉土薄层。该层具中压缩性,土质均匀性一般			
Qp_3^{al}	⑭	-24.02	75.80	4.30		粉土:黄褐色,密实,湿,摇振反应迅速,无光泽反应,干强度低,韧性低,局部有砂感。该层具中—低压缩性,土质均匀性一般			
Qp_3^{al}	⑮	-35.22	87.00	11.20		粉质黏土:黄褐色,坚硬,无摇振反应,有光泽,干强度中等,韧性中等,偶含姜石,最大粒径约6cm,含铁质氧化物,局部夹粉土薄层。该层具中压缩性,土质均匀性一般			
Qp_3^{al}	⑯	-40.12	91.90	4.90		粉土:黄褐色,密实,湿,摇振反应迅速,无光泽反应,干强度低,韧性低,局部有砂感。该层具中—低压缩性,土质均匀性一般			
Qp_3^{al}	⑰	-48.42	100.20	8.30		粉质黏土:黄褐色—灰褐色,坚硬,无摇振反应,有光泽,干强度中等,韧性中等,偶含姜石,最大粒径约5cm,含铁质氧化物。该层具中压缩性,土质均匀性一般			

图 6-1　ZK1 钻孔柱状图

波在地面至计算深度之间的传播时间;d_i 为计算深度范围内第 i 土层的厚度(m);v_{si} 为计算深度范围内第 i 土层的剪切波速(m/s);n 为计算深度范围内土层的分层数。

计算深度及计算结果见表 6-10。通过计算,20m 深度范围内土层等效剪切波速平均值为 170.7m/s;据《建筑抗震设计规范》(GB 50011—2010)第 4.1.3 条及第 4.1.6 条,本建筑场地的场地土类型为中软土。根据区域地质资料,该场地覆盖层厚度大于 50m,建筑场地类别为Ⅲ类。

表 6-10 等效剪切波速计算成果表

孔号	等效剪切波速 $v_{se}/\text{m} \cdot \text{s}^{-1}$	计算深度 d_0/m	覆盖层厚度/m	场地土类型	场地类别
ZK1#	175	20.00	>50.00	中软场地土	Ⅲ
ZK3#	173	20.00	>50.00	中软场地土	Ⅲ
ZK5#	172	20.00	>50.00	中软场地土	Ⅲ
ZK6#	169	20.00	>50.00	中软场地土	Ⅲ
ZK8#	176	20.00	>50.00	中软场地土	Ⅲ
ZK9#	174	20.00	>50.00	中软场地土	Ⅲ
ZK11#	169	20.00	>50.00	中软场地土	Ⅲ
ZK12#	163	20.00	>50.00	中软场地土	Ⅲ
ZK13#	173	20.00	>50.00	中软场地土	Ⅲ
ZK14#	162	20.00	>50.00	中软场地土	Ⅲ

2. 液化判定

依据《建筑抗震设计规范》(GB 50011—2010)(2016 年版)附录 A 及《菏泽市建设工程抗震设防管理办法》的相关规定,工作区抗震设防烈度为 7 度,设计基本地震加速度值为 0.15g;设计地震分组为第一组,判别工作区 20m 深度范围内粉土、粉细砂具液化可能性。为保证建筑安全,在施工前应对该液化土进行处理。

本次调查工作对 15 个钻孔进行了标准贯入试验,根据标准贯入试验和收集以往工程勘察资料判断岩土体的液化程度,具体方法如下。

根据《建筑抗震设计规范》(GB 50011—2010)(2016 年版),在地面下 20m 深度范围内,液化判别标准贯入试验锤击数临界值可按下式计算。

$$N_{cr} = N_0 \beta [\ln(0.6 d_s + 1.5) - 0.1 d_w] \sqrt{3/\rho_c} \tag{6-2}$$

式中:N_{cr} 为液化判别标准贯入试验锤击数临界值;N_0 为液化判别标准贯入试验锤击数基准值(按表 6-11 采用);d_s 为饱和土标准贯入试验点深度(m);d_w 为地下水水位(m);ρ_c 为黏粒含量百分率,当小于 3 或为砂土时,应采用 3;β 为调整系数,设计地震第一组取 0.80,第二组取 0.95,第三组取 1.05。

表 6-11 液化判别标准贯入试验锤击数基准值 N_0

ZK 设计基本地震加速度	ZK0.10g	ZK0.15g	ZK0.20g	ZK0.30g	ZK0.40g
ZK 液化判别标准贯入试验锤击数基准值	7	10	12	16	19

液化指数计算式为

$$I_{lE} = \sum_{i=1}^{n} \left(1 - \frac{N_i}{N_{cri}}\right) d_i \omega_i \tag{6-3}$$

式中:I_{lE} 为地基的液化指数;N_i 为 i 点标准贯入试验锤击数的实测值(次);N_{cri} 为相应于 N_i 深度处的临

界标准贯入试验锤击数(次);n 为在判别深度范围内每一个钻孔标准贯入试验点的总数;d_i 为 i 点所代表的土层厚度(m),可采用与该标准贯入试验点相邻的上、下两标准贯入试验点深度差的一半,但上界不小于地下水水位深度,下界不大于液化深度;ω_i 为 i 土层考虑单位土层厚度的层位影响权函数(m^{-1}),当该层中点深度不大于 5m 时应采用 10,等于 20m 时应采用零值,5~20m 时应按线性内插法取值。

计算出 I_{lE},根据《建筑抗震设计规范》(GB 50011—2010)(2016 年版)(表 6-12),对地基土进行液化判定,成果见表 6-13。

表 6-12 液化等级判定

ZK 液化等级	ZK 液化指数 I_{lE}		
	ZK 轻微	ZK 中等	ZK 严重
ZK 判别深度为 20m 时的液化指数	0~6	6~18	>18

表 6-13 地基土液化指数计算结果表

钻孔号	ZK 液化指数	ZK 液化等级	钻孔号	ZK 液化指数	ZK 液化等级
ZK1#	1.65	轻微液化	ZK9#	—	不液化
ZK2#	5.00	轻微液化	ZK10#	—	不液化
ZK3#	4.51	轻微液化	ZK11#	—	不液化
ZK4#	0.52	轻微液化	ZK12#	—	不液化
ZK5#	—	不液化	ZK13#	—	不液化
ZK6#	2.23	轻微液化	ZK14#	—	不液化
ZK7#	—	不液化	ZK15#	—	不液化
ZK8#	—	不液化			

本次收集 256 个小区,整理 153 个小区粉土、砂土液化等级,与本次新施工的 15 孔,进行整个工作区场地土液化判别。如图 6-2 所示,在工作区西部即吕陵镇、马岭岗镇东北部,其他区域零星分布,为轻微液化区,面积 59.42km²,占整个工作 8‰;其余地区为不液化区。

二、软弱土

软弱土是一种强度特别低,压缩性特别高的特殊类土,对工程建设产生不利影响。

工作区内深度 0~15m 范围内广泛存在一层软弱土,岩性以粉土和粉质黏土为主,局部淤泥质素填土,灰黑色或褐黑色,软塑,无摇振反应,有光泽,干强度中等,韧性中等,具高压缩性,土质均匀性较差。承载力特征值小于等于 100kPa,厚度范围为 0~10.5m。无软弱土区主要位于万福街道的东北部及北城街道的西部,即陈集镇西南和杜堂镇东北部;软土厚度 0~3m 主要分布在马岭岗镇、何楼街道西、南部、佃户屯街道西南部、滨河街道北部、天中街道南部、杜堂镇东部、陈集镇西南部、皇镇街道、岳城街道、丹阳街道及建成区的一部分;软土厚度 3~6m 主要分布在吕陵镇、马岭岗镇、何楼街道、仿山镇一带及定陶城区周围、陈集镇、半堤镇的大部及牡丹街道的一部;软土厚度大于 6m 主要分布在定陶区城区、仿山镇及陈集镇和半堤镇相交的部分地区(图 6-3)。

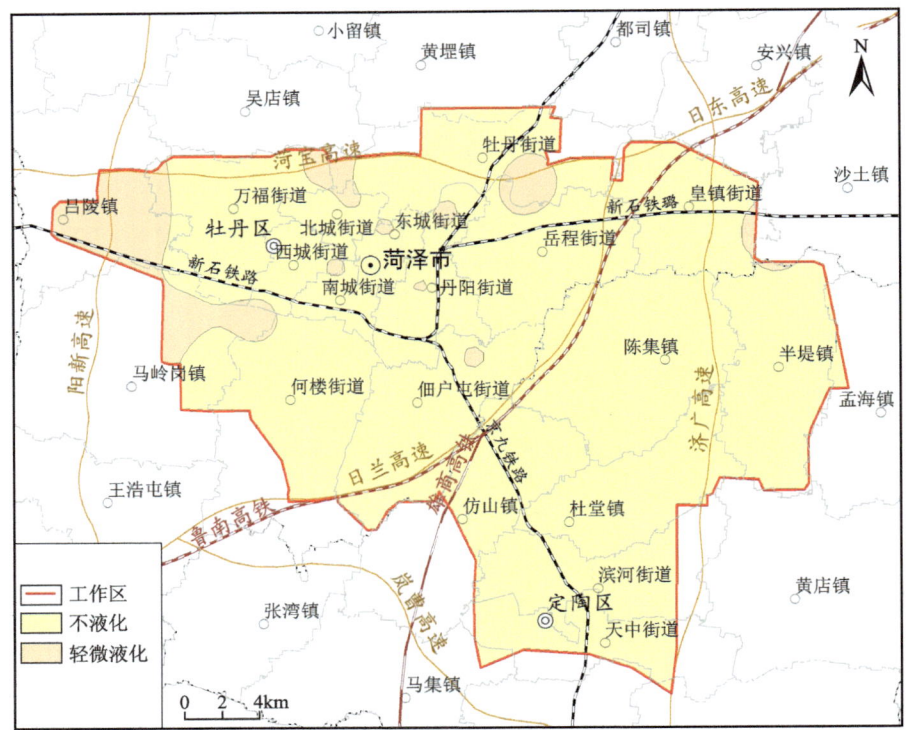

图 6-2 工作区液化等级分布图

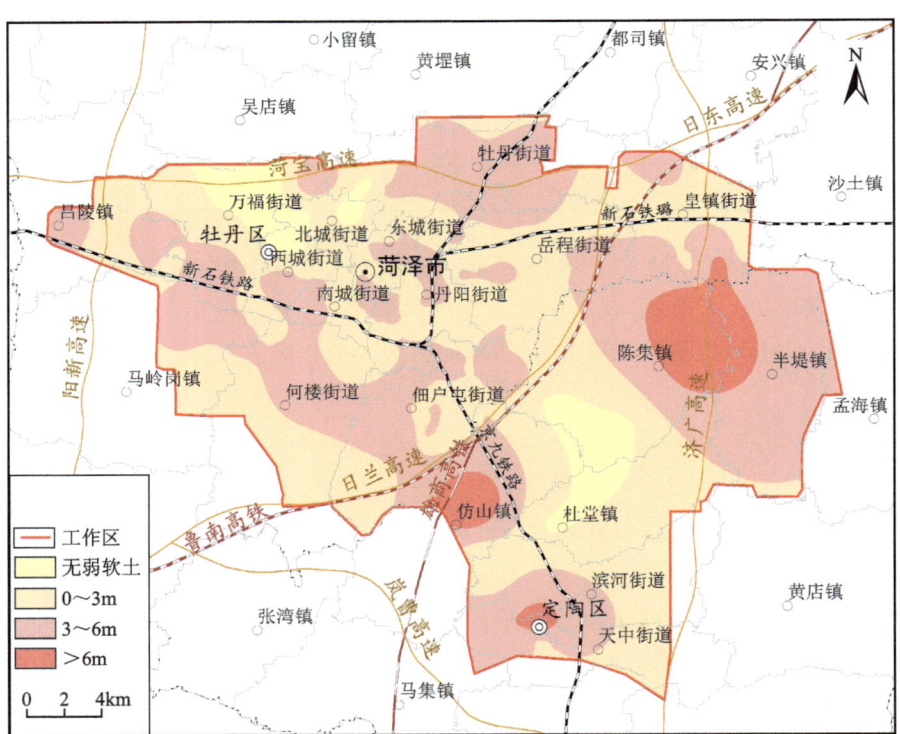

图 6-3 工作区深度 0～15m 范围内软弱土分布图

三、填土

工作区填土主要为耕土、素填土和杂填土,其中杂填土是拆除旧房时堆积在原地的建筑垃圾及旧基础以及填土所致。据调查,堆填的时间在两年内,以粉质黏土、粉土及含砖块、碎石、灰渣等建筑垃圾为主,松散,均匀性差,力学性质低,不经处理不宜作为地基持力层。

第五节 场地稳定性评价

一、场地稳定性评价方法

根据《城乡规划工程地质勘察规范》(CJJ 57—2012)第 8.2 条的规定,场地稳定性可根据活动断裂的活动性、建筑抗震的地段类别和不良地质作用的发育程度划分为不稳定、稳定性差、基本稳定和稳定 4 级,其分级应符合表 6-14 规定。

表 6-14 场地稳定性分级划分表

划分等级	划分条件
不稳定场地	①强烈全新活动断裂带;②对建筑抗震的危险地段;③不良地质灾害作用强烈发育,地质灾害危险性大地段
稳定性差场地	①微弱或中等全新活动断裂带;②对建筑抗震的不利地段;③不良地质作用中等—较强烈发育,地质灾害危险性中等地段
基本稳定场地	①非全新活动断裂带;②对建筑抗震的一般地段;③不良地质作用弱发育,地质灾害危险性小地段
稳定场地	①无活动断裂;②对建筑抗震的有利地段;③不良地质作用不发育

注:从不稳定开始,向稳定性差、基本稳定、稳定推定,以最先满足的为准。

二、场地稳定性评级过程

1. 活动断裂的活动性

根据《菏泽市地震灾害致灾调查与评估》,工作区范围内存在的断裂主要有小宋-解元集断裂、菏泽断裂、东明-成武断裂。根据地震活动断层探查数据中心的数据,小宋-解元集断裂为微弱或中等全新世活动断裂,菏泽断裂为早中更新世活动断裂,东明-成武断裂为晚更新世活动断裂。因此,在小宋-解元集断裂两侧 200m 为稳定性差场地,在菏泽断裂、东明-成武断裂两侧为基本稳定场地(图 6-4)。

3. 建筑抗震的地段类别

划分建筑抗震有利、一般、不利和危险的地段应按照《建筑抗震设计规范》(GB 50011—2010)(2016 年版)进行(表 6-15)。

根据表 6-15 可知,工作区影响地段类别主要包括软弱土、液化土、古河道等因子。由图 6-4 可知,工作区西部的轻微液化区为对抗震不利地段。由图 6-5 可知,工作区存在软弱土的地区为抗震不利地段,存在古河道的地区为抗震不利地段。

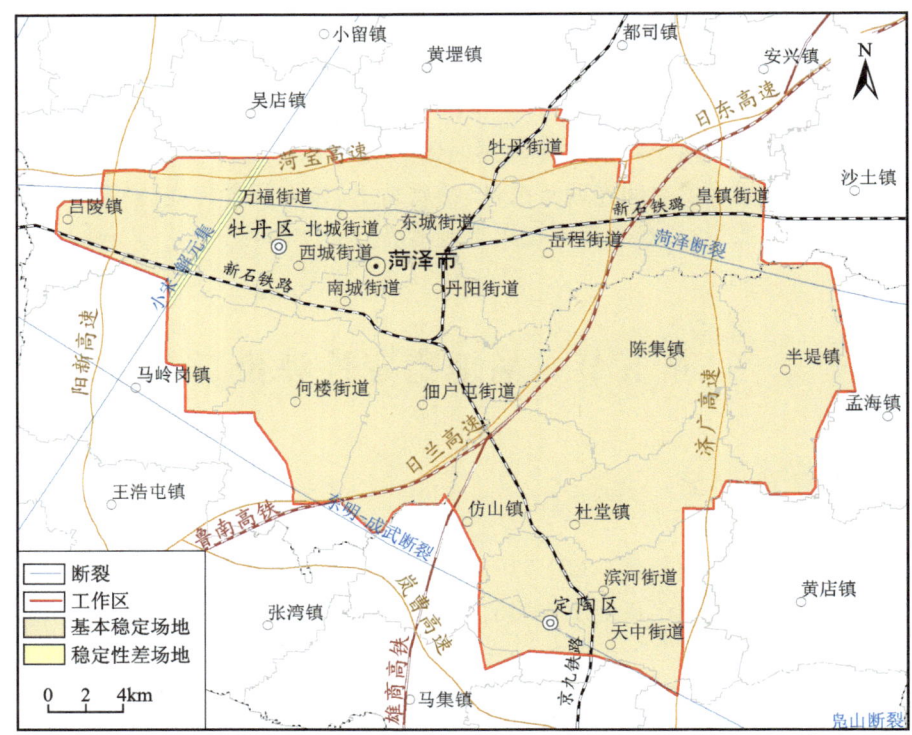

图 6-4 根据断裂活动性划分场地稳定性划分图

表 6-15 有利、一般、不利和危险地段的划分

地段类别	地质、地形、地貌
有利地段	稳定基岩,坚硬土,开阔、平坦、密实、均匀的中硬土等
一般地段	不属于有利、不利和危险的地段
不利地段	软弱土,液化土,条状突出的山嘴,高耸孤立的山丘,陡坡,陡坎,河岸和边坡的边缘,平面分布上成因、岩性、状态明显不均匀的土层(含古河道、疏松的断层破碎带、暗埋的塘浜沟谷和半填半挖地基),高含水量的可塑黄土,地表存在结构性裂缝等
危险地段	地震时可能发生滑坡、崩塌、地陷、地裂、泥石流等及发震断裂带上可能发生地表错位的部位

根据工作液化等级分布图(图 6-2)、工作区 0～15m 软弱土分布图(图 6-3)和古河道分布图(图 6-5)叠加,根据"就高不就低"的原则进行分析(图 6-6),结果为:工作区地段类别主要为抗震一般地段和抗震不利地段,其中抗震一般地段主要分布在万福街道的北部、西城街道的北部、北城街道的北部及陈集镇和杜堂镇一带,面积约 27.77km²,约占整个工作区的 3.75%;其他地区全为抗震不利地段。

综上所述,根据建筑抗震的地段类别的结果(图 6-7),工作区场地稳定性主要为基本稳定场地和稳定性差场地,其中基本稳定场地(对建筑抗震一般地段)即万福街道的北部、西城街道的北部、北城街道的北部及陈集镇和杜堂镇一带,面积约 27.77km²,约占整个工作区的 3.75%;其他地区全部为稳定性差场地。

4. 不良地质作用的活动性划分场地稳定性

根据《岩土工程勘察规范》(GB50021—2001)(2009 年版),不良地质作用是指由地球内力或外力产生的对工程可能造成危害的地质作用,主要包括泥石流沟谷、崩塌、滑坡、土洞、塌陷、岸边冲刷、地下水潜蚀等。根据《山东省地质灾害防治规划(2021—2025 年)》,工作区内不良地质作用不发育或弱发育,为地质灾害危险性小地段。

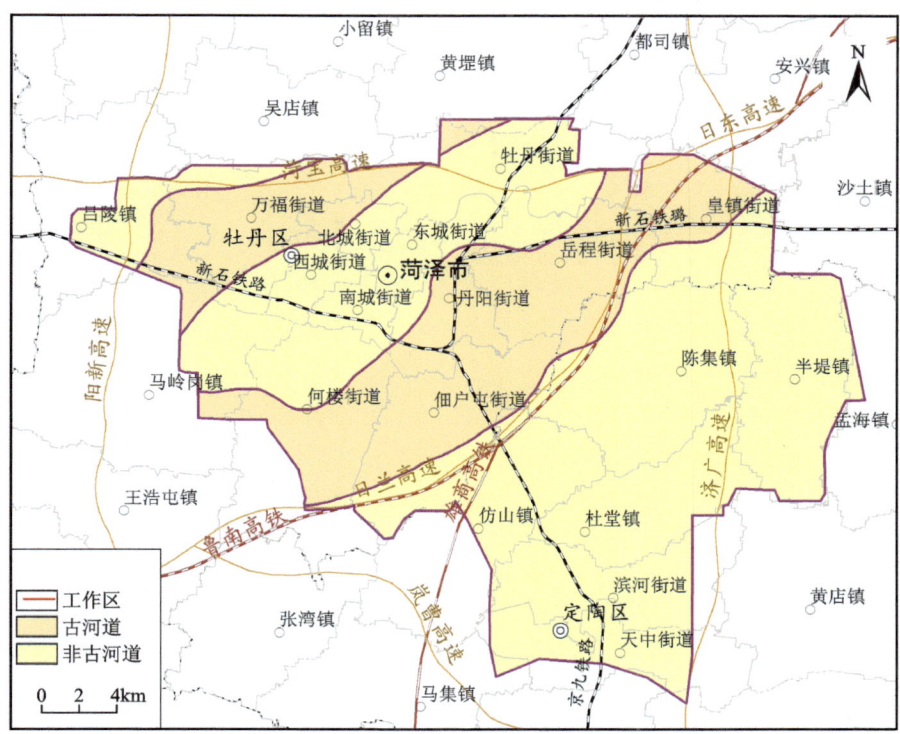

图 6-5　工作区古河道分布图

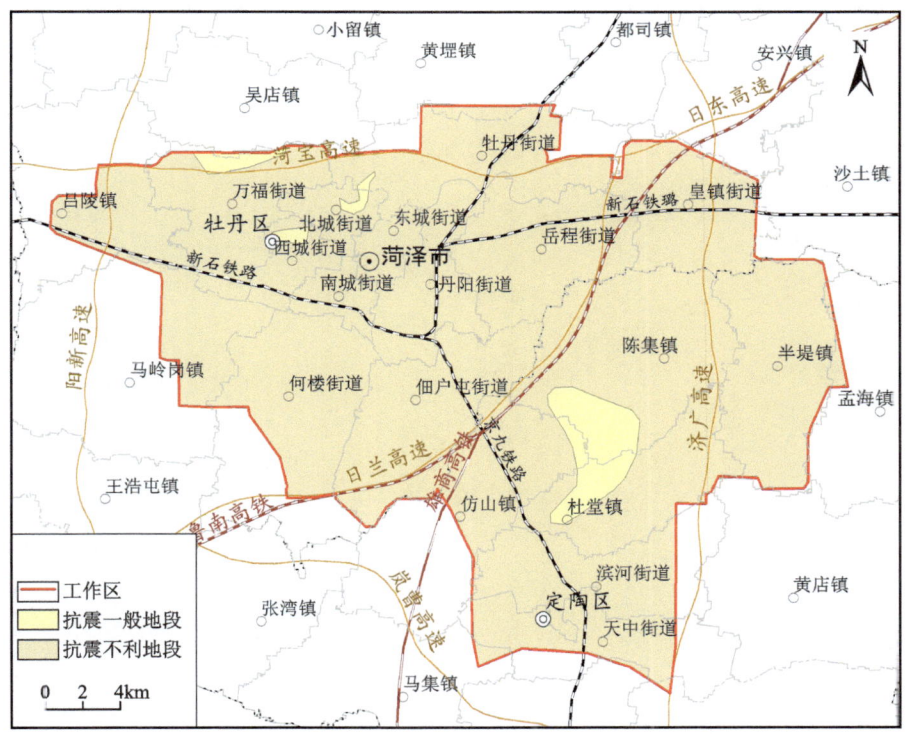

图 6-6　工作区地段类别分布图

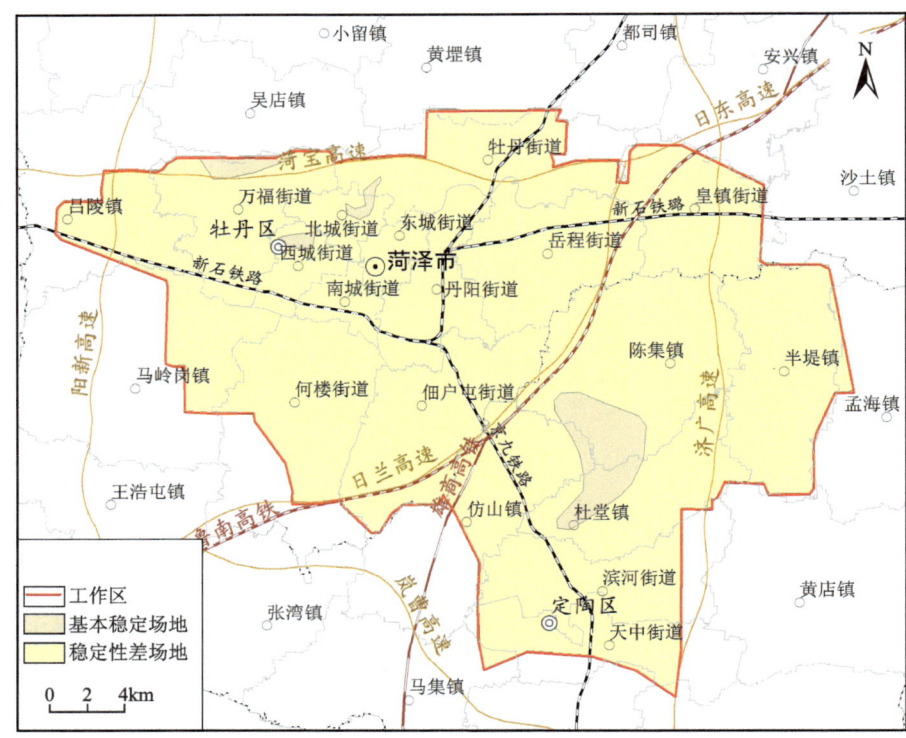

图 6-7 工作区场地稳定性划分图

综上所述,根据不良地质作用的结果(图 6-8),工作区场地稳定性为基本稳定场地。

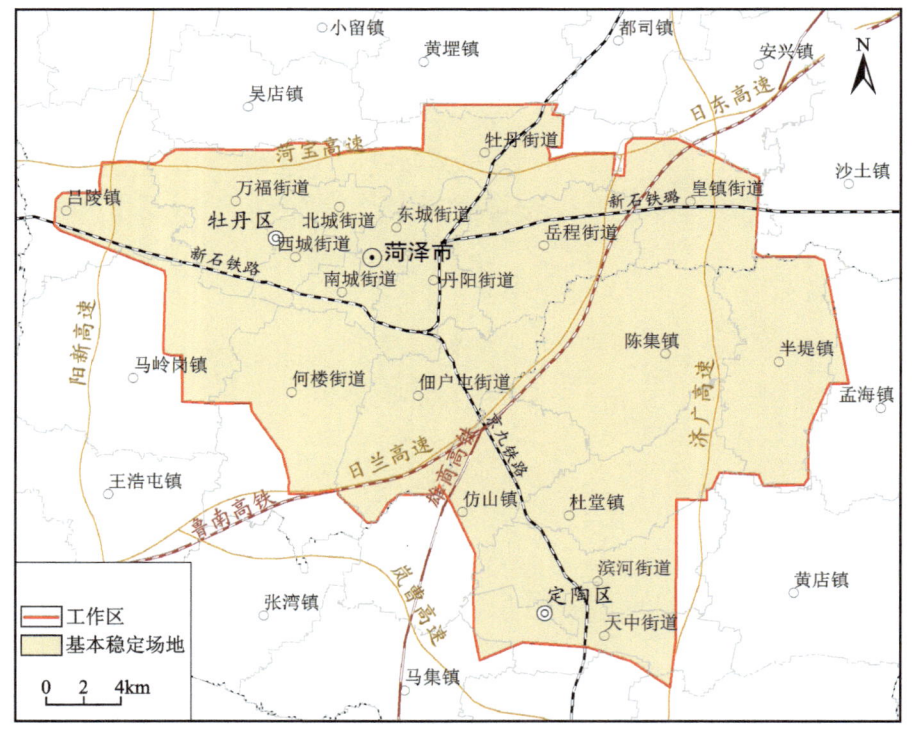

图 6-8 工作区根据不良地质作用的活动性划分场地稳定性划分图

三、场地稳定性评价结果

由图 6-6、图 6-7 和图 6-8 综合叠加得到图 6-9，工作区场地稳定性为基本稳定和稳定性差，其中基本稳定场地为万福街道北部、西城街道北部、北城街道北部及陈集镇和杜堂镇一带，面积约 26.90km²，约占整个工作区的 3.63%；其他地区全部为稳定性差场地。根据《菏泽市国土空间总体规划（2025—2035 年）》规划的点、线重点工程除 G240 和新万福河航道的一部分在基本稳定区，其他重点工程均在稳定性差区。

图 6-9　工作区场地稳定性评价分区图

第六节　工程建设适宜性评价

工程建设适宜性评价参照《城乡规划工程地质勘察规范》（CJJ 57—2012）第 8.3 节规定。具体方法：首先，对工程建设适宜性的定性评价（表 6-16）；其次，在工程建设适宜性定性评价的基础上进行定量评价，即首先根据工程地质与水文地质条件和场地治理难易程度对工程建设适宜性进行定性评价；最后，根据地形地貌、水文地质、工程地质、不良地质作用和地质灾害、活动断裂和地震效应等一级因子对工程建设适宜性进行定量评价。

工程建设适宜性可分为不适宜、适宜性差、较适宜和适宜 4 级。本次工程建设适宜性评价采用定性和定量相结合的综合评价方法。

一、工程建设的定性评价

工程建设适宜性的定性评价应符合表 6-16 的规定,按分级要素划分为适宜的场地,可不进行工程建设适宜性定量评价。

表 6-16　工程建设适宜性的定性分级标准

级别	分级要素	
	工程地质与水文地质条件	场地治理难易程度
不适宜	①场地不稳定; ②地形起伏大,地面坡度大于等于 50%; ③岩土种类多,工程性质很差; ④洪水或地下水对工程建设有严重威胁; ⑤地下埋藏有待开采的矿藏资源	①场地平整很困难,应采取大规模工程防护措施; ②地基条件和施工条件差,地基专项处理及基础工程费用很高; ③工程建设将诱发严重次生地质灾害,应采取大规模工程防护措施,当地缺乏治理经验和技术; ④地质灾害治理难度很大,且费用很高
适宜性差	①场地稳定性差; ②地形起伏较大,地面坡度大于等于 25%且小于 50%; ③岩土种类多,分布很不均匀,工程性质差; ④地下水对工程建设影响较大,地表易形成内涝	①场地平整较困难,必须采取工程防护措施; ②地基条件和施工条件较差,地基处理及基础工程费用较高; ③工程建设诱发次生地质灾害的概率较大,需采取较大规模工程防治措施; ④地质灾害治理难度较大或费用较高
较适宜	①场地基本稳定; ②地形有一定起伏,地面坡度大于 10%且小于 25%; ③岩土种类较多,分布较不均匀,工程性质较差; ④地下水对工程建设影响较小,地表排水条件尚可	①场地平整较简单; ②地基条件和施工条件一般,基础工程费用较低; ③工程建设可能诱发次生地质灾害,采取一般工程防护措施可以解决; ④地质灾害治理简单
适宜	①场地稳定; ②地形平坦,地貌简单,地面坡度小于等于 10%; ③岩土种类单一,分布均匀,工程性质良好; ④地下水对工程建设无影响,地表排水条件良好	①场地平整简单; ②地基条件和施工条件优良,基础工程费用低廉; ③工程建设不会诱发次生地质灾害

注:①表中未列条件,可按其对场地工程建设的影响程度比照推定;②划分每一级别场地工程建设适宜性分级,符合表中条件之一时即可;③从不适宜开始,向适宜性差、较适宜、适宜推定,以最先满足的为准。

根据前文所述,工作区内场地稳定性为场地稳定性差和场地基本稳定区,属适宜性差和较适宜区;工作区属黄河冲积平原下游,地表全被松散岩类沉积物覆盖,地势西高东低,海拔由吕陵镇一带的 55.1m 渐降至半堤镇等地的 48.2m,高差 6.9m,属地形平坦、地貌简单、地面坡度不大于 10%,属适宜区;根据本次工程地质钻探和收集资料,工作区内岩土种类为砂性土和黏性土,岩土种类较多,分布较不均匀,工程性质较差,属较适宜区;根据收集岩土工程地质勘察报告,工作区内地下水对工程建设影响较小,地表排水条件尚可,属较适宜区。

综上所述,工作区工程建设适宜性定性分级标准按照场地的稳定性进行分区,为适宜性差和较适宜场地(图6-10)。其中,较适宜场地为万福街道的北部、西城街道的北部、北城街道的北部及陈集镇和杜堂镇一带,面积约26.90km²,约占整个工作区的3.63%,其他地区全部为适宜性差场地。

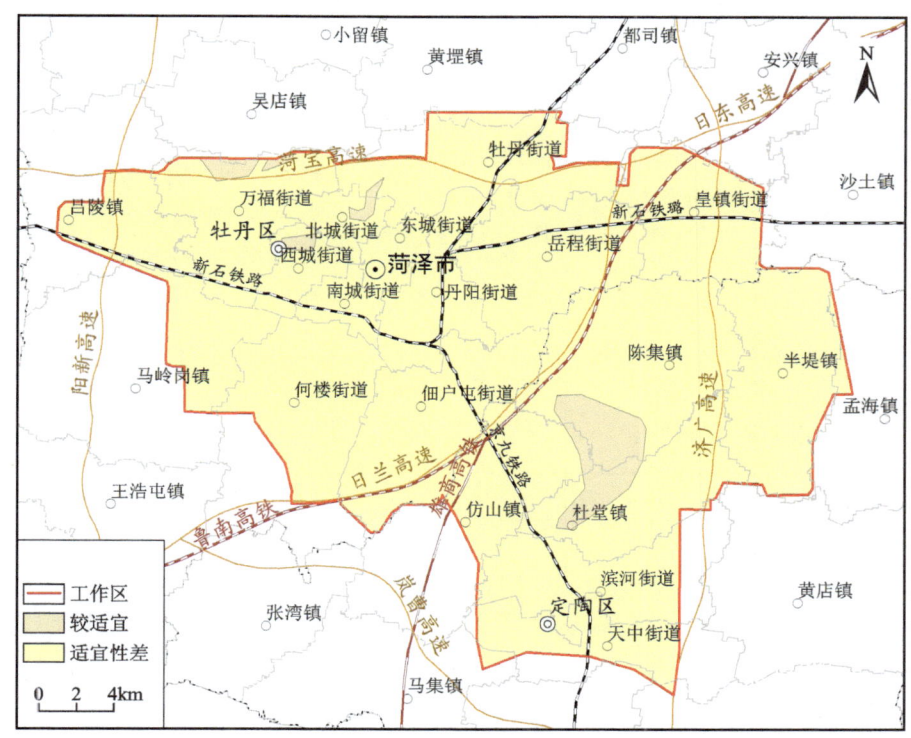

图6-10 工作区场地适宜性定性分区图

二、工程建设适宜性的定量评价

(一)评价方法

当采用评价单元多因子分级加权指数和法进行工程建设适宜性评价时,应符合下列规定。

(1)评价单元的定量评价因子体系应由一级因子层和二级因子层组成,一级因子层应包括地形地貌、工程地质、水文地质、不良地质作用和地质灾害、活动断裂和地震效应等,二级因子层应为反映各一级因子主要特征的具体指标。

(2)评价因子体系定量标准应按表6-17进行。

(3)按式(6-4)计算评价单元的适宜性指数(I_S)。

$$I_S = \sum_{i=1}^{n} \omega'_i \left(\sum_{j=1}^{m} \omega''_{ij} \cdot X_j \right) \quad (6-4)$$

式中:n 为参评一级因子总数;m 为隶属于第 i 项一级因子的参评二级因子总数;ω'_i 为第 i 项一级因子权重,按表6-18规定取值;ω''_{ij} 为隶属于第 i 项一级因子下的第 j 项二级因子的权重,按表6-18规定取值。

表 6－17　工程建设适宜性评价因子的量化标准表

序号	一级因子	二级因子	量化标准			
			所属分级 ($1 \leqslant X_j < 3$)	所属分级 ($3 \leqslant X_j < 6$)	所属分级 ($6 \leqslant X_j < 8$)	所属分级 ($8 \leqslant X_j \leqslant 10$)
1	地形地貌	地形形态	地形破碎,分割严重,非常复杂	地形分割较严重,复杂	地形变化较大,较完整	地形简单,完整
2		地面坡度 i	$i \geqslant 50\%$	$25\% \leqslant i < 50\%$	$10\% < i < 25\%$	$i \leqslant 10\%$
3	工程地质	岩土特征	岩土种类多,分布不均匀,工程性质差;分布严重湿陷、膨胀、盐渍、污染的特殊性岩土,且其他情况复杂需进行专门处理的岩土		岩土种类较多,分布较不均匀,工程性质一般;分布中等—轻微湿陷、膨胀、盐渍、污染的特殊性岩土	岩土种类单一,分布均匀,工程性质良好;无特殊性岩土分布
4		地基承载力 f_{ak}	$f_{ak} < 80\text{kPa}$	$80\text{kPa} \leqslant f_{ak} < 150\text{kPa}$	$150\text{kPa} \leqslant f_{ak} < 200\text{kPa}$	$f_{ak} \geqslant 80\text{kPa}$
5		桩端持力层埋深 d	$d > 50\text{m}$	$30\text{m} < d \leqslant 50\text{m}$	$5\text{m} < d \leqslant 30\text{m}$	$d < 50\text{m}$
6	水文地质	地下水埋深	$<1.0\text{m}$	$1.0 \sim 3.0\text{m}$	$3.0 \sim 6.0\text{m}$	$>6.0\text{m}$
7		土、水腐蚀性	强腐蚀	中等腐蚀	弱腐蚀	微腐蚀
8		土、水污染	严重,不可修复	中度,可修复	轻微,可不作处理	无污染
9	不良地质作用和地质灾害	地面沉降	沉降速率>50mm/a		沉降速率为30～50mm/a	沉降速率<30mm/a
10	活动断裂和地震效应	地震液化	严重液化		中等、轻微液化	不液化
11		活动断裂	强烈全新活动断裂	微弱、中等全新活动断裂	非全新活动断裂	无活动断裂
12		抗震设防烈度	≥9度区	9度区	7、8度区	≤6度区

注:①X_j 为评价因子的计算分值;②表中数值型因子,可以内插确定其分值;③表中未列入而确需列入的指标,在不影响评价因子系统性的前提下可建立相应的评价因子体系,相应评价因子体系定量标准应根据有关国家和行业规范、标准及地区经验对照确定。

评价单元多因子分级加权指数和法的一级、二级因子权重的确定应符合表 6－18 规定,应根据各级因子对工程建设适宜性的影响程度,将其划分为主控因素、次要因素或一般因素。一级因子权重(ω'_i)、二级因子权重(ω''_{ij})应满足下列要求:①$\sum_{i=1}^{n} \omega'_i = 1$,$n$ 为参评一级因子总数;②$\sum_{j=1}^{m} \omega''_{ij} = 10$,$m$ 为隶属于第 i 个一级因子的参评二级因子总数(表 6－18)。

表 6－18　因子权重取值

因子类别	主控因子	次要因子	一般因子
一级因子权重(ω'_i)	$\omega'_i \geqslant 0.5$	$0.20 \leqslant \omega'_i < 0.50$	$\omega'_i < 0.20$
二级因子权重(ω''_{ij})	$\omega''_{ij} \geqslant 5.00$	$2.00 \leqslant \omega''_{ij} < 5.00$	$\omega''_{ij} < 2.00$

各评价单元的工程建设适宜性可根据评价单元的适宜性指数,按表 6-19 判定。

表 6-19 评价单元的工程建设适宜性判定标准

评价单元的适宜性指数	$I_S<20$	$20{\leqslant}I_S<45$	$45{\leqslant}I_S<70$	$I_S{\geqslant}70$
工程建设适宜性分级	不适宜	适宜性差	较适宜	适宜

(二)评价过程

1. 因子的选取

(1)一级因子的选取:本次评价选取的一级因子为地形地貌、工程地质、水文地质、不良地质作用和地质灾害及活动断裂和地震效应 5 个因子。其中,以活动断裂和地震效应为主控因子,工程地质、水文地质为次要因子,不良地质作用和地质灾害、地形地貌为一般因子,其权重取值见表 6-20。

表 6-20 一级因子类别及权重取值表

因子类别	一级因子	一级因子权重
主控因子	活动断裂和地震效应	0.50
次要因子	工程地质	0.20
	水文地质	0.20
一般因子	不良地质作用和地质灾害	0.07
	地形地貌	0.03

(2)二级因子的选取:二级为地形形态,地面坡度,岩土特征,地基承载力,桩端持力层埋深,地下水埋深,土、水腐蚀性,土、水污染,地面沉降,地震液化,活动断裂,抗震设防烈度 12 个二级因子,其因子类别详见表 6-21。

表 6-21 二级因子类别及权重取值表

一级因子	二级因子	因子类别	二级因子权重
地形地貌	地形形态	主控因子	5.00
	地面坡度	主控因子	5.00
工程地质	岩土特征	主控因子	6.00
	地基承载力	次要因子	3.00
	桩端持力层埋深	一般因子	1.00
水文地质	地下水埋深	主控因子	6.00
	土、水腐蚀性	次要因子	3.00
	土、水污染	一般因子	1.00
不良地质作用和地质灾害	地面沉降	主控因子	10.00
活动断裂和地震效应	地震液化	次要因子	3.00
	活动断裂	主控因子	6.00
	抗震设防烈度	一般因子	1.00

2. 因子量化过程

1)地形地貌

如前文所述,工作区属黄河冲积平原下游,地表全被松散岩类沉积物覆盖,地势西高东低,海拔由吕陵镇一带的 68.7m 渐降至半堤镇等地的 33.5m,高差 35.2m。为了细化量化标准,特将地形形态和地面坡度两个二级因子细化,细分标准见表 6-22 和表 6-23。根据工作区 DEM 进行通过 3D Analyst 进行地形形态和坡度分析,根据表 6-22 和表 6-23 进行重分类(图 6-11、图 6-12)。

表 6-22 地形形态量化细分表

量化标准(分)	2	4	7	9
地形形态	地形破碎,分割严重,非常复杂	地形变化较大,较完整	地形分割较严重,复杂	地形简单,完整

表 6-23 地面坡度量化细分表

量化标准(分)	1	2	3	4	5
地面坡度 i	$i \geq 75$	$50 \leq i < 75$	$41.7 < i < 50$	$33.3 \leq i < 41.7$	$25 \leq i < 33.3$
量化标准(分)	6	7	8	9	10
地面坡度 i	$17.5 < i \leq 25$	$10 < i \leq 17.5$	$6.6 < i \leq 10$	$3.3 < i \leq 6.6$	$i \leq 3.3$

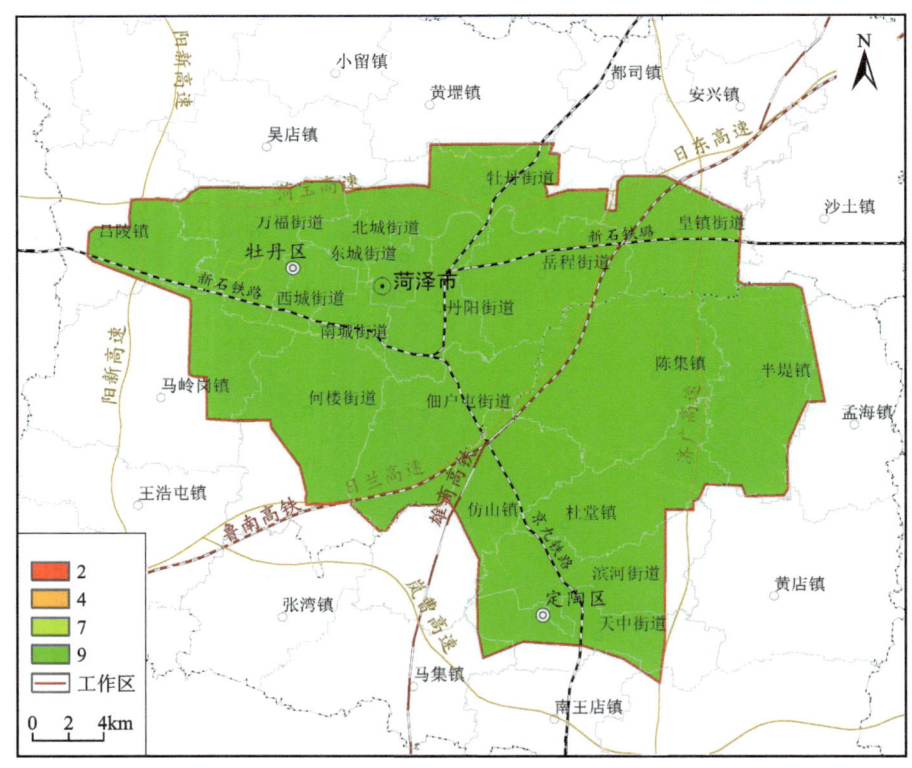

图 6-11 工作区地形形态量化标准分区图

2)工程地质

工程地质二级因子主要为岩土特征、地基承载力和桩端持力层埋深 3 个因子,具体介绍如下。

(1)岩土特征:根据本次工程地质钻探及收集到的资料,工作中岩土种类较多,分布较不均匀,工程

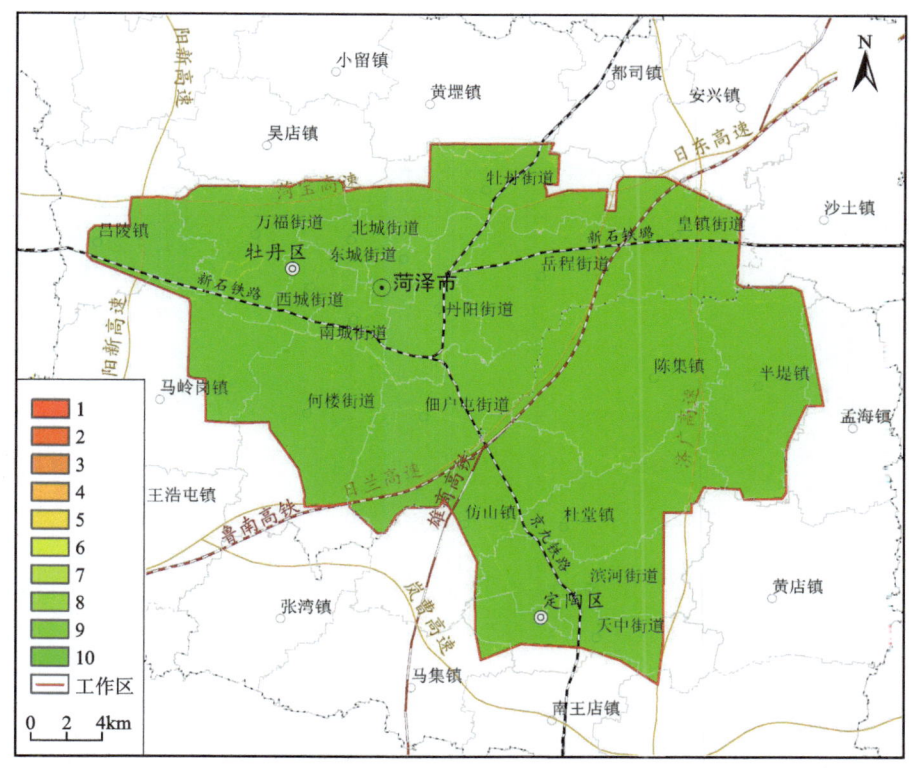

图 6-12 工作区地面坡度量化标准分区图

性质一般,分布有轻微盐渍的特殊性岩土。根据表 6-17,有轻微盐渍土的量化标准为 7 分,无特殊性岩土分布的量化标准为 9 分(图 6-13)。

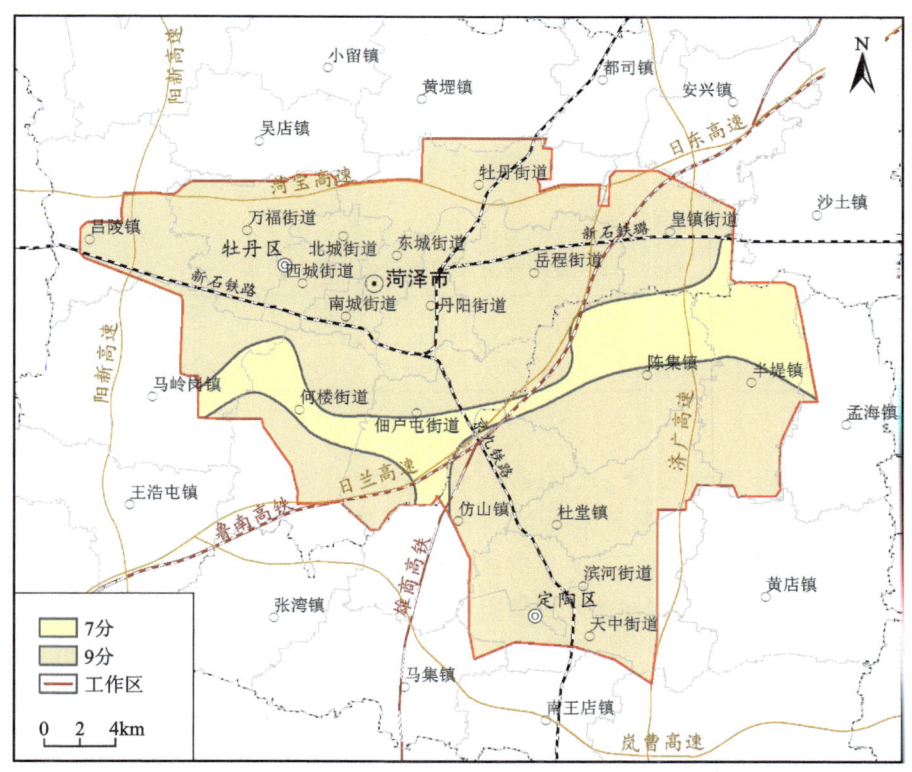

图 6-13 工作区岩土特征量化标准分区图

(2)地基承载力:根据本次工程地质钻探及收集到的资料,工作区②粉质黏土地基承载力在70～130kPa范围内。地基承载力按照表6-24的量化标准进行细化,量化标准分区见图6-14。

表6-24 地基承载力量化标准细分表

量化标准/分	2.5	3.43	3.86	4.29	4.72	5.15
地基承载力/kPa	70～80	80～90	90～100	100～110	110～120	120～130

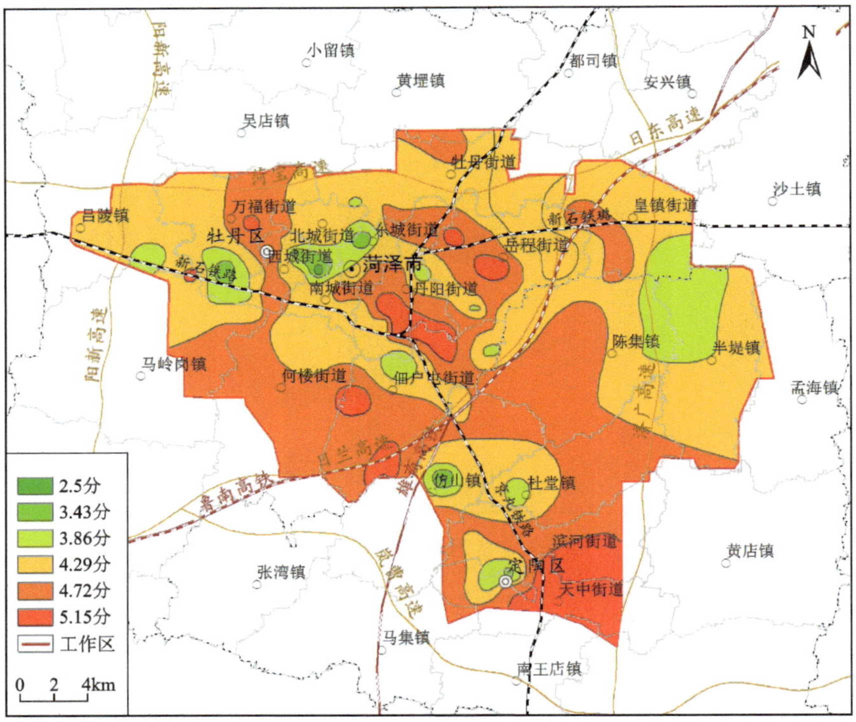

图6-14 工作区地基承载力量化标准分区图

(3)桩端持力层埋深:根据收集的工程勘察资料,工作区内桩端持力层埋深16.5～42m,根据表6-17的量化标准进行细化得到新的标准,如表6-25所示,按照新的量化标准对工作区内桩端持力层埋深如图6-15所示。

表6-25 桩端持力层埋深量化标准细分表

量化标准/分	7.6	7.2	6.8	6.4	6	5.25	4.5	3.75
桩端持力层埋深/m	5～10	10～15	15～20	20～25	25～30	30～35	35～40	40～45

3)水文地质

水文地质主要包括地下水埋深,土、水腐蚀性,水污染3个二级因子。

(1)地下水埋深:地下水水位埋深最深处位于何楼街道雷庄村南,水位为5.56m;最浅处为皇镇街道前杨海村东,水位埋深1.15m。将表6-17中的量化标准按照均分的原则进行细化,地下水埋深量化细分如表6-26所示,地下水埋深量化标准分区见图6-16。

(2)水、土腐蚀性:依据《岩土工程勘察规范》(GB 50021—2001)(2009年版),按环境类型水和土对混凝土结构的腐蚀性评价,将工作区场地环境类别划分为Ⅱ类;对地下水水位以下、干湿交替、地下水水位以上3种情况腐蚀性评价后,根据不利原则进行叠加后得出土、水的最终腐蚀性结果。根据本次施工的15个孔和收集整理的164个工程地质钻孔的数据分析得出水、土腐蚀性评价如下。

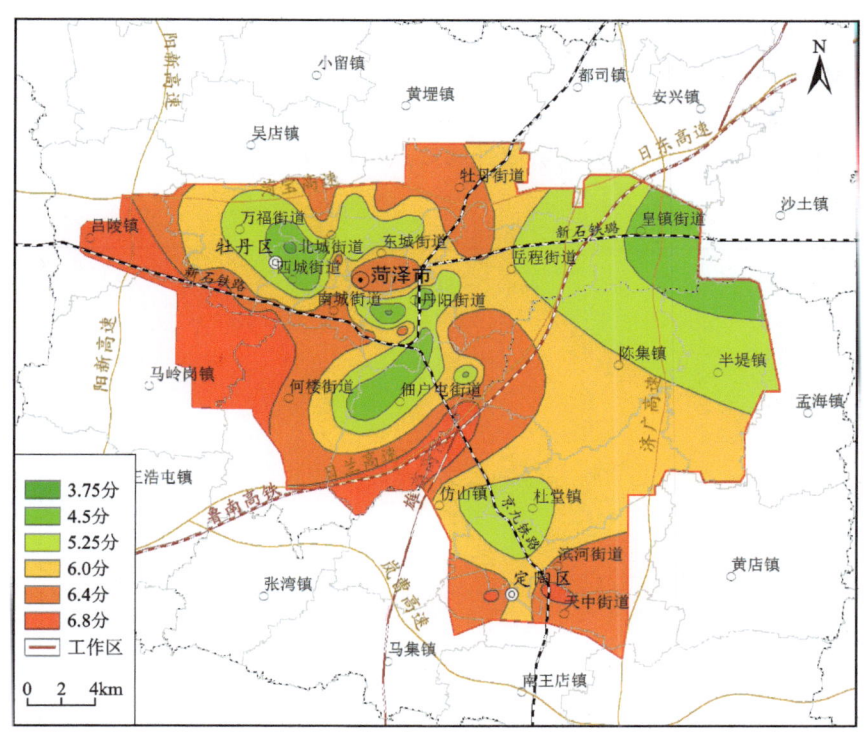

图 6-15 工作区桩端持力层埋深量化标准分区图

表 6-26 地下水埋深量化细分表

量化标准/分	3.75	5.25	6.35	7.05	7.65
地下水埋深/m	1.0~2.0	2.0~3.0	3.0~4.0	4.0~5.0	5.0~6.0

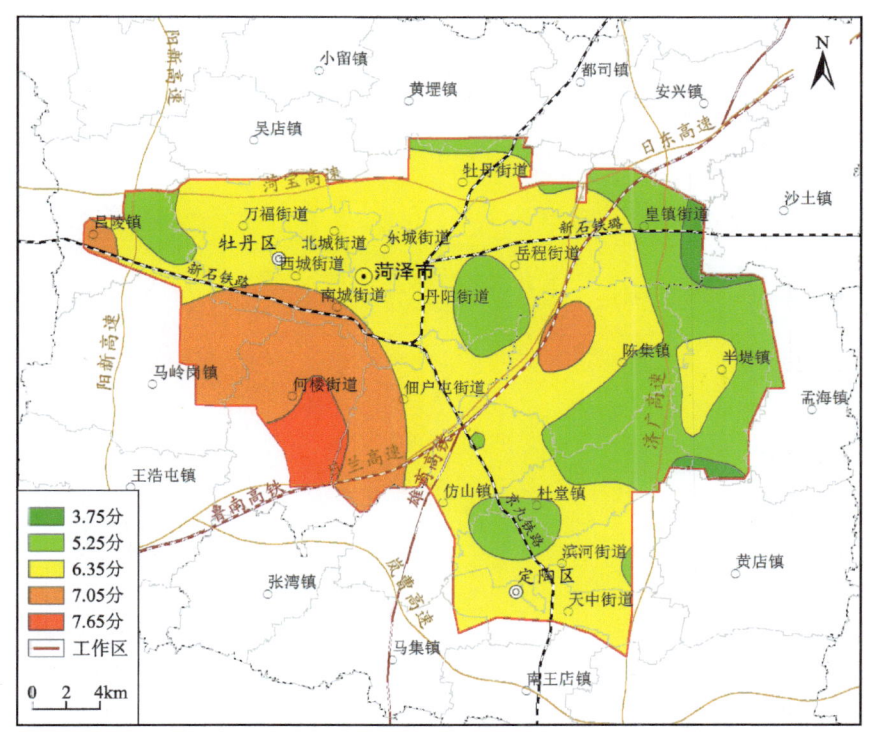

图 6-16 工作区地下水埋深量化标准分区图

从图 6-17 可知，整个工作区地下水水位以上水土对混凝土结构的腐蚀性主要为微腐蚀。从图 6-18 可知，工作区干湿交替情况下水土对混凝土结构的腐蚀性主要为微腐蚀和弱腐蚀，两者占比 98.16%，中腐蚀性和强腐蚀性零星分布在牡丹机场、何楼街道和菏泽总部经济基地。从图 6-19 可知，工作区水位以下水土对混凝土结构的腐蚀性主要为微腐蚀和弱腐蚀，两者占比 98.40%，中腐蚀性分布在杜堂镇和菏泽总部经济基地。

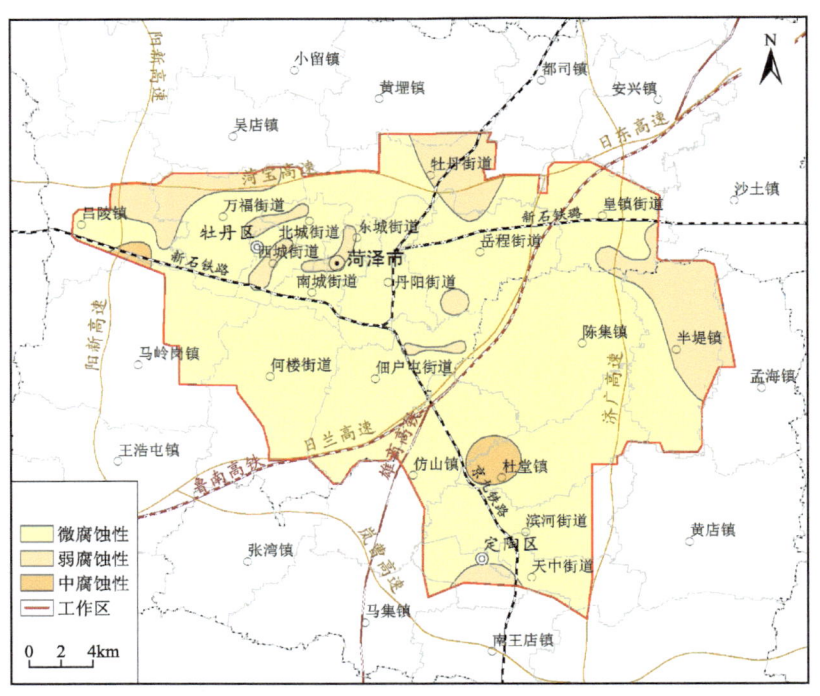

图 6-17　工作区地下水水位以上按环境类型水和土对混凝土结构腐蚀性评价分布图

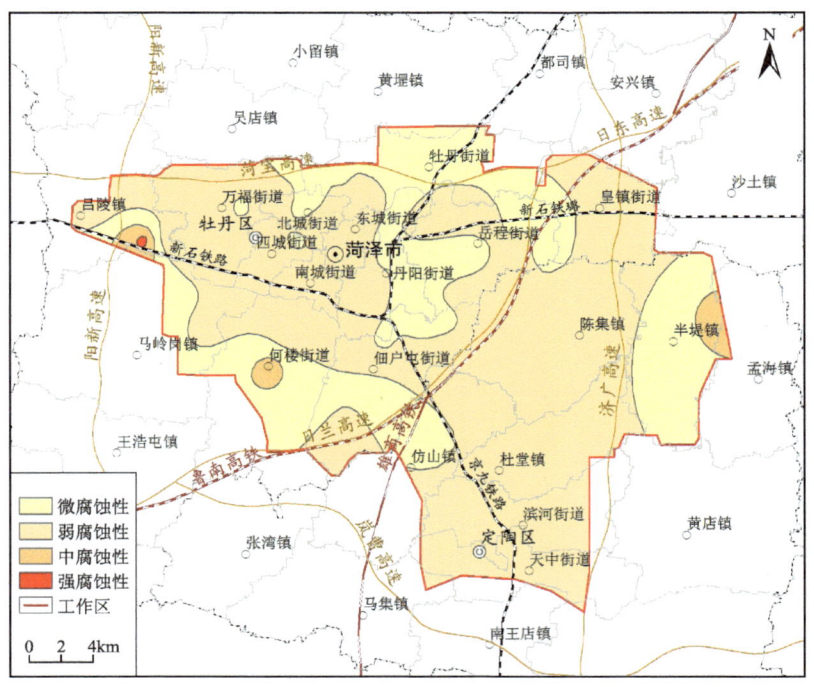

图 6-18　工作区干湿交替情况下按环境类型水和土对混凝土结构腐蚀性评价分布图

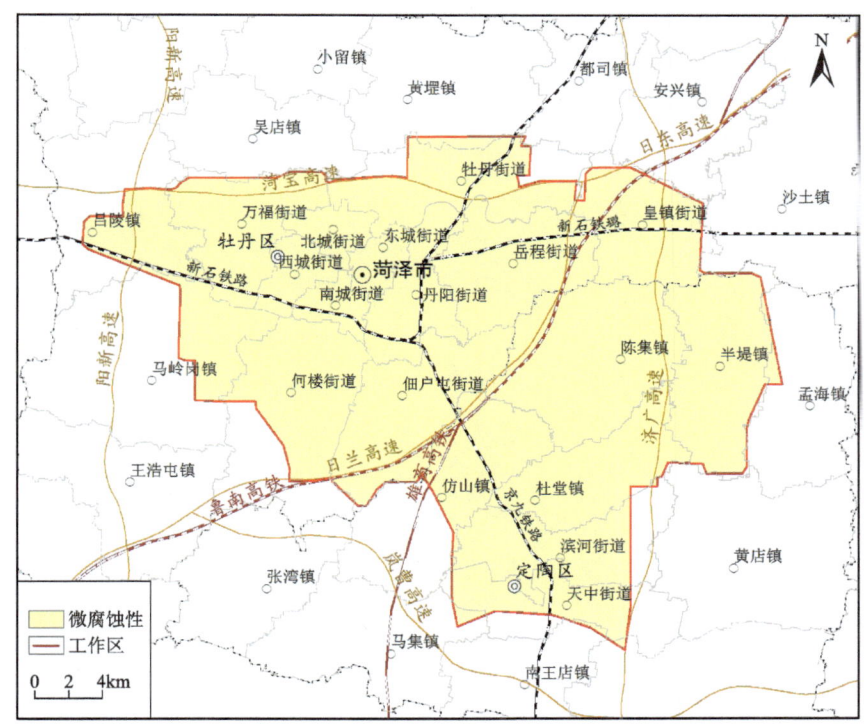

图 6-19　工作区水位以下按环境类型水和土对混凝土结构腐蚀性评价分布图

叠加干湿交替、地下水水位以下、地下水水位以上 3 种水环境类型，工作区土、水腐蚀性可分为强腐蚀、中等腐蚀、弱腐蚀和微腐蚀 4 种类型（图 6-20）。按照表 6-17，对该土、水腐蚀性因子进行量化，强腐蚀、中等腐蚀、弱腐蚀和微腐蚀的量化标准分别为 2 分、4 分、7 分和 9 分。

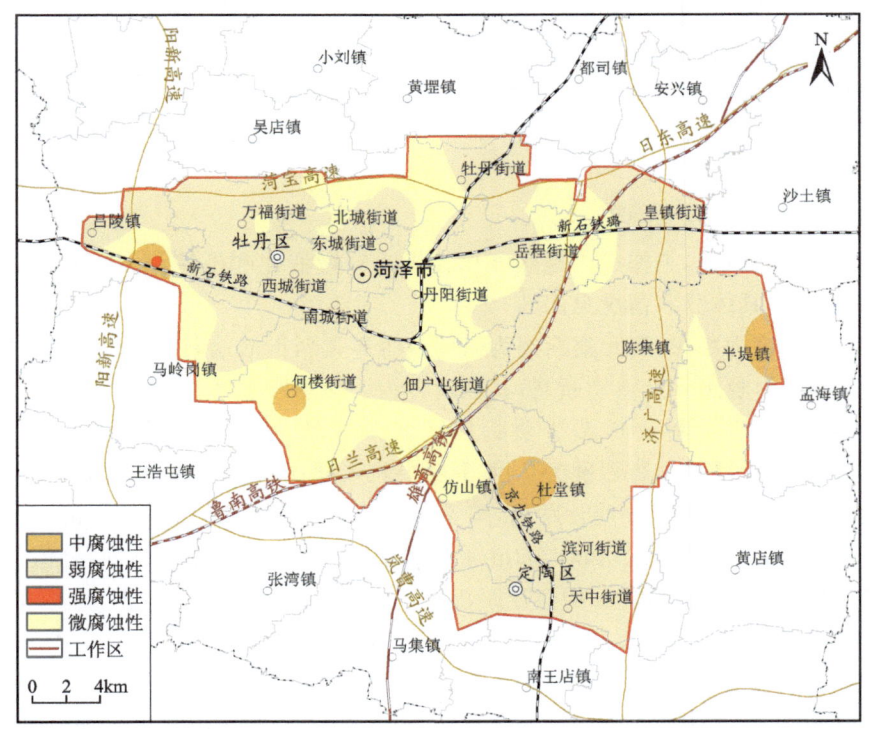

图 6-20　工作区水土腐蚀性综合分区图

(3)水污染：根据前文所述，工作区地下水污染等级分为严重、中度、轻微和无污染 4 类，其量化标准按照表 6-17 进行，量化分值分别为 2 分、4 分、7 分和 9 分，其分布情况见图 6-21。

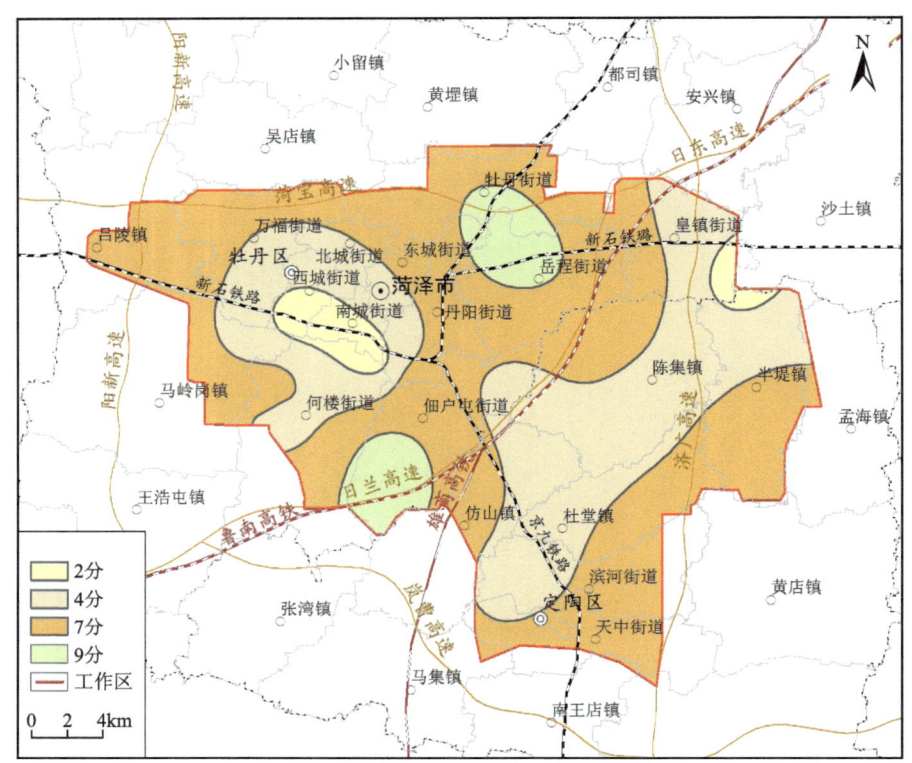

图 6-21 工作区水污染量化标准分区图

4）不良地质作用和地质灾害

工作区内不良地质作用为地面沉降，根据本次 InSAR 解译成果，剔除异常区域外（2022 年 7 月—2023 年 7 月），沉降速率小于 30mm/a，根据表 6-17 量化标准进行细化，沉降量为 0mm、0～10mm、10～20mm 和 20～30mm 之间，分值分别为 10 分、9.3 分、8.7 分和 8 分，工作区地面沉降量化标准分区如图 6-22。

5）活动断裂和地震效应

（1）地震液化：如前文所述，工作区内地震液化等级为轻微液化和不液化，根据量化标准，量化分值分别为 7.5 分和 9.0 分，具体分布情况见图 6-23。

（2）活动断裂：工作区内小宋-解元集断裂为微弱或中等全新世活动断裂，菏泽断裂为早中更新世活动断裂，东明-成武断裂为晚更新世活动断裂，其他地方为无活动断裂区，即整个工作区分为微弱或中等全新世活动断裂、非全新活动断裂和无活动断裂区 3 个区域，根据《中国地震动参数区划图》（GB 18306—2015）可知，工作区抗震设防烈度为 7 度、7 度半和 8 度，根据《建筑抗震设计规范》（GB 50011—2010）（2016 年版）中发震断裂的最小避让距离，按不利考虑，距离断裂大于 400m 的区域为无活动断裂区。微弱或中等全新世活动断裂按 100m、200m、400m 的避让距离确定量化标准，分值分别为 3 分、4 分和 5 分；非全新活动断裂按 200m、400m 的避让距离确定，分值分别为 6 分、7 分（表 6-27）；工作区活动断裂量化标准分区如图 6-24 所示。

（3）抗震设防烈度：根据《中国地震动参数区划图》（GB 18306—2015）可知，工作区地震动峰值加速度为 0.10g、0.15g 和 0.20g，抗震设防烈度为 7 度、7 度半和 8 度，根据表 6-17 量化标准进行细化，分值分别为 7.5 分、7 分和 6.5 分，工作区抗震设防烈度量化标准分区如图 6-25 所示。

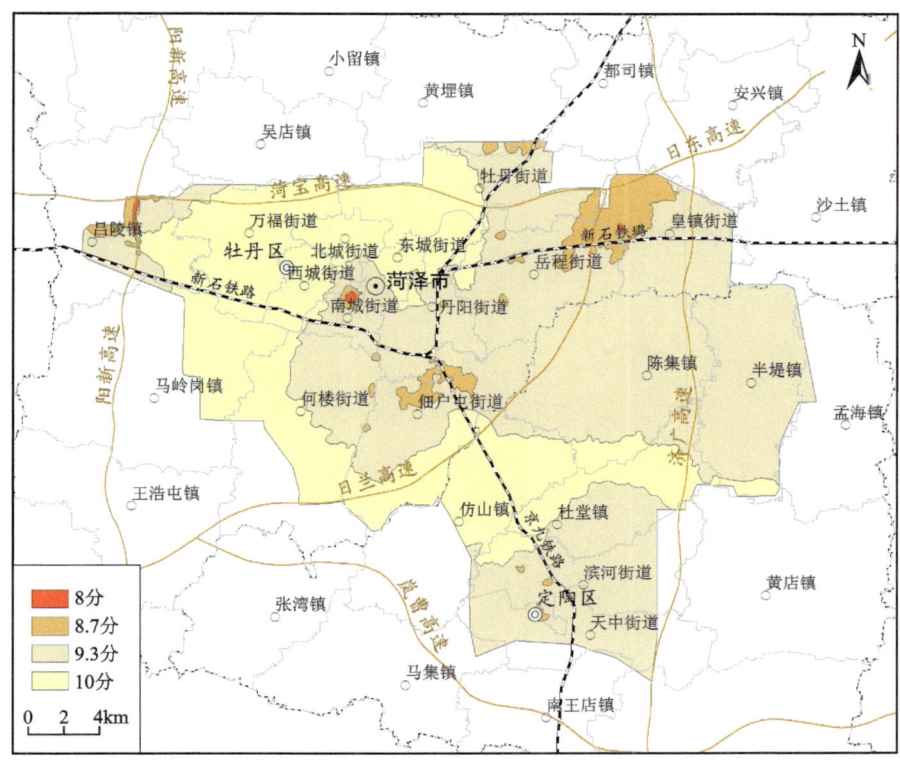

图 6-22 工作区地面沉降量化标准分区图

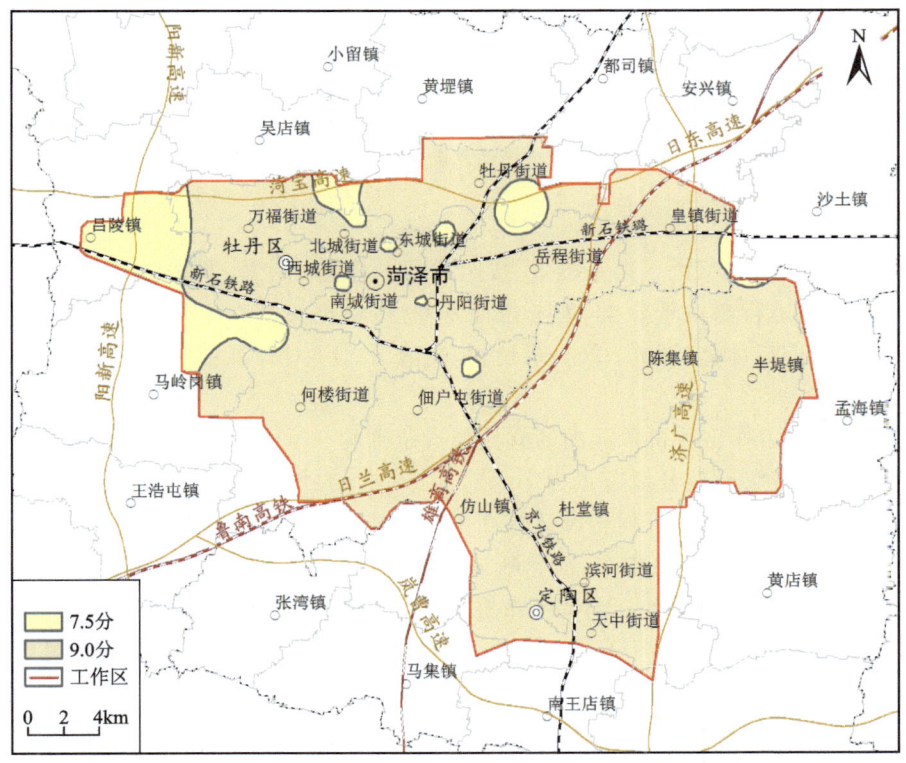

图 6-23 工作区地震液化量化标准分区图

表 6-27 工作区活动断裂量化细化标准分值情况一览表

分级因子	微弱、中等全新世活动断裂			非全新活动断裂		无活动断裂
与断裂的距离/m	<100	100~200	200~400	<200	200~400	>400
量化标准/分	3	4	5	6	7	9

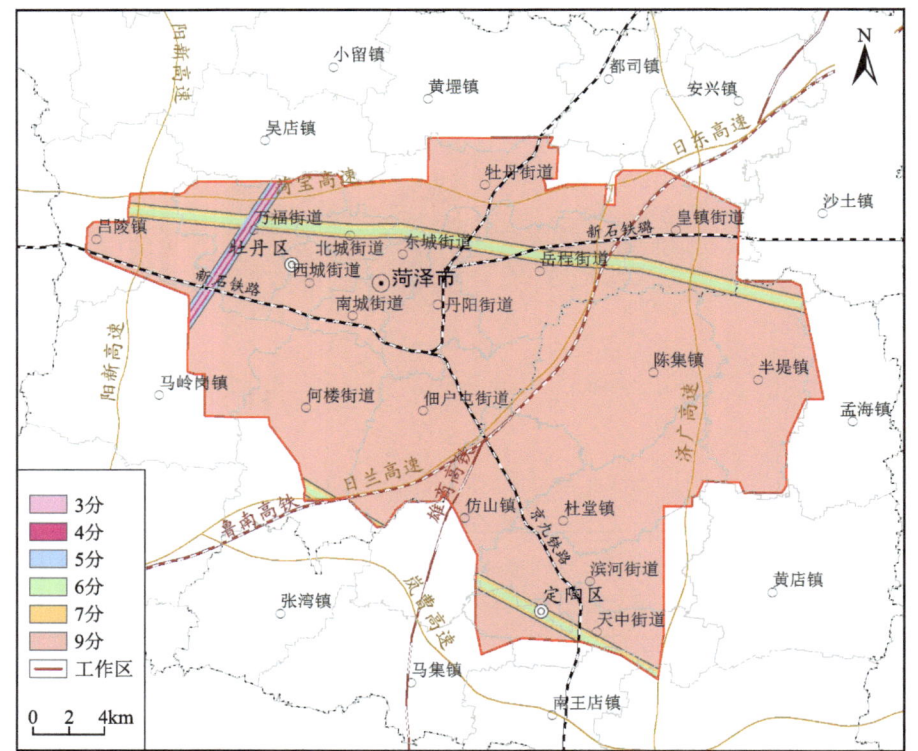

图 6-24 工作区活动断裂量化标准分区图

3. 评价结果

综上所述,在求出 12 个二级因子的基础上,按照式(6-4)进行计算,具体计算过程为:首先,对 12 个因子按照量化标准结果进行栅格重分类,为考虑计算精度,栅格为 5×5;然后,在"Spatial Analyst→地图代数→栅格计算器"进行计算(图 6-26);最后,根据表 6-17 对计算结果进行栅格重分类,并由栅格转面成图(图 6-27)。

根据图 6-26 可知,工作区评价单元的适宜性指数范围为 59.95~84.85,在判定标准的 45~100 之间,存在较适宜和适宜两类分级,分级节点为 70。

根据图 6-27 可知,工作区的工程建设适宜性主要为较适宜和适宜区两种。其中,较适宜区主要分布在小宋-解元集断裂两侧 400m 范围内、菏泽断裂的西部及东部、东明-成武断裂在定陶区一段的区域及皇镇街道的东部地区,总面积约 17.31km²,占整个工作区的 2.34%;其他区域全部为工程建设适宜区。根据《菏泽市国土空间总体规划(2025—2035 年)》规划的点、线工程除万福街道规划的一处公交站场位于较适宜外,其他全部为适宜区。

综上所述,在工作区范围内影响工程建设适宜性分区的主要因子为是否存在活动断裂,而微弱、中等全新世活动断裂尤为重要,其次为非全新活动断裂。工程建设适宜性的主要决定因素为构造断裂活动性,其次为地下岩土层的物理力学性质、建筑场地土类别、地下水的埋深及对建筑材料的腐蚀性,以及黄土湿陷,软土不均匀沉降,粉、砂土液化等不良地质作用、地面沉降、地质灾害因素。

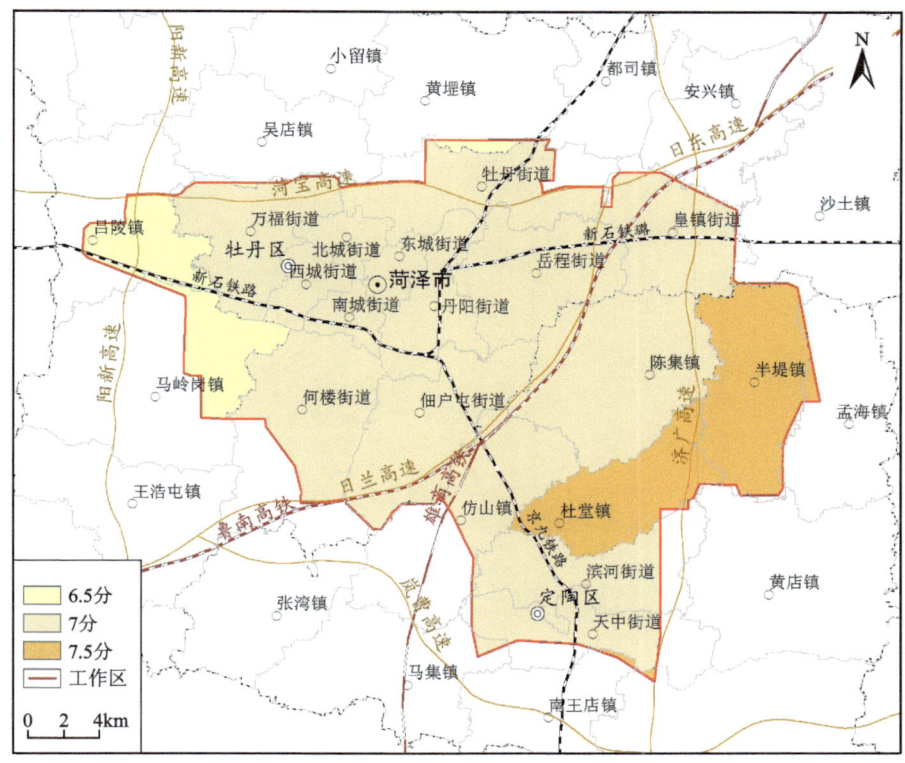

图 6-25　工作区抗震设防烈度量化标准分区图

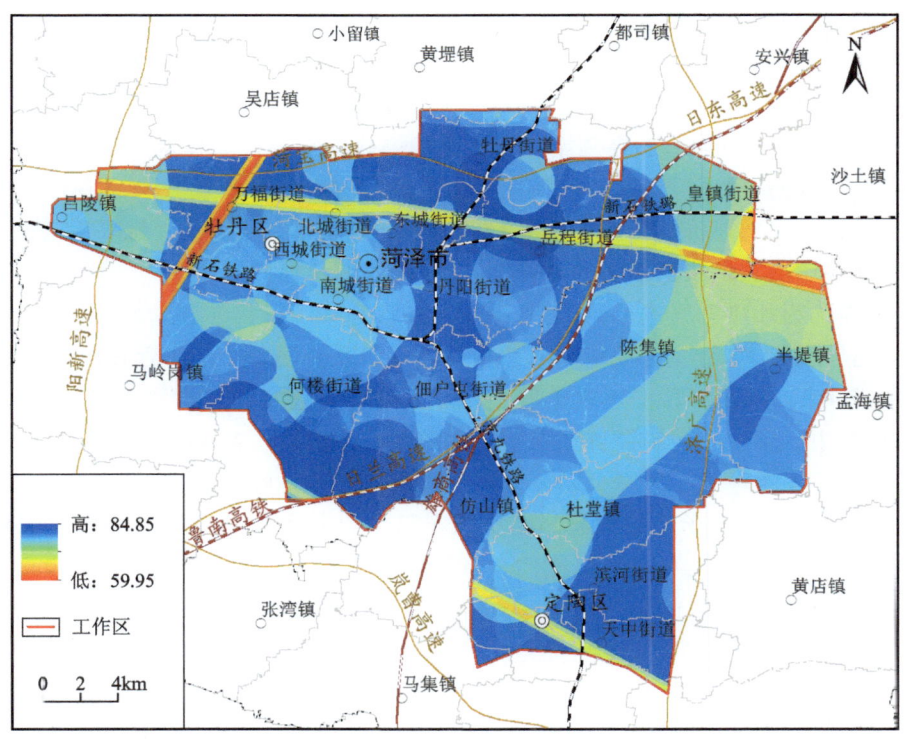

图 6-26　工作区栅格计算结果分区图

图 6-27　工作区的工程建设适宜性分区图

三、定性和定量评价的差异性分析

根据《城乡规划工程地质勘察规范》(CJJ 57—2012)第 8.3.2 条的规定,工程建设适宜性的定性评价应符合该规范附录 C 表 C 的规定,在划定分为适宜的场地可不进行工程建设适宜性的定量评价。根据《城乡规划工程地质勘察规范》(CJJ 57—2012)第 8.3.3 条的规定,工程建设适宜性的定量评价应在定性评价基础上进行。定量评价宜采用评价单元多因子分级加权指数和法。当采用定性和定量评价方法分别确定的工程建设适宜性级别不一致时,应分析原因后综合评判。

根据《城乡规划工程地质勘察规范》(CJJ 57—2012)第 7.6.1 条定性评价结果,工作区工程建设适宜性评价结果为适宜性差和较适宜场地,不存在不适宜和适宜场地,且以适宜性差场地为主。根据第 7.6.2 条定量评价结果,工作区工程建设适宜性评价结果为适宜和较适宜,无适宜性差和不适宜场地,且以适宜场地为主。定性和定量评价级别不一致的主要原因是二者的指标因子不一致,且在定性评价时,只需满足其中一个条件之一时即可划分为该一级别,属于"一票否决",在实际工程建设中,往往不能代表或者不能很好地代表该场地的性质。本次的定量评价是采用评价单元多因子分级加权指数和法,是综合了所有因子及因子影响程度,更能代表该场地的准确信息。故本次工程建设适宜性评价结果采用定量评价结果更符合实际。

第七章 城市地下空间资源调查与评价

第一节 地下空间调查与评价的理论与方法

一、地下空间开发利用现状

目前菏泽中心城区内已开发利用的地下空间资源主要利用方向为高层建筑地下室和地下车库、地下商场和人防工程等,最大利用深度已达 15m 左右,主要集中在城区中心及城东区。

依据经菏泽市政府批准纳入城市总体规划并实施的《菏泽市城市人防建设及地下空间开发利用规划(2009—2020)》要求,规划期内人防工程总体规模由现状人防工程面积、新建防空地下室面积、单建平战结合工程面积及城市地下空间开发提供的人防面积相加得到。截至 2011 年末,菏泽现状人防工程 10.6 万 m^2,规划期末人防工程规模为 73.04 万 m^2(贾琛等,2020b)。

二、人类活动对地下空间的影响

(一)菏泽市中心城区建筑物高度分布

近年来菏泽市发展迅速,建成区规模变大。中心城区建筑物开发日益增多,大多位于建成区,主要功用是商务综合楼、大型酒店、商品住房等(图 7-1)。按照城市建筑物住宅层数划分依据《民用建筑设计通则》(GB 50352—2005),各类型建筑物划分为:0~9m 为低层建筑物;9~30m 为多层建筑物;30~100m 为高层建筑物;100m 以上为超高层建筑物。

图 7-1 工作区内地面建筑分布示意图

在基于菏泽城市三维建筑物提取中,利用中心城区建筑物轮廓和阴影,通过建筑物阴影反演建筑物高度技术重建出城市三维模型,提取结果显示,三维建模区总面积为 384km²,其中低层建筑 43 446 幢,多层建筑4055幢,高层建筑有2236幢,超高层建筑61幢,菏泽城区整体以低层建筑为主,占比高达85%。基于菏泽城区建筑物基坑数据、解译高度数据、DEM数据,采用城市地质信息平台,构建了地上建筑物模型49 798个。

(二)地面空间地物类型对地下空间的影响

城市地面空间是城市活动的主体,城市立体协调发展,就是要使地下空间在功能上成为地面空间的补充、完善和扩展,在空间上成为地面空间的有机延伸,使两者构成完整的空间系统。地面空间条件是指目前中心城区地面地物类型对地下空间开发利用的许可程度,即地下空间的开发利用以不破坏地面设施为前提。

1. 地面建筑物对地下空间的影响

本次调查资料显示,菏泽市中心城区多分布一些多层与高层建筑,这类建筑由于建筑基础及自身功能的需要,大多建有1~2层地下室,占用的地下空间深度大致在6m。地面建筑物的高度越高,建筑物地下空间影响深度越深。有关研究结果也表明,建筑物地基基础与地下隧道围岩易产生相互影响,一般发生在多层和高层建筑物地下开挖空间后。因此,必须要正确处理好地下空间与地表高层建筑物地基基础之间相互作用与相互影响,从而对地表高层建筑物和地下空间的稳定性做出合理有效的评价。

2. 重要交通干线对地下空间的影响

随着经济的高速发展,菏泽市重要交通干线数量也在增加。截至2022年末,菏泽市境内公路通车里程(含农村公路)已达29 397km,新增979km,主要为铁路、高速和立交桥。大规模的交通干线错综复杂,形成交通网,会聚集城市人流的方向和程度。因此,在重要交通干线深度10m内,为地下空间不可充分开发区,开发地下空间要注意避让与保护。

3. 历史文物保护区对地下空间的影响

菏泽市有着悠久的历史和丰富的自然景致。大禹治水后划分天下为九州,菏泽属于兖州(鄄城)、徐州(郓城、巨野、成武、单县)、豫州(牡丹区、定陶、曹县、东明)三州交界。鉴于历史保护建筑的重要地位,历史保护建筑地下空间的开发利用必须注重地上建筑与地下建筑的和谐统一。地下空间的竖向开发决定着地下空间开发利用对历史保护建筑的影响。根据这一原因,历史保护建筑地下空间开发应分两个层次进行保护:一是保护性开发;二是控制性开发。

三、地下空间调查评价路线与网格剖分

(一)地下空间调查评价路线

在城市地下空间资源开发利用地质环境适宜性评价过程中,首先,进行地下空间资源开发利用的影响和控制因子分析,建立评价指标体系,利用层次分析法(AHP)确定各因子的权重;其次,根据模糊隶属度对层次分析法中三级指标进行划分赋值;最后,利用GIS的空间叠加计算功能进行运算和分级,即将权重与赋值的乘积添加到区属性中,最终得到地下空间资源开发利用地质环境适宜性的评价结果和分布特征。评估总体技术路线如图7-2所示。

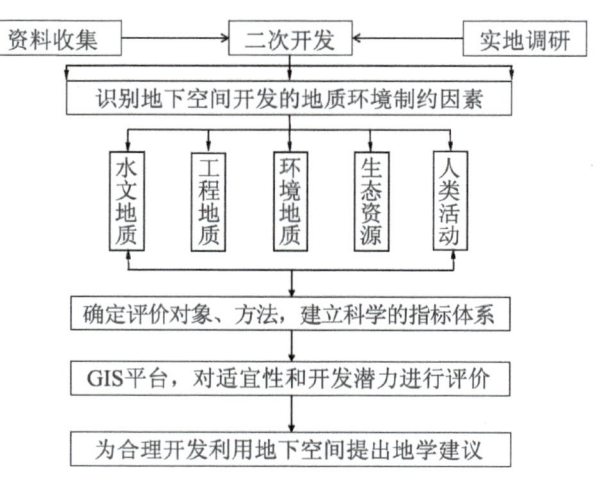

图7-2 城市地下空间资源评估总体技术路线

(二)层次分析法

层次分析法是由美国运筹学家 T. L. Saaty 最先提出来的,此种方法能把复杂系统的决策思维进行层次化,把决策过程中定性和定量的因素有机地结合起来。层次分析法可将人的主观性依据以数量的形式表达出来,使之条理化、科学化,从而可避免人的主观性导致的权重预测与实际情况相矛盾的现象发生,提高了决策的有效性,在多目标规划领域具有广泛的应用价值。

1. 层次分析法实现步骤

(1)递阶层次结构的建立与实现

用 AHP 处理复杂的实际问题(诸如本章所述地下空间资源潜力评价),首先要将问题条理化、层次化。分析系统中各因素之间的关系,构造出一个层次分析的结构模型。该内容针对问题建立三级层次结构。递阶层次结构中的层次数与问题的复杂程度及需要分析的详细程度有关。每一层次中各元素所支配的元素一般不要超过 9 个,因为支配的元素过多会给后面两两比较判断工作带来困难。

(2)构造两两比较判断矩阵:根据所建立层次结构模型,将同一层的因素与上一层中某个因素两两成对比较,采用 1~9 及其倒数衡定其重要性。相对重要性标度及其含义见表 7-1 所示,利用该标度方法,对于两个因素相互比较,就可获得一个表示相对重要性的数字 u_{ij}。如果 n 个参加比较的因素,则要做 $n(n-1)/2$ 次的比较。

表 7-1 相对重要性标度及含义

标度	含义
1	表示因素 u_i 与 u_j 比较,具有同等重要性
3	表示因素 u_i 与 u_j 比较,u_i 比 u_j 稍微重要
5	表示因素 u_i 与 u_j 比较,u_i 比 u_j 明显重要
7	表示因素 u_i 与 u_j 比较,u_i 比 u_j 强烈重要
9	表示因素 u_i 与 u_j 比较,u_i 比 u_j 极端重要
2,4,6,8	分别表示标度 1~3、3~5、5~7、7~9 的中值
倒数	若 u_i 与 u_j 比较得 u_{ij},则 u_j 与 u_i 比较得 $1/u_{ij}$

如此构造出判断矩阵 $\boldsymbol{P}$。

$$\boldsymbol{P} = \begin{cases} u_{11} & u_{12} & \cdots & u_{1n} \\ u_{21} & u_{22} & \cdots & u_{2n} \\ \vdots & \vdots & \vdots & \vdots \\ u_{n1} & u_{n2} & \cdots & u_{nn} \end{cases} \tag{7-1}$$

显然判断矩阵 $\boldsymbol{P}$ 有以下特点。

$$u_{ij} > 0, u_{ij} = \frac{1}{u_{ji}}, u_{ii} = 1, (i,j = 1,2,\cdots,n)$$

所以称 $\boldsymbol{P}$ 为正互反矩阵,若判断矩阵 $\boldsymbol{P}$ 的所有元素满足 $u_{ij} \cdot u_{jk} = u_{ik}$,则称 $\boldsymbol{P}$ 为一致性矩阵。

(3)层次单排序及其一致性检验:根据判断矩阵,本书中采用近似算法——方根法,近似计算判断矩阵最大特征根及其对应的特征向量。特征向量即为各评价因素重要性排序,也就是权重分配。当判断矩阵过于偏离一致性时,就需要对其进行一致性检验,以便将偏差控制在允许的范围内。引入 $CI = \frac{\lambda_{\max} - n}{n-1}$ 作为度量判断矩阵偏离一致性的指标,以检验决策者思维的一致性;其中 $\lambda_{\max}$ 为判断矩阵的最大特征根。CI 的值越大,矩阵不一致的程度越高;$CI=0$,则判断矩阵完全一致。

(4)层次总排序:计算同一层次所有元素相对于上一层次的相对重要性的权值称为层次总排序,这一过程是从最高层次到最低层次逐层进行的,计算结果要检验一致性。至此,所有因素针对目标层的总体权重即建立完毕,为综合评判模型的进一步运算做准备。

2. 评价要素的赋值

层次结构和权重建立完毕后,利用以往研究成果的数据,输入 GIS 软件中,利用其图形制作功能将这些数据编制成各评价要素的分区图形,按评价要素对上层指标的影响大小对各评价要素的不同分区进行赋值。

3. 网格剖分计算评估

在评价要素分区图上采用 1000m×1000m 网格结点提取各参评要素的数值。对每个结点上的各评价要素乘以相对应的权重系数,然后累加求和,根据求和值大小进行综合评估分区(图 7-3),评价公式如下。

$$P = \sum_{i=1}^{n} W_i \times P_i \tag{7-2}$$

式中:P 为适宜性分区评价分值;W_i 为第 i 项要素的权重系数;n 为评价要素个数;P_i 为参与评价的第 i 项要素的赋值。

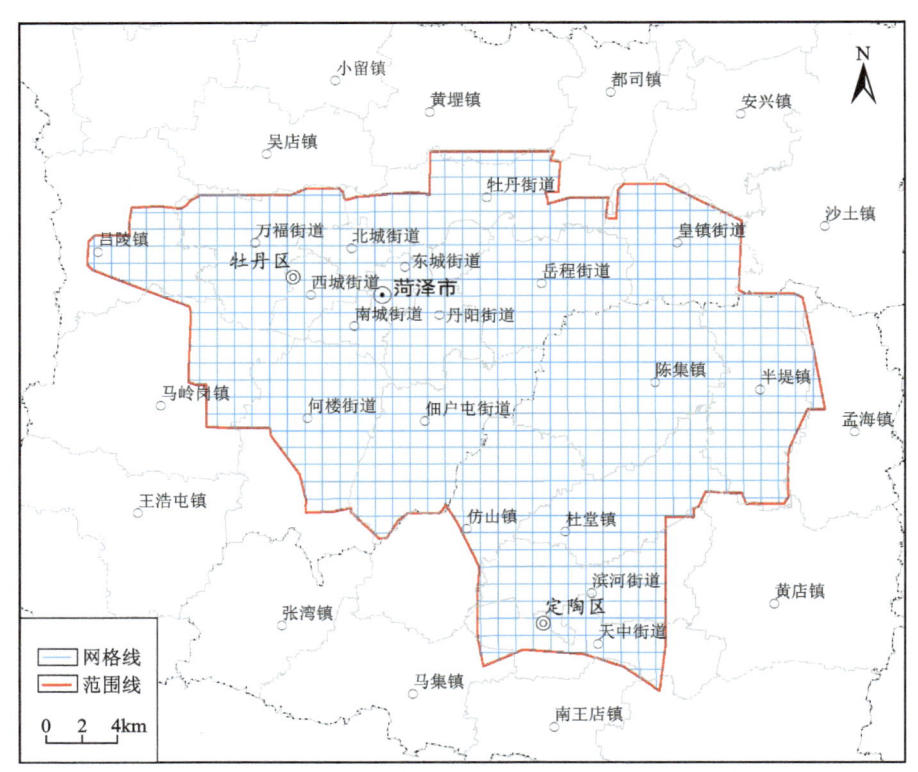

图 7-3 工作区计算结点剖分图

(三)模糊综合评价

模糊综合评价法是基于模糊数学,将定性评价指标定量化,进行系统评价的一种方法。相对于传统的数学方法,模糊综合评价法突出的优势是评价方法简单、实用及对多因素且模糊性的问题具有很好的适用性。除此之外,通过模糊综合评价我们既可以得到各评价因素对整个评价对象影响程度的排序,也可以通过运用一定的算法综合各因素的值来判断整个评价对象所属等级。正是因为这些优点,模糊综合评价方法受到很多研究者的青睐。

1. 模糊综合评价法的步骤

人们在评价过程中不可能完全做到客观,多少会在其中掺杂一些主观因素,模糊综合评价能够有效避免主观干扰,该方法还能处理某些客观问题,比如一些模糊性现象。该评价法具体操作步骤如下。

(1)评价因素集合 $U=\{u_1,u_2,\cdots,u_N\}$ 的确定:集合中的 u_i 至 u_N 表示每层评价因素,每层因素具体个数则由 N 来表示,通过集合的方式构建评价框架显得简洁明了。

(2)评价等级标准集合 $V=\{v_1,v_2,\cdots v_n\}$ 的确定:集合中的 v_1 至 v_n 表示每级的评价等级标准,元素具体个数由 n 表示,也可以称之为等级数、语档次数。对于一个评价因素的评价结果来说,其选择范围不会超出该集合,评价元素分值可定性亦可量化表示。

(3)隶属度矩阵的确定:在单因素评价中,若以评价因素 u_i 为出发点,可以得出一个模糊向量 $\boldsymbol{R}$,该向量是与 v_j 相关,公式为

$$\boldsymbol{R}=(r_{i1},r_{i2},\cdots,r_{ij}) \quad i=1,2,\cdots,N \quad j=1,2,\cdots,n \tag{7-3}$$

式中:r_{ij} 的取值范围在 0 到 1 之间,该值表示的是 V_j 在因素 u_i 中的特征比。隶属度矩阵 $\boldsymbol{R}$ 就是由 n 个元素综合评价构成的,该矩阵行数为 N,列数为 n。其中,每一行的数值都展示了一个单因素评价的整体结果,整个集合 U 的因素评价结果均能通过该矩阵表示出来,能够直观地从中获取信息,当然是以评价标准集合 V 为前提。作者在建立该矩阵时,评分标准采用的是专家打分法,该矩阵即相当于一个评语集。

(4)多层次的综合评价:根据评价对象具体情况,选择最适合的评价等级,在遵守最大隶属度原则的基础上,得出较为客观的评价结论。

2. 确定隶属度矩阵

隶属度确定方法一般有定性指标法和定量指标法两种。

(1)定性指标法:当评判对象无法用具体的量化数值来判断时,人们通常采用一种模糊的评定标准来表达,常见的有优、良、中、差等,这种评价方法就是采用的定性指标。将评价对象的结果用百分比来统计是一种可行性较高的方法,统计后的结果可直接作为指标隶属度,本书采用就是这种百分比统计法。以层次综合评价方法为例,隶属度的确定需要以下几个步骤。

假设有整数个评价因素论域中的元素,用字母 m 表示;有整数个评价等级,用字母 n 表示,用 r_{ij} 来表示评价结果,其中 i 为 1 至 m 之间的整数;j 为 1 至 n 之间的整数。若参与评价者数量为 H,则对于某一对象 i 来说,某一评价者 k 的评价结果为 $u_{i1}^k,u_{i2}^k,\cdots,u_{in}^k$(其中,$k$ 为整数,其取值范围是 1 到 H 之间),如表 7-2 所示,该结果列中有一个分量为 1,其余分量为 0。可以直观看到,每行的数据中以 0 占多数,有且仅有一个 1。隶属度矩阵计算公式为

$$r_{ij}=\sum_{k=1}^{H}u_{ij}^k \quad i=1,2,\cdots,m;\quad j=1,2,\cdots,n \tag{7-4}$$

式中:u_{ij}^k 为评价者;i 为被评价对象;H 为评价者总数(所以 k 不大于 H);m 为评价对象个数(所以 i 不大于 m);n 为评价等级数。

由 r_{ij} 构成隶属度矩阵

$$\boldsymbol{R}=\begin{bmatrix} r_{11} & r_{12} & \cdots & r_{1n} \\ r_{21} & r_{22} & \cdots & r_{2n} \\ \vdots & \vdots & \ddots & \vdots \\ r_{m1} & r_{m2} & \cdots & r_{mn} \end{bmatrix} \tag{7-5}$$

表 7-2 某一专家给出的定性指标评价结果

评价对象 评价等级	1	2	3	...	n
1	0	1	0	0	0
2	0	0	1	0	0
3	1	0	0	0	0
...	0	0	0	0	1
m	0	0	0	0	1

(2)定量指标法:该法大多采用线性分析法,这一方法极具普遍性。线性分析的首要工作是确定一串分界点,它们分布在一个连续的区间上,第二步是处理实际指标,过程需要充分利用线性内插公式,最后便能计算出指标隶属度,建立相关矩阵。半梯形分布函数是环境科学中常见的函数,笔者在确定隶属度函数时采用的正是这种函数 $X^T = \{x_1, x_2, \cdots x_m\}$,按以下几个步骤进行计算。若评价指标因素为 X,评价等级标准为 V,则可构成集合与 $V = \{v_1, v_2, \cdots, v_n\}$,某一具体标准为 v_j,则 v_{j+1} 与之相邻,设后者大于前者,则 v_j 级隶属度函数为

$$r_1 = \begin{cases} 1 & x_i < v_1 \\ \dfrac{v_2 - x_i}{v_2 - v_1} & v_1 < x_i < v_2 \\ 0 & x_i > x_2 \end{cases}$$

$$r_1 = \begin{cases} 1 - r_1 & v_1 < x_i < v_2 \\ \dfrac{v_2 - x_i}{v_2 - v_1} & v_2 < x_i < v_3 \\ 0 & x_i \leqslant v_1 \text{ 或 } x_i \geqslant x_3 \end{cases} \quad (7-6)$$

$$r_1 = \begin{cases} 1 - r_1 & v_{j-1} < x_i < v_j \\ \dfrac{v_{j+1} - x_i}{v_{j+1} - v_j} & v_j < x_i < v_{j+1} \\ 0 & x_i \leqslant v_{j+1} \text{ 或 } x_i \geqslant v_{j+1} \end{cases}$$

从式(7-6)能够看出,隶属度 r_{ij} 源于评价指标 i 与评价等级 j 的有关计算,得出矩阵 R,这便是我们需要的隶属度矩阵 R[式(7-5)]。

3. 多级模糊综合评价

(1)适用范围:通常来说,以下几种情况适用该方法。U 中元素数量较大,权重系数不宜确定时,适用多级模糊综合计算法。某一类的各个元素,进一步扩展到整体评价个类别的元素,得出最终结果。如果有需要,还可以将每个类别分出若干子类,再进行新一轮的评价。U 中因素层次较为复杂,每个因素都不是独立的,多多少少受到其他因素的牵绊,每个因素都是环环相扣的。具体方法为将元素分层次综合评价,首先是较低层次,然后逐层往上。

U 中因素模糊性较强时具体方法为:首先将 U 中因素分级,分级标准是性质,分别评价每一等级最后综合成为因素的整体评价,完成一个因素评价后又进入下一个因素评价工作中去,最后完成所有评价。

(2)核心步骤:该方法主要有 4 个关键步骤,分别对 4 个步骤一一列举。

(1)评价指标及相应权重分配。首先是评价指标体系的构建,这个体系讲求层次分明,各个指标应按属性归类,进而分层排列。大致可分为评价总目标、评价标准、评价指标3个层次,分别记为 V、U、U_i,后一层都是对上一层的划分,并且后两者均为集合,分别记为 $U=\{U_1,U_2,\cdots,U_N\}$;$U_i=\{U_{i1},U_{i2},\cdots,U_{iN}\}$(其中,$i$ 为整数,取值范围在 1 到 N 之间),n 的取值随着指标层 U_i 的不同而不同。在确定对应指标权重时需要引入一个新的向量 W,它表示 U 层指标权重,有 $W=\{w_1,w_2,\cdots,w_N\}$;而 W_i 则是相对于 U_i 来说的,有 $W=\{w_{i1},w_{i2},\cdots,w_{in}\}(i=1,2,\cdots,N)$。其中,$W_i$ 和 W_{ij} 满足关系式 $0 \leqslant w_i,w_{ij} \leqslant 1, \sum_{i=1}^{N} w_i = \sum_{j=1}^{n} w_{ij} = 1$。

(2)评价结果集合 V 的建立。与单层次模糊综合评价相同,这一步骤需要建立与之意义相同的评价结果集合,即 $V=\{v_1,v_2,\cdots,v_m\}$。

(3)对一级因素进行综合评价。该步骤的出发点是具体一个类型的因素,综合评价其中的每个因素。设对第 $i(i=1,2,\cdots,N)$ 类中的第 $j(j=1,2,\cdots,n)$ 个元素进行综合评价,评价对象是评价结果集合中的第 $k(k=1,2,\cdots,m)$ 个,则此评价结果集合中的第 $k(k=1,2,\cdots,m)$ 个元素的隶属度为 $r_{ij}^k(i=1,2,\cdots,N;j=1,2,\cdots,n;k=1,2,\cdots,m)$,由此得出则该综合评价的单因素隶属度矩阵 R

$$R = \begin{bmatrix} r_{i11} & r_{i12} & \cdots & r_{i1n} \\ r_{i21} & r_{i22} & \cdots & r_{i2n} \\ \vdots & \vdots & \cdots & \vdots \\ r_{im1} & r_{im2} & \cdots & r_{imn} \end{bmatrix} \quad i=1,2,\cdots,N \tag{7-7}$$

第 i 类因素的模糊综合评价集合为

$$B_i = W_i \cdot R_i = (\omega_{i1},\omega_{i2},\cdots\omega_{in}) \cdot \begin{bmatrix} r_{i11} & r_{i12} & \cdots & r_{i1n} \\ r_{i21} & r_{i22} & \cdots & r_{i2n} \\ \vdots & \vdots & \cdots & \vdots \\ r_{im1} & r_{im2} & \cdots & r_{imn} \end{bmatrix} = (b_{i1},b_{i2},\cdots,b_{im}) \quad i=1,2,\cdots,N \tag{7-8}$$

式中:B_i 指的是 B 层第 i 个指标中包含的各下级因素相对于它的综合模糊运算结果;W_i 指的是 B 层第 i 个指标下级各因素相对于它的权重;R_i 是隶属度矩阵。

(4)进行二级因素的模糊综合评价。由于最底层模糊综合评价综合评价的仅是某一类中的各个因素,考虑到各类因素的综合影响,必须综合评价类与类之间的因素。在综合评价类与类之间的因素时,这些评价都是单因素评价,然而最底层模糊综合评价矩阵就是单因素评价矩阵,公式为

$$B = W \cdot (B_1,B_2,\cdots B_N)^T = (\omega_1,\omega_2,\omega_3) \cdot (B_1,B_2,\cdots,B_N)^T \tag{7-9}$$

(四)多层次评价指标体系的建立

1. 指标体系的构筑原则

指标体系具有信息丰富、结构严谨、功能性强的特点。将城市地下空间规划系统各子系统的功能和特性逐层分解为具体的指标,所构成的指标体系能够反映该系统的基本特征,表达基于科学发展观指导的地下空间规划的基本内涵,协调各系统及整个系统的关系,力求实现全面、协调、可持续发展。笔者提出的地下空间的规划指标体系不仅是帮助人们进行地下空间规划的有效信息工具,而且有助于发现地下空间开发利用中存在的问题,从而帮助人们更加科学地做出相关的决策。指标体系的构筑按以下 5 条原则进行。

(1)科学性与实用性原则:在设计指标体系时,首先,要考虑理论上的完备性与全面性,即指标概念

明确,具有科学的内涵;其次,要考虑科学性和正确性,即指标的选择建立在科学分析的基础上,能够科学指导城市地下空间规划;最后,要考虑资料的可取性、可操作性,即对城市地下空间的规划具有实用价值,同时避免指标的重叠和简单罗列。

(2)主成分性与独立性原则:对于一个复杂系统,必须从众多的变量中依其重要性和对系统行为贡献的大小顺序,筛选出数量尽量少但却能表征该系统本质行为的最主要成分变量,即主成分性原则。但如所选指标变量过少,就有可能无法或不能充分表征系统的真实行为或真实的行为轨迹;如过多资料难以获取,综合分析过程也很困难,同时不能很好地兼顾决策者应用上的方便,而且又大大增加了复杂性和冗余度,这就是独立性原则。设计指标体系时,在坚持主成分原则的同时,必须坚持独立性原则,即指标体系中应避免相同或含义相近的变量重复出现,尽量选择那些具有相对独立性的变量作为度量指标。

(3)整体性与层次性原则:城市地下空间是一个"社会-经济-自然"的复合系统,所以指标体系应该是一个具有综合性的整体,应该能够比较全面地反映其开发规划和城市特征,也就是说既要能反映资源、生存、发展、环境等各子系统发展的主要特征,又能够反映以上各子系统相互协调的动态变化和发展趋势。同时,因为这个复合系统具有层次性,所以选择的指标也应该具有层次性,即高层次的指标是低层次指标的综合,并指导低层次指标的建设;而低层次指标是高层次指标的分解,是高层次指标建立的基础。

(4)定性与定量相结合原则:城市地下空间规划的指标要尽可能地量化,但对于一些在目前认识水平下还难以量化并且意义重大的指标,可以用定性指标来代替描述。

(5)动态性与静态性相结合原则:任何事物都是不断发展、变化的,城市地下空间规划与城市的建设也是随着社会的发展不断升华的。因此,指标的选择应该强调动态指标与静态指标相结合,既要有反映对象某一个时段的水平的指标,也要有反映对象发展演变趋势的指标,在立足当前条件的情况下又要有一定的前瞻性。

2. 指标体系的分层递阶结构建立

规划指标体系是开展科学规划的基础条件,然而评价是一种目标驱动活动,必须以一定的目标为前提。因此,一定的规划体系从属一定的目标体系,没有一个能对规划过程起导向作用的目标体系就没有规划工作的科学性。为此,在设计具体指标之前,必须对城市地下空间规划的目标做出基本描述。

按照基于科学发展观指导的城市地下空间规划系统的概念和结构特征,发现地下空间规划系统是一个具有三级递阶、逐级耦合的复杂体系。该系统的目标具有层次性,所以其指标体系必定具有层次性。

总目标层:表达系统发展的总目标,是整个指标体系的最高层次。通过指标层到主题层再到状态层的逐级考虑和计算汇总,可以得出总目标层规划的科学程度,并反映出地下空间规划发展战略实施的总体态势和总体效果。

分目标层:基于科学发展观指导的城市地下空间系统的总目标可以分解为水文地质、工程地质、生态资源保护和人类工程活动4个子目标状态要素。

主题层:各子系统又是由反映子系统特性的许多主题构成,各主题是由具有一定共性的指标构成。

指标层:具体的指标代表各子系统具体的行为状态和发展趋势,是地下空间发展具象的、显性的各种活动。城市地下空间要保持其发展的可持续性,应该实现其系统结构的优化、动态调节性以及系统输入输出转化能力的提高。城市地下空间规划指标应当具有3个方面的功能:一是描述和反映未来一定时期内城市地下空间开发利用各方面的发展水平和状况;二是评价和监测某一时期内各方面发展的趋势和速度;三是综合考虑各方面及地下空间整体发展的协调程度。

(五)层次分析法(AHP)确定权重

层次分析法的具体应用可分为以下几个步骤:第一步,建立待解决问题的递阶层次结构,这项工作的基础是对问题所包含的各项因素集之间因果关系的分析,进而从中分离出要素层次来实现结构建立;第二步,构造判断矩阵,该项工作主要通过两两比较每一元素关于上一层次中某一准则的重要性来实现;第三步,计算出每层各要素权重值,该权重值的计算依托前一步的矩阵,数据来源于矩阵最大特征值和对应的正交特征向量,在计算方法上采用的是特定公式,得出结果后需要检验各数据是否自相矛盾;第四步,解决问题,涉及评价、排序、指标综合等问题,该步骤是在前一步骤的基础上进行的,首先需要确保前一步骤准确无误,然后将要素对于所研究问题的组合权重计算出来,每一层次均需计算。

该方法的运用要求评价指标体系的有效建立,这是该分析法的首要步骤。具体说来是指将评判对象分为清晰的层次并分别分析,由此便能得出一个分级明显的指标体系,具体分层是可用字母和数字来标示,下图是一个较为常见的评价指标递阶层次结构(图7-4)。

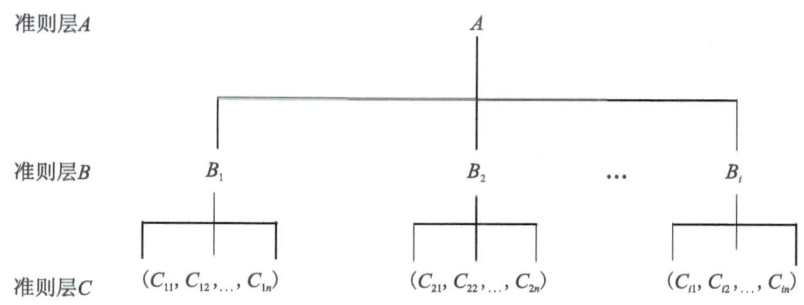

图7-4 评价指标递阶层次结构图

因素集 $A=\{B_1,B_2,\cdots,B_N\}$,子因素集 $B_i=\{C_{i1},C_{i2},\cdots,C_{in}\}$。

与人类大脑思维方式相似,层次分析法也是从对问题的分解出发,经过判断过程,最后走向综合统一,问题得到最终解决,其优势在于各阶段均能通过量化来计算求解,使复杂的问题有了一个统一的标准,因此变得简单化。在使用该分析法时,通常按照以下几个步骤来逐步确定评价元素的权重。

1. 判断矩阵的构造

如表7-3所示,左边一栏的标度分别用1~9的数字来表示,该标度为比例标度,利用这个表可以定性描述每层评价指标的相对重要性,这种方式的优点在此显得格外突出,量化的数字准确并且一目了然,1~9级比较标度含义见表7-3。

表7-3 判断矩阵标度和含义

标度	含义(两个元素相比)
1	二者同等重要
3	前者略比后者重要
5	前者明显重要于后者
7	前者比后者重要得多
9	前者的重要性后者望尘莫及
2、4、6、8	取值范围为相邻两奇数之间
倒数	$a_{ji}=\dfrac{1}{a_{ij}}$(a_{ij}表示元素i与j的重要性之比,$1/a_{ij}$表示元素角色对调后,即j与i重要性之比)

通过专家咨询,考察 B 层各因素相对于 A 层因素的两两相对重要程度,得出 A-B 判断矩阵(表 7-4)。

表 7-4 A-B 判断矩阵

A	B_1	B_2	B_3	……	B_N
B_1	1	a_{12}	a_{13}	……	a_{1N}
B_2	a_{21}	1	a_{23}	……	a_{2N}
B_3	a_{31}	a_{32}	1	……	a_{3N}
……	……	……	……	……	……
B_N	a_{N1}	a_{N2}	a_{N3}	……	1

注:A 为总体评价目标,B_i 与 B_j 谁更重要可以通过公式 $a_{ij}=B_i/B_j$ 来计算判断,而该数值究竟是大于 1 还是小于 1,这由两因素的相对重要性来决定。从表中可以看出,该矩阵有一明显特点,对角线上的元素均为 1,这表示每个元素和自身重要性之比等于 1,这当然是符合常规情况的。

2. 在求解判断矩阵时采用特征根法

若 A 表示 $A-B$ 判断矩阵,解判断矩阵 A 的特征根问题,则公式为

$$A\omega = \lambda_{\max}\omega \tag{7-10}$$

这里是 $\lambda_{\max} A$ 的最大特征根,是相应 ω 的特征向量。所得到的经归一化 ω 后就可作为权重向量。这种方法称为特征根法。

3. 一致性检验

Saaty 等定义 CI 为 $A-B$(判断矩阵)的一致性指标,公式为

$$CI = \frac{\lambda_{\max} - n}{n-1} \tag{7-11}$$

式中:n 为判断矩阵阶数,$\lambda_{\max}$ 为判断矩阵最大特征根。CI 值若为零,则表示判断矩阵完全无偏差;若该值较大,则说明判断矩阵偏差较大,该值与一致性程度反相关。为什么会出现偏差呢?我们知道,思维方式在判断矩阵的建立中起到了重要作用,但思维是主观的东西,必然会影响矩阵的一致性,此外,前文给出的比例标度划分结果也会影响到矩阵的一致性。所以,检验矩阵一致性是很有必要的,这里要引入一个新的概念 RI,即平均随机一致性指标,该值是对矩阵不一致的修正系数,是对矩阵阶数影响的一种补救,表 7-5 详细介绍了 RI 的具体值。

表 7-5 平均随机一致性指标 RI

阶数	1	2	3	4	5	6	7	8	9	10	11	12
RI	0	0	0.52	0.89	1.12	1.26	1.36	1.41	1.46	1.49	1.52	1.54

层次分析模型中一致性检验公式中 CR 为一致性比率,公式为

$$CR = \frac{CI}{RI} \tag{7-12}$$

通常情况下,一阶、二阶矩阵总是一致的,$CR=0$;对于阶的判断矩阵,该值越小越令人满意,通常来说 0.10 是一个分界点,低于此数的矩阵有较高的一致性,若高于此数则须进一步调整矩阵,尽量将 CR 控制在 0.10 的范围之内。

第二节　地下空间资源开发地质调查评价

一、地下空间资源评价思路

（一）菏泽市城市地下空间评价指标体系

地下空间资源评价的客观性在于正确认识其影响因子，选取适当的评价因子和指标体系。为使影响地下空间资源评价体系中的因子都能够科学、真实有效、客观地参与评价，首先应全面分析已有地质资料，根据以往评价经验并参考专家意见，确定参与评价的地质环境影响要素，并将影响要素分为合理恰当层次，采用层次分析方法（AHP法），进行逐级评判，进而得出总评价结果。具体评价流程见图7-5。

根据菏泽市城市特点和收集到的资料，对工作区地质环境基本特征进行了全面分析研究，这为进一步开展地下空间资源潜力综合评价奠定了坚实基础，经综合分析认为菏泽市城市地下空间资源综合评价主要取决于水文地质条件、工程地质条件、生态资源保护、人类工程活动和构造地质条件5个方面。

水文地质条件对地下空间影响较大。地下水引发的工程地质问题是城市地下空间普遍存在的重大问题。本次评价考虑地下水环境对地下工程建设影响主要以地下水埋深、地下水富水性和地下水腐蚀性3个要素作为评价指标。

工程地质条件是地下空间开发利用的基础，岩土强度和变形直接影响地下工程硐室开挖的难易程度及硐室围岩的稳定性。岩层的地质分布和构造复杂多变，本次主要选取岩性组合、软弱土分布和地面沉降速率3个要素作为评价指标。

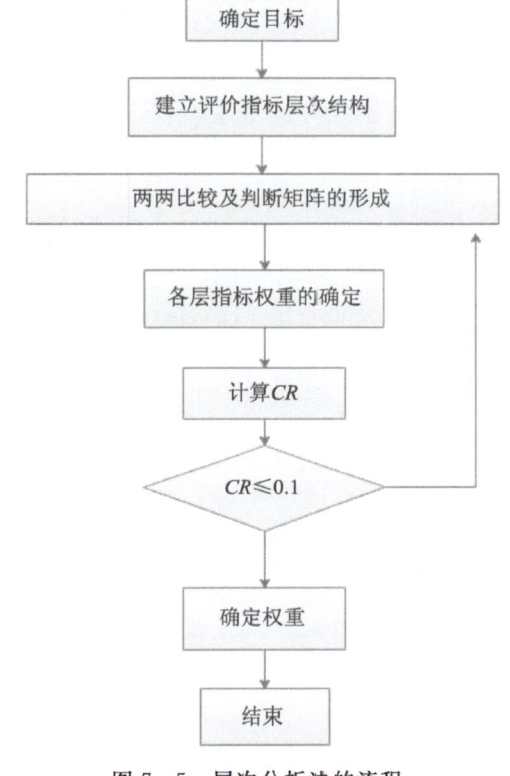

图7-5　层次分析法的流程

生态资源保护如今被作为评价一个城市发展好坏的标准，不可忽略。生态环境保护是实现可持续发展的前提，把生态文明建设放在突出地位。在对浅层及次浅层进行地下空间资源评估需要考虑对生态资源的影响。因此，把菏泽市生态湿地和重要水体作为此要素的评价指标。

人类工程活动主要表现在一些重要的建设项目、交通干线、地下人防及已开发的地下工程，所以把地面建筑物类型及已开发地下工程和与重要交通干线距离作为对应指标。

构造地质条件对地下空间影响较大，粉土、砂土液化是工程建设中一大地质灾害，对工程影响非常大，甚至可以造成严重的后果。断裂与新构造运动的存在对地下空间的开发利用起控制性作用，对地下空间开发利用时应避免其影响。

根据菏泽市地质环境特点，参照有关规范以及相关文献，以上述12个要素作为评价指标建立地质环境质量综合评价指标体系及分级标准，如表7-6所示。

表 7-6 菏泽市地下空间资源评价体系

目标层 A	主题层 B	要素层 C
地下空间资源开发利用地质环境适宜性分区	水文地质条件（B_1）	地下水埋深（C_1）
		地下水富水性（C_2）
		地下水腐蚀性（C_3）
	工程地质条件（B_2）	岩性组合（C_4）
		软弱土分布（C_5）
		地面沉降速率（C_6）
	生态资源保护（B_3）	生态湿地（C_7）
		重要水体（C_8）
	人类工程活动（B_4）	地面建筑类型及已开发地下工程（C_9）
		与重要交通干线距离（C_{10}）
	构造地质条件（B_5）	地基液化等级（C_{11}）
		断裂与新构造运动（C_{12}）

依据上述的多层次评价指标体系，构建菏泽市地下空间资源潜力综合评价各因子集（图 7-6，表 7-7）。

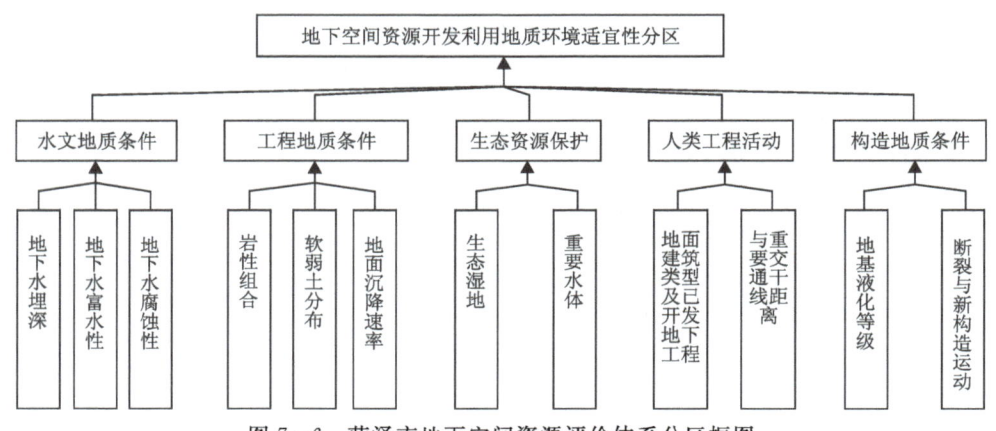

图 7-6 菏泽市地下空间资源评价体系分区框图

（二）菏泽市城市地下空间指标权重参数的确定

各要素对地下空间资源开发影响程度难以通过直接比较而得出并进行量化，但可以对两两要素进行对比，确定两者之间的重要程度，并逐层对多个相关联要素进行分别比较，最后确定各要素权重分配并加以量化。

对各要素的相对重要性进行量化，有了这些标度后，就可以用其对每一层各个要素相对重要性进行判断并表示出来，写成判断矩阵。为保证判断矩阵具有可靠的一致性，需进行反复计算调整，经多次比较调整和检验，得出判断矩阵结果。

根据《城市地下空间规划标准》（GB/T 51358—2019）第 3.06 条规定，城市地下空间可分为浅层（地面下 0～15m）、次浅层（地面下 15～30m）、次深层（地面下 30～50m）和深层（地面下 50～100m）4 层。对于每一层展开相关调查，并对权重重新进行赋值。因此，各层要素权重得出如下结果。

表 7-7 地下空间开发利用适宜性指标量化及赋分

因素	数值化方法	优	良	中	差
地下水埋深(C_1)	对工程有影响的地下水位最小埋深	≥15m(0~15m) ≥30m(15~30m) ≥50m(30~50m) ≥100m(50~100m)	8~15m(0~15m) 20~30m(15~30m) 40~50m(30~50m) 75~100m(50~100m)	3~8m(0~15m) 15~20m(15~30m) 30~40m(30~50m) 50~75m(50~100m)	<3m(0~15m) <15m(15~30m) <30m(30~50m) <50m(50~100m)
地下水富水性(C_2)	地下水富水性评价	≤500m³/d	500~1000m³/d	1000~3000m³/d	>3000m³/d
地下水腐蚀性(C_3)	地下水腐蚀性评价	微腐蚀	弱腐蚀	中等腐蚀	强腐蚀
岩性组合(C_4)	根据不同岩性综合评分	0.8~1.0	0.6~0.8	0.3~0.6	0.0~0.3
软弱土分布(C_5)	软土分布	无软土	—	有软土	—
地面沉降速率(C_6)	年平均沉降速率	<10mm/a	10~30mm/a	30~50mm/a	>50mm/a
生态湿地(C_7)	与生态湿地距离	>200m	<200m	0m	—
重要水体(C_8)	与地表水域距离大小	>300m	50~300m	<50m	0m
地面建筑类型及已开发地下工程(C_9)	建筑物类型	未开发	低层建筑及管线	多层建筑	高层建筑及人防工程
与重要交通干线距离(C_{10})	与高速、铁路距离	>90m	60~90m	30~60m	<30m
地基液化等级(C_{11})	粉、砂土液化影响	不液化或不考虑液化影响	轻微	中等	严重
断裂与新构造运动(C_{12})	与活动断裂距离	>500m	250~500m	50~250m	<50m

浅层(地面下 0～15m)与城市空间直接相连,一般为地面空间的扩展服务,权重见表 7-8～表 7-15。次浅层(地面下 15～30m)与城市空间直接相连,一般为地面空间的扩展服务,权重具体见表 7-16～表 7-23。次深层(地面下 30～50m)与城市空间关系较为直接,权重具体见表 7-24～表 7-31。深层(地面下 50～100m)与城市空间关系较为直接,权重具体见表 7-32～表 7-39。

表 7-8　地面下 0～15m 主题层各要素对目标层的权重

地下空间资源开发利用地质环境适宜性分区	人类工程活动	生态资源保护	工程地质条件	水文地质条件	构造地质条件	W_i
人类工程活动	1	0.5	2	2	0.5	0.188 9
生态资源保护	2	1	2	2	2	0.322 2
工程地质条件	0.5	0.5	1	1	0.5	0.122 2
水文地质条件	0.5	0.5	1	1	0.5	0.122 2
构造地质条件	2	0.5	2	2	1	0.244 4

注:地下空间资源开发利用地质环境适宜性分区一致性比例为 0.030 4;地下空间资源开发利用地质环境适宜性分区的权重为 1.000 0;λ_{max} 为 5.136 3。

表 7-9　浅层(地面下 0～15m)人类工程活动各要素对主题层的权重

人类工程活动	地面建筑类型及已开发地下工程	与重要交通干线距离	W_i
地面建筑类型及已开发地下工程	1	3	0.75
与重要交通干线距离	0.333 3	1	0.25

注:人类工程活动一致性比例为 0;地下空间资源开发利用地质环境适宜性分区的权重为 0.188 9;λ_{max} 为 2.000 0。

表 7-10　浅层(地面下 0～15m)生态资源保护各要素对主题层的权重

生态资源保护	生态湿地	重要水体	W_i
生态湿地	1	3	0.75
重要水体	0.333 3	1	0.25

注:生态资源保护一致性比例为 0;地下空间资源开发利用地质环境适宜性分区的权重为 0.322 2;λ_{max} 为 2.000 0。

表 7-11　浅层(地面下 0～15m)工程地质条件各要素对主题层的权重

工程地质条件	软弱土分布	岩性组合	地面沉降速率	W_i
软弱土分布	1	0.333 3	0.5	0.163 8
岩性组合	3	1	2	0.539 0
地面沉降速率	2	0.5	1	0.297 3

注:工程地质条件一致性比例为 0.008 9;地下空间资源开发利用地质环境适宜性分区的权重为 0.122 2;λ_{max} 为 3.009 2。

表 7-12　浅层(地面下 0～15m)水文地质条件各要素对主题层的权重

水文地质条件	地下水埋深	地下水富水性	地下水腐蚀性	W_i
地下水埋深	1	2	0.5	0.311 9
地下水富水性	0.5	1	0.5	0.197 6
地下水腐蚀性	2	2	1	0.490 5

注:水文地质条件一致性比例为 0.051 7;地下空间资源开发利用地质环境适宜性分区的权重为 0.122 2;λ_{max} 为 3.053 7。

表 7-13 浅层(地面下 0~15m)地质构造条件各要素对主题层的权重

构造地质条件	地基液化等级	断裂与新构造运动	W_i
地基液化等级	1	0.333 3	0.25
断裂与新构造运动	3	1	0.75

注：构造地质条件一致性比例为 0；地下空间资源开发利用地质环境适宜性分区的权重为 0.244 4；λ_{max} 为 2.000 0。

表 7-14 浅层(地面下 0~15m)各要素层对目标层的最终权重

备选方案	权重	备选方案	权重
生态湿地	0.241 7	地下水腐蚀性	0.059 9
断裂与新构造运动	0.183 3	与重要交通干线距离	0.047 2
地面建筑类型及已开发地下工程	0.141 7	地下水埋深	0.038 1
重要水体	0.080 6	地面沉降速率	0.036 3
岩性组合	0.065 9	地下水富水性	0.024 2
地基液化等级	0.061 1	软弱土分布	0.020 0

表 7-15 浅层(地面下 0~15m)地下空间资源开发地质环境评价层次总排序结果

评价因子	B_1 0.122 2	B_2 0.122 2	B_3 0.322 2	B_4 0.188 9	B_5 0.244 4	A 指标综合权重
C_1	0.311 9	0	0	0	0	0.038 1
C_2	0.197 6	0	0	0	0	0.024 2
C_3	0.490 5	0	0	0	0	0.059 9
C_4	0	0.163 8	0	0	0	0.065 9
C_5	0	0.539 0	0	0	0	0.020 0
C_6	0	0.297 3	0	0	0	0.036 3
C_7	0	0	0.75	0	0	0.241 7
C_8	0	0	0.25	0	0	0.080 6
C_9	0	0	0	0.75	0	0.141 7
C_{10}	0	0	0	0.25	0	0.047 2
C_{11}	0	0	0	0	0.25	0.061 1
C_{12}	0	0	0	0	0.75	0.183 3

表 7-16 次浅层(地面下 15~30m)主题层各要素对目标层的权重

地下空间资源开发利用地质环境适宜性分区	人类工程活动	生态资源保护	工程地质条件	水文地质条件	构造地质条件	W_i
人类工程活动	1	2	2	2	0.5	0.252 8
生态资源保护	0.5	1	0.5	0.5	1	0.130 6
工程地质条件	0.5	2	1	2	1	0.215 6
水文地质条件	0.5	2	0.5	1	0.5	0.143 9
构造地质条件	2	1	1	2	1	0.257 2

注：地下空间资源开发利用地质环境适宜性分区一致性比例为 0.080 0；对"地下空间资源开发利用地质环境适宜性分区"的权重为 1.000 0；λ_{max} 为 5.358 5。

表7-17 次浅层(地面下15～30m)工程地质条件各要素对主题层的权重

工程地质条件	软土分布	岩性组合	地面沉降速率	W_i
软弱土分布	1	0.333 3	0.5	0.163 8
岩性组合	3	1	2	0.539 0
地面沉降速率	2	0.5	1	0.297 3

注：工程地质条件一致性比例为0.008 9；"地下空间资源开发利用地质环境适宜性分区"的权重为0.215 6；λ_{max}为3.009 2。

表7-18 次浅层(地面下15～30m)水文地质条件各要素对主题层的权重

水文地质条件	地下水埋深	地下水富水性	地下水腐蚀性	W_i
地下水埋深	1	0.333 3	0.5	0.163 8
地下水富水性	3	1	2	0.539 0
地下水腐蚀性	2	0.5	1	0.297 3

注：水文地质条件一致性比例为0.008 9；地下空间资源开发利用地质环境适宜性分区的权重为0.143 9；λ_{max}为3.009 2。

表7-19 次浅层(地面下15～30m)生态资源保护各要素对主题层的权重

生态资源保护	生态湿地	重要水体	W_i
生态湿地	1	2	0.666 7
重要水体	0.5	1	0.333 3

注：生态资源保护一致性比例为0；地下空间资源开发利用地质环境适宜性分区的权重为0.130 6；λ_{max}为2.000 0。

表7-20 次浅层(地面下15～30m)人类工程活动各要素对主题层的权重

人类工程活动	地面建筑类型及已开发地下工程	与重要交通干线距离	W_i
地面建筑类型及已开发地下工程	1	3	0.75
与重要交通干线距离	0.333 3	1	0.25

注：人类工程活动一致性比例为0；地下空间资源开发利用地质环境适宜性分区的权重为0.252 8；λ_{max}为2.000 0。

表7-21 次浅层(地面下15～30m)构造地质条件各要素对主题层的权重

构造地质条件	地基液化等级	断裂与新构造运动	W_i
地基液化等级	1	0.25	0.2
断裂与新构造运动	4	1	0.8

注：地质构造条件一致性比例为0；地下空间资源开发利用地质环境适宜性分区的权重为0.257 2；λ_{max}为2.000 0。

表7-22 次浅层(地面下15～30m)各要素层对目标层的最终权重

备选方案	权重	备选方案	权重
断裂与新构造运动	0.205 8	与重要交通干线距离	0.063 2
地面建筑类型及已开发地下工程	0.189 6	地基液化等级	0.051 4
岩性组合	0.116 2	重要水体	0.043 5
生态湿地	0.087 0	地下水腐蚀性	0.042 8
地下水富水性	0.077 6	软弱土分布	0.035 3
地面沉降速率	0.064 1	地下水埋深	0.023 6

表 7-23　次浅层(地面下 15～30m)地下空间资源开发地质环境评价层次总排序结果

评价因子	B_1 0.143 9	B_2 0.215 6	B_3 0.130 6	B_4 0.252 8	B_5 0.257 2	A 指标综合权重
C_1	0.023 6	0	0	0	0	0.163 8
C_2	0.077 6	0	0	0	0	0.539
C_3	0.042 8	0	0	0	0	0.297 3
C_4	0	0.116 2	0	0	0	0.163 8
C_5	0	0.035 3	0	0	0	0.539
C_6	0	0.064 1	0	0	0	0.297 3
C_7	0	0	0.087 0	0	0	0.666 7
C_8	0	0	0.043 5	0	0	0.333 3
C_9	0	0	0	0.189 6	0	0.75
C_{10}	0	0	0	0.063 2	0	0.25
C_{11}	0	0	0	0	0.051 4	0.2
C_{12}	0	0	0	0	0.205 8	0.8

表 7-24　次深层(地面下 30～50m)主题层各要素对目标层的权重

地下空间资源开发利用地质环境适宜性分区	人类工程活动	生态资源保护	工程地质条件	水文地质条件	构造地质条件	W_i
人类工程活动	1	0.5	0.5	0.5	0.333 3	0.096 9
生态资源保护	2	1	0.5	0.5	0.5	0.142 0
工程地质条件	2	2	1	1	0.5	0.208 6
水文地质条件	2	2	1	1	0.5	0.208 6
构造地质条件	3	2	2	2	1	0.343 9

注：地下空间资源开发利用地质环境适宜性分区一致性比例为 0.019 6；地下空间资源开发利用地质环境适宜性分区的权重为 1.000 0；λ_{max} 为 5.088 0。

表 7-25　次深层(地面下 30～50m)水文地质条件各要素对主题层的权重

水文地质条件	地下水埋深	地下水富水性	地下水腐蚀性	W_i
地下水埋深	1	0.333 3	0.5	0.159 3
地下水富水性	3	1	3	0.588 9
地下水腐蚀性	2	0.333 3	1	0.251 9

注：水文地质条件一致性比例为 0.051 8；地下空间资源开发利用地质环境适宜性分区的权重为 0.208 6；λ_{max} 为 3.053 9。

表 7-26　次深层(地面下 30～50m)工程地质条件各要素对主题层的权重

工程地质条件	软弱土分布	岩性组合	地面沉降速率	W_i
软弱土分布	1	0.25	1	0.166 7
岩性组合	4	1	4	0.666 7
地面沉降速率	1	0.25	1	0.166 7

注：工程地质条件一致性比例为 0；地下空间资源开发利用地质环境适宜性分区的权重为 0.208 6；λ_{max} 为 3.000 0。

表 7-27 次深层(地面下 30~50m)生态资源保护各要素对主题层的权重

生态资源保护	生态湿地	重要水体	W_i
生态湿地	1	1	0.5
重要水体	1	1	0.5

注：生态资源保护一致性比例为 0；地下空间资源开发利用地质环境适宜性分区的权重为 0.142 0；λ_{max} 为 2.000 0。

表 7-28 次深层(地面下 30~50m)人类工程活动各要素对主题层的权重

人类工程活动	地面建筑类型及已开发地下工程	与重要交通干线距离	W_i
地面建筑类型及已开发地下工程	1	2	0.666 7
与重要交通干线距离	0.5	1	0.333 3

注：人类工程活动一致性比例为 0；地下空间资源开发利用地质环境适宜性分区的权重为 0.096 9；λ_{max} 为 2.000 0。

表 7-29 次深层(地面下 30~50m)构造地质条件各要素对主题层的权重

构造地质条件	地基液化等级	断裂与新构造运动	W_i
地基液化等级	1	0.142 9	0.125
断裂与新构造运动	7	1	0.875

注：构造地质条件一致性比例为 0；地下空间资源开发利用地质环境适宜性分区的权重为 0.343 9；λ_{max} 为 2.000 0。

表 7-30 次深层(地面下 30~50m)各要素层对目标层的最终权重

备选方案	权重	备选方案	权重
断裂与新构造运动	0.300 9	地下水腐蚀性	0.052 5
岩性组合	0.139 1	地基液化等级	0.043 0
地下水富水性	0.122 9	地面沉降速率	0.034 8
重要水体	0.071 0	软弱土分布	0.034 8
生态湿地	0.071 0	地下水埋深	0.033 2
地面建筑类型及已开发地下工程	0.064 6	与重要交通干线距离	0.032 3

表 7-31 次深层(地面下 30~50m)地下空间资源开发地质环境评价层次总排序结果

评价因子	B_1 0.208 6	B_2 0.208 6	B_3 0.142 0	B_4 0.096 9	B_5 0.343 9	A 指标综合权重
C_1	0.033 2	0	0	0	0	0.159 3
C_2	0.122 9	0	0	0	0	0.588 9
C_3	0.052 5	0	0	0	0	0.251 9
C_4	0	0.139 1	0	0	0	0.166 7
C_5	0	0.034 8	0	0	0	0.666 7
C_6	0	0.034 8	0	0	0	0.166 7
C_7	0	0	0.071	0	0	0.500 0
C_8	0	0	0.071	0	0	0.500 0
C_9	0	0	0	0.064 6	0	0.666 7
C_{10}	0	0	0	0.032 3	0	0.333 3
C_{11}	0	0	0	0	0.043 0	0.125 0
C_{12}	0	0	0	0	0.300 9	0.875 0

表 7-32　深层(地面下 50~100m)主题层各要素对目标层的权重

地下空间资源开发利用地质环境适宜性分区	人类工程活动	生态资源保护	工程地质条件	水文地质条件	构造地质条件	W_i
人类工程活动	1	2	0.5	0.5	0.25	0.107 4
生态资源保护	0.5	1	0.333 3	0.333 3	0.2	0.066 3
工程地质条件	2	3	1	2	0.333 3	0.220 2
水文地质条件	2	3	0.5	1	0.5	0.181 8
构造地质条件	4	5	3	2	1	0.424 3

注:地下空间资源开发利用地质环境适宜性分区一致性比例为 0.028 3;地下空间资源开发利用地质环境适宜性分区的权重为 1.000 0;λ_{max} 为 5.126 6。

表 7-33　深层(地面下 50~100m)水文地质条件各要素对主题层的权重

水文地质条件	地下水埋深	地下水富水性	地下水腐蚀性	W_i
地下水埋深	1	0.142 9	0.25	0.077 8
地下水富水性	7	1	4	0.687 7
地下水腐蚀性	4	0.25	1	0.234 4

注:水文地质条件一致性比例为 0.074 5;地下空间资源开发利用地质环境适宜性分区的权重为 0.181 8;λ_{max} 为 3.077 5。

表 7-34　深层(地面下 50~100m)工程地质条件各要素对主题层的权重

工程地质条件	软弱土分布	岩性组合	地面沉降速率	W_i
软弱土分布	1	0.166 7	0.333 3	0.096 0
岩性组合	6	1	3	0.653 0
地面沉降速率	3	0.333 3	1	0.251 0

注:工程地质条件一致性比例为 0.017 6;地下空间资源开发利用地质环境适宜性分区的权重为 0.220 2;λ_{max} 为 3.018 3。

表 7-35　深层(地面下 50~100m)生态资源保护各要素对主题层的权重

生态资源保护	生态湿地	重要水体	W_i
生态湿地	1	0.333 3	0.25
重要水体	3	1	0.75

注:生态资源保护一致性比例为 0;地下空间资源开发利用地质环境适宜性分区的权重为 0.066 3;λ_{max} 为 2.000 0。

表 7-36　深层(地面下 50~100m)人类工程活动各要素对主题层的权重

人类工程活动	地面建筑类型及已开发地下工程	与重要交通干线距离	W_i
地面建筑类型及已开发地下工程	1	5	0.833 3
与重要交通干线距离	0.2	1	0.166 7

注:人类工程活动一致性比例为 0;地下空间资源开发利用地质环境适宜性分区的权重为 0.107 4;λ_{max} 为 2.000 0。

表 7-37　深层(地面下 50~100m)构造地质条件各要素对主题层的权重

构造地质条件	地基液化等级	断裂与新构造运动	W_i
地基液化等级	1	0.111 1	0.1
断裂与新构造运动	9	1	0.9

注:构造地质条件一致性比例为 0;地下空间资源开发利用地质环境适宜性分区的权重为 0.424 3;λ_{max} 为 2.000 0。

表 7-38 深层(地面下 50~100m)各要素层对目标层的最终权重

备选方案	权重	备选方案	权重
断裂与新构造运动	0.381 9	地下水腐蚀性	0.042 6
岩性组合	0.143 8	地基液化等级	0.042 4
地下水富水性	0.125 0	软弱土分布	0.021 1
地面建筑类型及已开发地下工程	0.089 5	与重要交通干线距离	0.017 9
地面沉降速率	0.055 3	生态湿地	0.016 6
重要水体	0.049 7	地下水埋深	0.014 2

表 7-39 深层(地面下 50~100m)地下空间资源开发地质环境评价层次总排序结果

评价因子	B_1 0.181 8	B_2 0.220 2	B_3 0.066 3	B_4 0.107 4	B_5 0.424 3	A 指标综合权重
C_1	0.014 2	0	0	0	0	0.077 8
C_2	0.125 0	0	0	0	0	0.687 7
C_3	0.042 6	0	0	0	0	0.234 4
C_4	0	0.143 8	0	0	0	0.096 0
C_5	0	0.021 1	0	0	0	0.653 0
C_6	0	0.055 3	0	0	0	0.251 0
C_7	0	0	0.016 6	0	0	0.250 0
C_8	0	0	0.049 7	0	0	0.750 0
C_9	0	0	0	0.089 5	0	0.833 3
C_{10}	0	0	0	0.017 9	0	0.166 7
C_{11}	0	0	0	0	0.042 4	0.100 0
C_{12}	0	0	0	0	0.381 9	0.900 0

二、地质环境影响因素

(一)水文地质条件的影响

地下空间开发利用难易程度主要取决于支护体系整体稳定性,而支护体系的整体稳定性主要受地下水水位埋深和富水性的影响,主要表现为:一是地下水对岩土体的软化作用,降低岩土体抗剪强度指标;二是地下水可能引起锚杆或土钉与周围土体之间握裹力的降低,从而降低抗拔力;三是地下水的存在可能造成施工的困难,常常会使支护结构在嵌固深度不足等"先天不足"的条件下工作;四是地下水控制不当可能造成基槽侧壁土体的流失-造成潜蚀,严重时造成体积很大的"空洞",威胁体系的整体稳定性;五是对于槽底土质为粉土或砂土时,可能造成基底管涌或基底抗隆起失效;六是可能由于施工降水不当,造成基坑侧面地面变形过大,引起邻近建筑、道路或地下设施的破坏。

1. 地下水水位埋深对工程的影响

1)机理分析

随着地下空间利用深度的增加,必须考虑挡土结构的设计,首先需要计算作用在结构上的土压力和水压力。力的大小主要取决于挡土结构的高度、土的性质和地下水性质。当使用基坑支护结构时,墙后的土体常常是饱和的,存在静水压力、渗流、超静孔隙水压力和地下水对结构产生的浮力。

(1)静水压力:根据有效应力原理 $\sigma_z=\sigma'_z+u$,其中 u 可以是静水压力,在有渗透的情况下为水压力和超静孔隙水压力。首先,考虑静水压力作用下,挡土结构上土压力和水压力的计算。

水土分算是指水压力和土压力分开计算,即竖向有效自重应力 σ'_z 将在挡土结构上产生横向土压力,而孔隙水压力 u 是各向等压的,故直接作用在挡土结构上,但由于实际工程中较难确定施工中的超静孔隙水压力和有效应力强度值,往往采用一般形式的水土分算,可采用固结不排水或不固结不排水强度指标。水土合算计算土压力时考虑土体自重的总应力 σ_z。水土合算采用固结不排水或不固结不排水的总应力强度指标。水土合算一般用于黏性土中。

比较水土分算与水土合算,两者对于水压力部分的计算方法不同。在水土合算中,由于将静水压力部分也乘以主动土压力系数(计算荷载时)或被动土压力系数(计算抗力时),故而缺乏理论基础。由于两种算法采用的自重应力和抗剪强度指标不同,其结果是不相同的。

(2)不同渗流情况下的水土压力:在基坑开挖的支护结构设计时,会遇到许多复杂地基中的水土关系,只有清楚地分析水与土的相互作用,才能得到合理的荷载与抗力。

第一种有上层滞水的情况。在很多情况下,基坑开挖遇到的地下水是上层的滞水,稳定的地下水(潜水)有时位于很深的透水层中。对于图7-7a情况,由于水是垂直下渗,$J\approx 0$ 时板桩上的水压力为零,考虑到向下的渗透力,主动土压力 $p_a=K_a\gamma_{sat}z$(K_a 为主动土压力系数;γ_{sat} 为饱和重度;z 为土层厚度),在这种情况下,计算结果与水土合算结果一致。对于图7-7b情况,滞水下渗,各层渗透系数不同,其水、土压力和总压力的分布应逐层根据水流连续性条件计算。应当注意到水的渗透力 p_w 对于土压力的影响,这时它产生附加土压力 $\Delta p=K_a p_w z$。

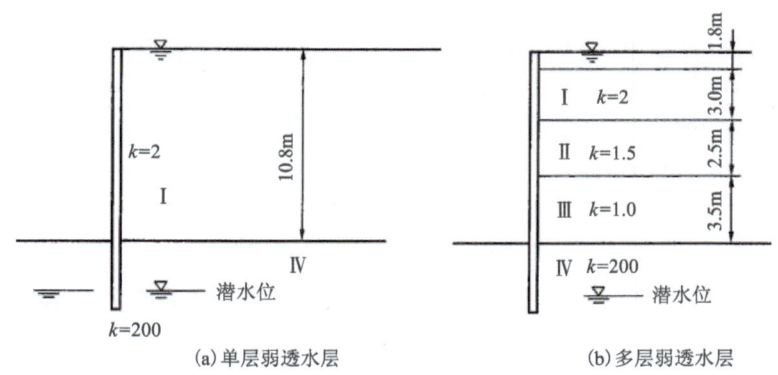

图7-7 有上层滞水时的情况(k 为相对值)

第二种有承压水的情况。图7-8表示基坑下有一层相对不透水土层,由于基坑内排水,使这一土层下存在承压水。在土层I中,板桩作用的水压力接近静水压力,在土层II中除水压力外,还有由于向下的渗透力,在板桩后产生的很大的主动土压力。在板桩前,由于下部承压水向上渗流,可能发生流土,应验算 J 是否小于 J_{cr}。即使不发生流土,因为竖向有效应力值比被动土压力大大减小,也可能导致板桩失稳。

第三种均匀土中基坑内排水情况。对于图7-9所示的坑内排水情况,如果设板桩后作用为主动土压力,桩前为被动土压力。在绘制了流网后,由于土应力场是一维情况,无法同时达到朗肯的极限平衡应力状态。这时应根据库仑土压力理论,通过假设滑裂面的计算方法计算。计算表明这时主动土压力一侧的滑裂面与桩夹角大于 $45°-\varphi/2$,由于存在水平渗透力,计算的水土压力之和要大一些。如果在基坑外降水,由于向外的渗透力则主动水土压力降低,被动土压力一侧水土压力增加。

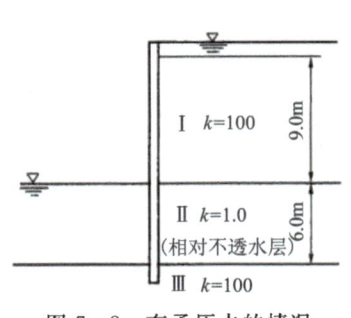

图 7-8 有承压水的情况

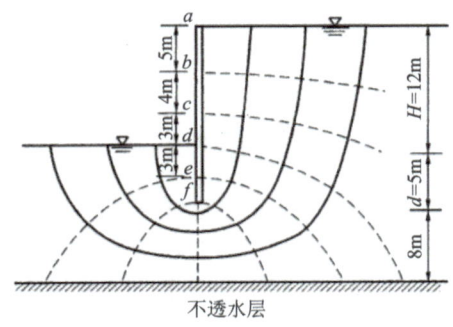

图 7-9 板桩墙剖面图

（3）超静孔隙水压力对水土压力的影响：在黏性填土施工时，可能在挡土构造物后的土中产生正的孔隙水压力，在黏性土中开挖则可能在支护构造物后的地基土中产生负的超静孔隙水压力。在渗流固结中，孔压消散，相应的挡土构造物上压力不断变化。有效应力的分析可以清楚地反映这一情况。

（4）地下水对结构的上浮作用：对地基基础、地下结构应考虑最不利组合情况下，地下水对结构物的上浮作用，即地下结构自施工期间到全使用寿命期间可能遇到的最高水位，该水位应根据场地的地貌单元、地层结构、地下水类型、各层地下水水位计其变化幅度和地下水补给、径流、排泄条件等因素综合。

第一种，为在静水环境下。浮力可以用阿基米德原理计算。一般认为，在透水性较好的土层或节理发育的岩石地基中，计算结果即等于作用在基底的浮力；对于渗透系数很低的黏土来说，上述原理在原则上也应该是适用的，但是有实测资料表明，由于渗透过程的复杂性，黏土中基础所受到的浮托力往往小于水柱高度。但在工程设计中，只有具有当地经验或实测数据时，方可进行一定折减。

第二种，为在渗流条件下。地下水赋存于地层中，始终在运动，且受多种因素影响，并不是所谓的静水环境。由于地下建筑物的存在，改变了拟建场地原有地下水的运动边界条件，即使在基础埋深范围内仅存在一层地下水，在地下水赋存体系比较复杂的情况下，上层水与下部含水层之间也存在一定的水力联系，在各含水层之间有非饱和带时更是如此。基底的水压力并不完全取决于水位的高低，而必须由渗流分析来确定。用地下水动力学的方法确定的水压力与过去仅仅将水压力按静水环境确定的做法存在很大的差别。而后者往往对基底的水压力估计过高，造成水压力浪费。

综上所述，由于潜水水位的变化对于浅层土体固结的影响比较明显，容易带来较大的地表沉降。当基坑开挖面低于浅层潜水水位标高时，需要进行潜水降水。降深要求通常为基坑开挖面以下 0.5～1.0m。当场地内分布有潜水含水层时，必须根据基坑开挖深度确定流土和管涌稳定性是否满足要求。

2）开发程度富水性分析

承压水具有一定的压力，水头埋深高出其含水层的顶层埋深，通常情况下，承压水水量丰富、补给充足。当场地内分布有承压含水层时，必须根据基坑开挖深度确定承压含水层的突涌、流土和管涌稳定性是否满足要求。

当基坑深度大于地下水水位（潜水位、承压水位）时，就必须进行基坑降水以防止破坏基坑稳定性，而当地下水降低时，根据有效应力原理（有效应力增加，孔隙水压力减少，而总应力不变）和渗透原理（产生由基坑外侧向基坑内侧流动的水压力），对整个基坑的稳定性产生不利影响，且地下水水位下降越大，影响越不利。因此，地下水潜水面埋深越大对地下空间开发利用越有利。

工作区内该类型单层含水层厚度一般小于 10m，其岩性以中砂、细砂和粉细砂为主，砂层累计厚度随其底界面埋深增大而有所变化，但一般集中在 12m 左右，局部地区超过 20m。该含水层上覆岩性以黏质砂土为主，局部为粉质黏土及粉砂层，往往呈透镜体或条带状断续分布，构成隔水性能较差的隔水顶板，其下伏岩性以砂质黏土为主，局部为黏质砂土，呈条带状，分布较稳定，构成隔水性能良好的隔水底板，使浅层淡水具有潜水和微承压水的性质。

本次浅层地下水水位埋深应采用设计基准期内年平均最高水位或近期年内最高水位的原则。根据2023年丰水期水位埋深计算,丰水期水位埋深1.0~6.0m,本次浅层地下水水位埋深在吕陵东北部、岳城街道西南部、皇镇街道东部、半堤镇周围、陈集镇东南部及滨河街道和杜堂镇一部小于3.0m,其他大部分地区地下水水位埋深在3.0~8.0m之间。次浅层、次深层和深层地下水水位埋深均小于30m(图7-10、图7-11)。

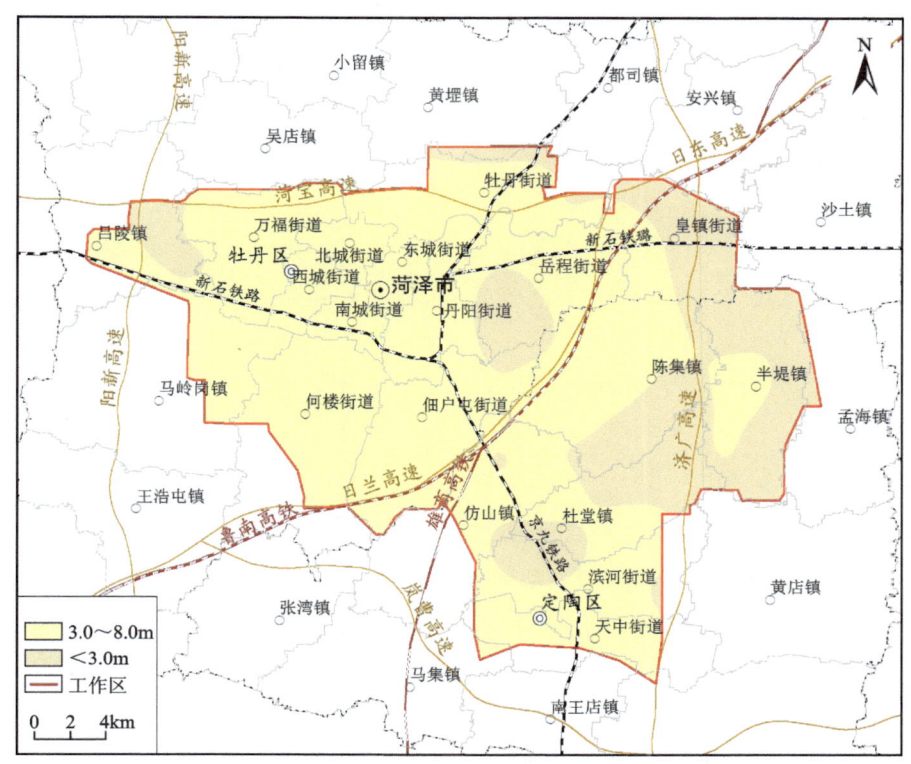

图7-10 工作区浅层(地面下0~15m)地下水埋深等值线图

2. 地下水富水性对工程的影响

1)机理分析

地下水的富水性反映了含水层的出水能力,一般以单井涌水量表示。当地下水富水性强时,会增加施工期间地下水控制的难度,从而增加地下空间的开发成本。地下水富水性对地下空间开发的影响主要有以下两个方面。

(1)在地下工程施工(基坑开挖)过程中,当地下水为潜水时,因水动力条件发生改变,易发生入渗、流土、流砂,影响地下工程施工,甚至造成基坑边坡失稳和基坑周边地面变形;当地下水为承压水时,在富水性好的地方,由于地下水水量丰富,补给充分,承压水头高,可能会出现突涌和管涌,影响地下工程的基地、围护结构和周边环境,突发危险性安全事故。

(2)地下水对地下结构产生巨大的浮托作用,如防水措施或抗浮措施不力,可能会引发结构破坏,影响其安全运营。

2)开发深度内地下水富水性分析

根据本次工作区地下空间开发深度内地下水富水性分区评价原则,浅层、次浅层、次深层和深层地下水富水性分区如下。

(1)浅层(地面下0~15m)地下水富水性分析:工作区内包气带内岩性以粉细砂、粉砂-粉土为主,含水层顶板埋深较浅,渗透性能较好,有利于接受大气降水及河渠渗入补给。排泄途径主要为垂直蒸发和

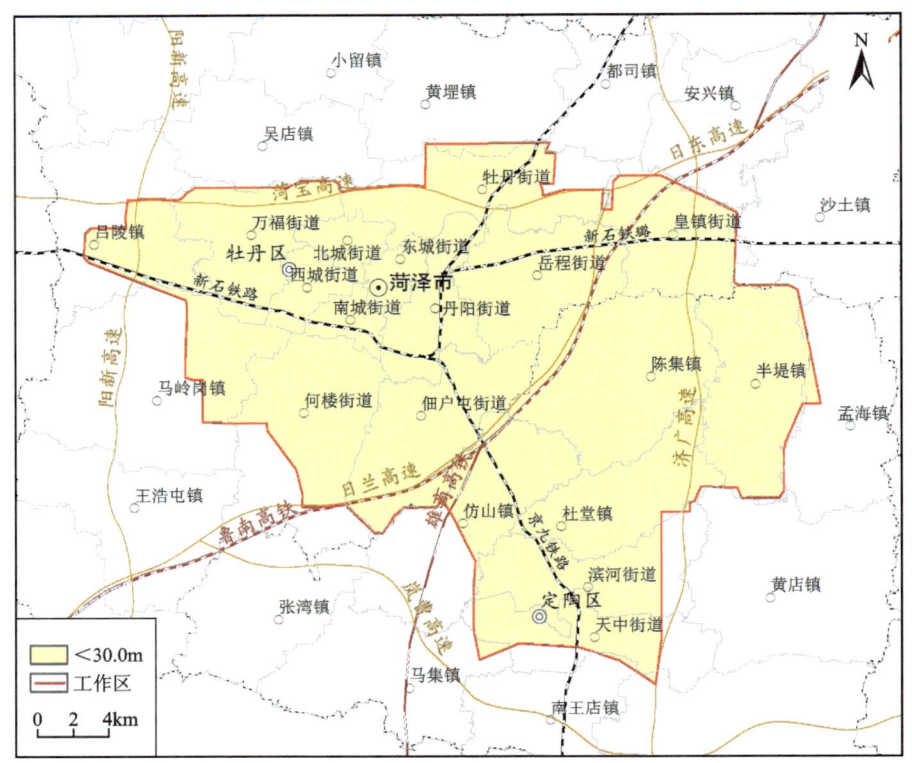

图 7-11 工作区次浅层、次深层和深层地下水埋深等值线图

人工开采。地下水动态变化受季节影响明显,为典型的入渗-蒸发、入渗-开采和入渗-蒸发-开采性。鉴于此,工作区内含水层厚度及颗粒粗细不同,显示出不同富水性。本书地下水富水性的分级和评价,浅层淡水统一换算口径 8 吋时,降深 5m 时的相应出水量。浅层孔隙含水岩组按富水性可分为 3 个地段,即涌水量≥1000m³/d 的古河道密集带-淡水丰富地段、涌水量在 500~1000m³/d 之间的过渡带-淡水较丰富地段和涌水量<500m³/d 的河间带-淡水贫乏地段(图 7-12)。

古河道密集带-淡水丰富地段(1000~3000m³/d):该区分布在工作区中部地区,呈北东-南西向,与古河道走向一致,从何楼街道南部—佃户屯北部—丹阳街道南部—岳城街道—皇镇街道北部穿过整个工作区,其岩性以粉砂-细砂-粉细砂为主。据统计,该区第二层淡水含水层稳定分布,其顶板埋深一般在 28~30m,底板埋深为 40m,单层最大厚度 10m 左右,地下水水位埋深 3~4m。

过渡带-淡水较丰富地段(500~1000m³/d):中等富水区在工作区内呈现 3 个部分,主要集中在富水性丰富区的两侧和工作区的东南部地区。该层含水层岩性以粉细砂和粉土为主。夏庄推算降深 5m 时的单井涌水量为 730m³/d,赵庙推算降深 5m 时的单井涌水量为 700m³/d。

河间带-淡水贫乏地段(<500m³/d):该区分布在工作区马岭岗镇和何楼街道北部—西城街道办—东城街道—牡丹街道一带和仿山镇—杜堂镇—陈集镇—半堤镇一带。岩性以粉细砂和粉土为主。

(2)次浅层、次深层和深层富水性分析:与浅层地下水富水性一致。

3. 地下水腐蚀性

1)机理分析

地下水的腐蚀性对地下空间的影响主要通过其对地下建筑的腐蚀作用表现出来。具有较强腐蚀性的地下水对钢筋混凝土产生比较强的腐蚀,降低建筑构件强度,进而影响结构的安全性和耐久性。例如氯离子可以侵入到混凝土内部,降低混凝土的 pH,产生电化学反应,加快钢筋的锈蚀,锈蚀后的钢筋体积显著膨胀(最大可达原体积的 6 倍),导致混凝土开裂,受力杆锈蚀后截面变小,对结构造成安全隐患;

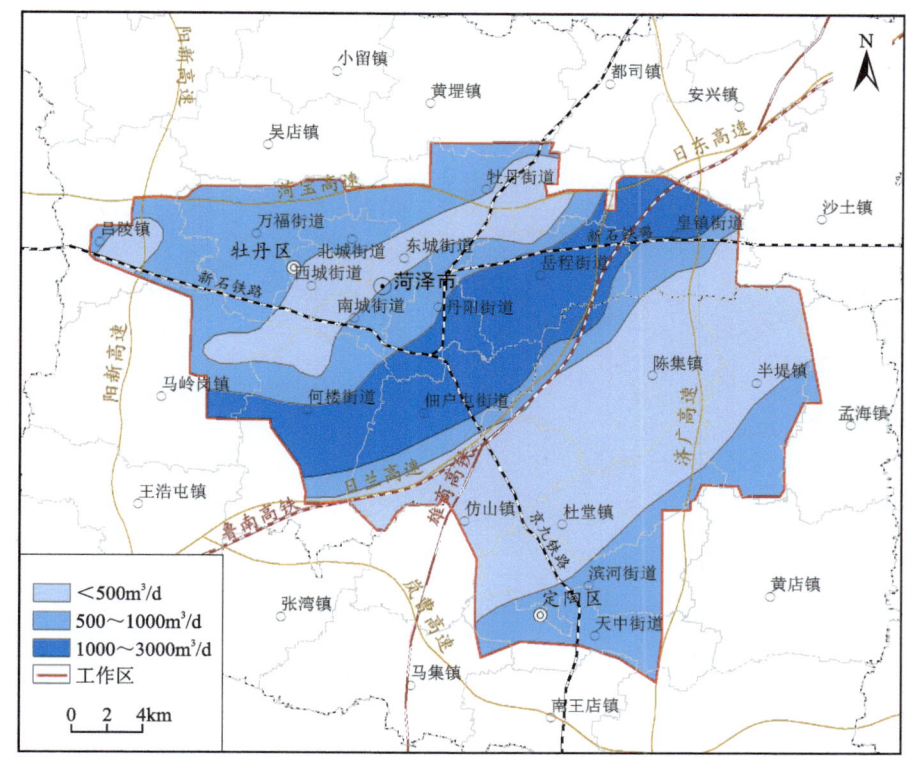

图 7-12 工作区地面下 0～15m 浅层富水性分区图

硫酸盐溶液与含有铝酸三钙的水泥反应可以生成钙矾石,钙矾石体积膨胀导致混凝土内部产生应力而产生裂缝;Mg^{2+}可以导致混凝土的 C—S—H(水化硅酸钙)凝胶的分解,在侵蚀的高级阶段,C—S—H 凝胶中的 Ca^{2+} 能够完全被 Mg^{2+} 替代,形成不具有胶结性的糊状物。同时,若地下水中溶解有有毒气体,对施工人员的生命安全会有很大威胁。按照《岩土工程勘察规范》(GB 50021—2001)(2009 年版)规定,混凝土和钢结构腐蚀的化学和电化学原理虽已比较清楚,但所处的水土环境复杂多变,目前还难以定量计算,只能根据影响腐蚀的主要因素进行腐蚀性分级,应按照第 12.2 条进行腐蚀性等级评价。

2)地下水腐蚀性分析

根据《岩土工程勘察规范》(GB 50021—2001)(2009 年版)附录 G 的规定,工作区的环境场地类型为Ⅱ类。在没有明确的污染源的情况下,并没有充分依据证明地下水的腐蚀性随深度的增加而变化,因此就不必沿深度取几个水样,测定不同深度处水的腐蚀性。地下水水位以下的隔水层中,由于缺乏流通的空气,没有充足的水分,对混凝土的抗腐蚀性是非常有利的,除非有特殊性腐蚀性的岩土,一般情况下不需要做腐蚀性分析。通常地下水的腐蚀性高于土的腐蚀性(土的腐蚀性是将土样置于纯水中制备浸出液,对浸出液测定的结果作为土的腐蚀性),这是因为地下水水位以下的土长期浸在地下水中,显然地下水的腐蚀性必然高于浸出液的腐蚀性,因此只要测定水的腐蚀性,而不必测定土的腐蚀性(高大钊,2010)。根据有无地下水情况,可以把地下空间含水情况分为干燥、干湿交替和湿润 3 种。在相同浓度的盐类的情况下,其腐蚀程度是不同的。腐蚀性由强到弱为:干湿交替情况＞地下水水位以上情况＞地下水水位以下情况。

综上所述,对浅层、次浅层、次深层和深层水土的腐蚀性,综合叠加干湿交替、地下水水位以上和地下水水位以下的腐蚀性,按不利考虑,可分为强腐蚀、中腐蚀、弱腐蚀和微腐蚀 4 类(图 7-13)。强腐蚀主要分布在菏泽总部经济基地,中腐蚀主要分布在何楼街道、杜堂镇、牡丹机场附近等区域,微腐蚀分布于吕陵镇—马岭岗镇—何楼街道—仿山镇、丹阳街道—东城街道—牡丹街道、岳城街道—半堤镇一带,其他区域为弱腐蚀性。

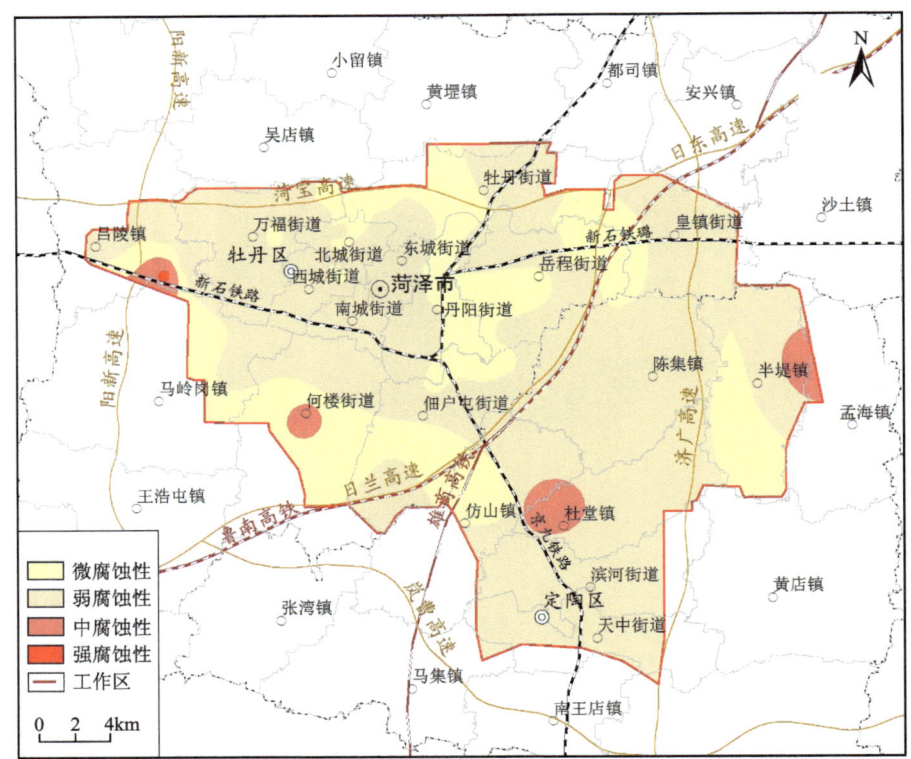

图 7-13　工作区水土腐蚀性综合分区图

(二)工程地质条件的影响

工程地质条件对地下工程类地下空间资源开发的影响与其对地上建设的影响不同。影响和制约地下空间开发利用的因素很多,不同空间域其影响因素也各不相同,但最主要的就是岩土组合、软弱土和地面沉降速率等,而当地下工程类地下空间被建造在一定的岩土体上后,将产生较大的附加应力,打破了原有的应力平衡,使周围地质环境发生变化,而这种变化反过来又会影响已有地下空间的安全稳定性,形成建筑物与地质环境之间极为复杂的相互作用过程。

地球表面的岩石圈是地下空间资源的存在范围,岩石圈表面风化为厚度不同的土层。因此,土层和岩层是地下工程类型地下空间的环境物质和载体,工程地质条件直接控制地下空间开发的难易程度。换言之,地质条件对地下工程的整体安全性和经济性起决定性作用,是地下空间资源评估的基础核心要素。

1. 岩性组合

1)机理分析

土层的工程地质条件主要是土层的承载力、压缩模量及土体的稳定性。当土层承载力高、压缩模量小、边坡稳定性好时,适合于基础工程及地下暗挖工程建设;当土体的稳定性较高时,适合暗挖及隧道工程建设。在评价某一土层对地下空间开发的适宜程度或土体质量时,还必须考虑用作地下建筑围岩层(即承载地下空间的环境介质)的强度和稳定程度、场地和基底的稳定性以及地面和地下设施对地下空间开发的影响。

土层的强度和稳定性条件,主要关系到该层土体中暗挖施工时地下空间成型的难易程度及对地表扰动变形影响的敏感程度。当地层条件较好时,如在可塑或硬塑型黏土地区、中等密实以上的砂土地区和软岩地区,施工成本较低(如矿山法、新奥法)且开发导致的地表移动和变形的大小与分布也容易控制；而在软土地区，由于土层强度低、压缩模量小、地下水水位高、开挖面自承能力差，常需要采取复杂的工艺设备和辅助技术措施，才能保证开挖后隧道断面的变形得到控制。同时，土的压缩性和密实度决定了地基承载力的大小以及在开发地下空间时是否需要采取加强措施；孔隙率和渗透性决定着地下水的饱和含水百分比与流动状况，影响防水措施的选择；抗剪强度和土体稳定性决定着其受荷载变形能力的强弱以及开发施工是否需采取特殊处理措施以确保工程安全可靠。

在普通土体的工程地质条件指标中，对工程性能起决定作用的是土的承载力标准值、压缩模量、黏聚力和内摩擦角；对于特殊土体，则应当考察其特殊的工程性质对工程的影响程度。土的这种分类方法大体可以反映出土体的基本工程性质。以土的基本类型作为评估土体工程性能的基本指标，适用于城市大范围进行地下空间资源的岩土性能评价，即在城市地下空间总体规划阶段，土体的工程性质指标如果太具体反而不具有可操作性。虽然每种土层由于所处条件的不同，其工程指标参数有较大差别，但总体来看同类土的工程性质基本类似。因此，可以根据土体的工程性质并依据土体的名称进行大类的划分，确定地下空间资源的土体基本质量。当在城市局部地区进行工程勘察或进行城市详细规划时，应采用土的基本力学指标进行综合评价。

综合以上分析，根据《岩土工程勘察设计规范》(GB 50001—2001)(2009年版)，土体工程地质条件对地下空间开发的影响分析见表7-40。

表7-40　土层类型及其对地下空间开发的影响

土层类别	土层详细类别	工程地质特征	对地下空间开发的影响	地下空间工程适宜性评价
普通土层	碎石类土	具有空隙大、透水性强、压缩性低、抗剪强度大的特点。碎石类土一般构成良好的地基，但由于透水性强，常使基坑涌水较大，坝基、渠道渗漏	对于胶结程度较好者，地基承载力大，整体稳定，但需进行防水处理	良
			对于胶结程度较差者，整体稳定性较差，需进行防水处理	中
	砂类土	具有透水性强、压缩性低、压缩速度快、内摩擦角大、抗剪强度较高等特点。一般构成良好地基，但可能产生涌水或渗漏	作为地基土整体较稳定，但对地下空间开发来说稳定性差，且开挖和运营后的防水要求高	差
	粉土	介于砂类土和黏性土之间的土层类型	对于部分饱和类粉土，其整体稳定性较好，但有一定的变形，需要部分处理	良
			对于饱和类粉土，整体较不稳定，变形较难满足，但可保证稳定性及变形允许范围内	中
	黏性土	黏性土中黏性含量较多，常含亲水性较强的黏土矿物，具有水胶连接和团聚结构，常因含水量的不同呈固态、塑态和流态	对于固态和硬塑性黏性土来说，是地下空间开发的理想场所，工程性能好	优
			对于可塑性黏性土来说，工程性能较好，有利于地下空间开发	良
			对于软塑和流态黏性土来说，地基承载力低，变形量大，对地下空间开发影响较大	差
特殊土层	软弱土	高含水量和高孔隙性，渗透性低，压缩性高	属不良地基，需要特殊的工程处理，增加开发成本，影响大	差

2）综合分析

按照面上控制的原则,收集区内工勘钻孔资料,将工作区内地层进行聚类汇总,最后得出各工作区标准地层,并对标准地层进行赋分。其中,相对地下空间开发最好的地层以满分1分计,相对最差的地层以0.1分计,其余地层分值介于0.1~1之间(表7-41)。按以上标准对收集的所有有效钻孔进行得分统计并按厚度加权汇总及归一化,得到各钻孔综合得分数据库和各钻孔控制区域内的综合得分分布,进而得到工程地质条件分区图。

表7-41 工作区标准地层赋分情况一览表

编号	1	2	3	4	5	6
地层分类	黏土	粉质黏土	粉土	填土	砂	软土
赋分值	1	0.8	0.6	0.4	0.2	0.1

根据表7-42所示赋分标准,对工作区内所有钻孔按浅层(地面下0~15m)、次浅层(地面下15~30m)、次深层(地面下30~50m)和深层(地面下50~100m)分布进行统计汇总,各开发深度内地下岩土综合分区如下(图7-14~图7-17)。

表7-42 工作区工程地质条件按厚度加权平均值分区一览表

分区名称	工程地质条件优	工程地质条件良	工程地质条件中	工程地质条件差
综合评分	0.8~1.0	0.6~0.8	0.3~0.6	0~0.3

(1)浅层(地面下0~15m)地下岩土分区:分为综合分值0.3~0.6、0.6~0.8两区。

①综合分值0.3~0.6区:在全区分布,面积733.82km²。土体结构为多层结构,岩性以人工回填土、素填土、耕植土、粉土、粉质黏土为主,工程地质条件较复杂,土层整体稳定性较差。在地下空间开发中,必须采取一定的技术手段进行处理和围护,施工技术较为复杂,施工成本相对较高。

②综合分值0.6~0.8区:零星分布在万福街道、北城街道东城街道和岳城街道等区域,面积为6.99km²。土体结构为多层复合结构,岩性以粉土、粉质黏土为主。土体稳定性及工程力学性质较好,相对地下空间开发来说是较好的岩土层(图7-14)。

(2)次浅层(地面下15~30m)地下岩土分区:分为综合分值0.8~1.0、0.6~0.8、0.3~0.6、0~0.3四区。

①综合分值0.8~1.0区:主要分布在北城街道的北部,面积约0.15km²。土体结构为多层复合结构,岩性以粉质黏土为主。土层稳定性及工程力学性质好,相对地下空间开发来说是优良的岩土层。

②综合分值0.6~0.8区:主要分布在定陶区、吕陵镇—马岭岗镇—何楼街道一带及其他地区零星分布,面积439.17km²。土体结构为多层复合结构,岩性以粉土、粉质黏土、粉细砂为主。土体稳定性及工程力学性质较好,相对地下空间开发来说是较好的岩土层。

③综合分值0.3~0.6区:主要分布在万福街道、西城北城的西部、牡丹街道、岳城街道、皇镇街道、佃户屯街道及何楼街道的北部,面积281.73km²。土体结构为多层结构,岩性以粉土、粉细砂为主,工程地质条件较复杂,土层整体稳定性较差。在地下空间开发中,必须采取一定的技术手段进行处理和围护,施工技术较为复杂,施工成本相对较高。

④综合分值0~0.3区:主要分布在佃户屯街、岳城街道及万福街道,面积4.47km²。土体结构为多层结构,岩性以粉土、粉细砂为主,工程地质条件复杂,土层整体稳定性差。在地下空间开发中,需采取一定的技术手段进行处理和围护,施工技术复杂,施工成本高(图7-15)。

第七章 城市地下空间资源调查与评价

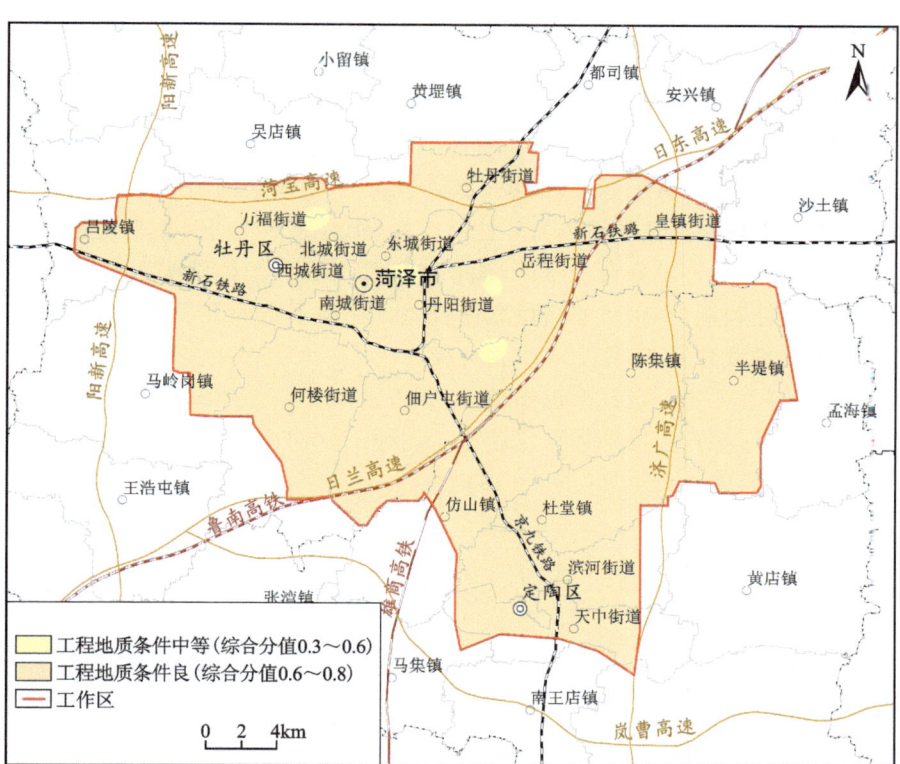

图 7-14 工作区浅层(地面下 0~15m)地下空间资源评价地下岩土层综合分区图

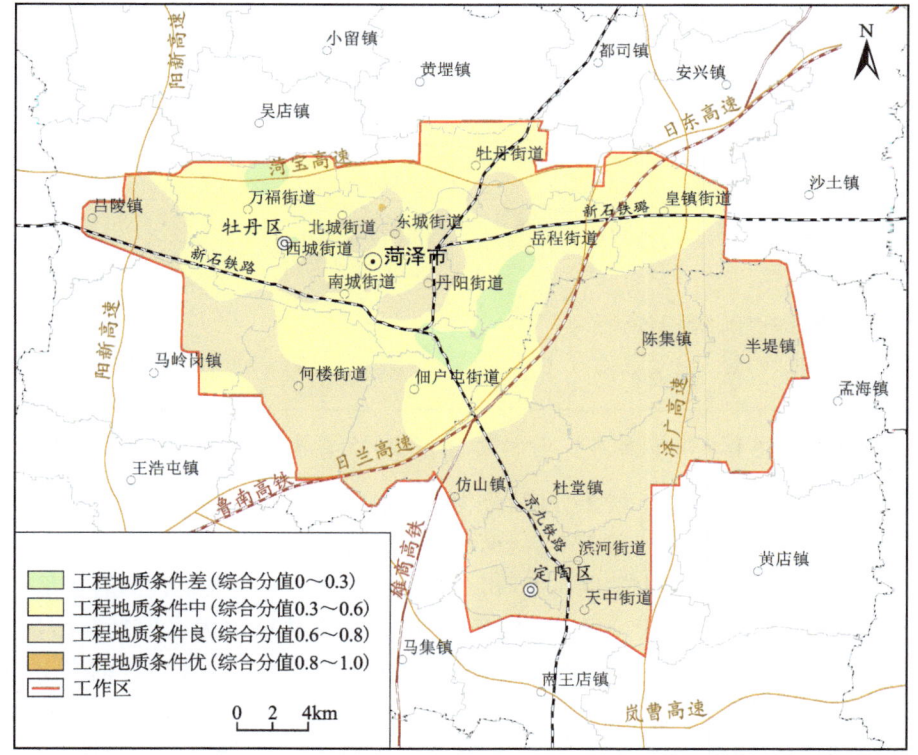

图 7-15 工作区次浅层(地面下 15~30m)地下空间资源评价地下岩土层综合分区图

(3)次深层(地面下30~50m)地下岩土分区:分为综合分值0.8~1.0、0.6~0.8、0.3~0.6、0~0.3四区。

①综合分值0.8~1.0区:零星分布全区,面积约10.97km²。土体结构为多层复合结构,岩性以粉质黏土为主。土层稳定性及工程力学性质好,相对地下空间开发来说是优良的岩土层。

②综合分值0.6~0.8区:分布于全区,面积585.97km²。土体结构为多层复合结构,岩性以粉土、粉质黏土、粉细砂为主。土体稳定性及工程力学性质较好,相对地下空间开发来说是较好岩土层。

③综合分值0.3~0.6区:零星分布于全区,面积143.39km²。土体结构为多层结构,岩性以粉土、粉细砂为主,工程地质条件较复杂,土层整体稳定性较差。在地下空间开发中,需采取一定的技术手段进行处理和围护,施工技术较为复杂,施工成本相对较高。

④综合分值0~0.3区:主要分布在皇镇街道,面积0.48km²。土体结构为多层结构,岩性以粉土、粉细砂为主,工程地质条件复杂,土层整体稳定性差。在地下空间开发中,需采取一定的技术手段进行处理和围护,施工技术复杂,施工成本高(图7-16)。

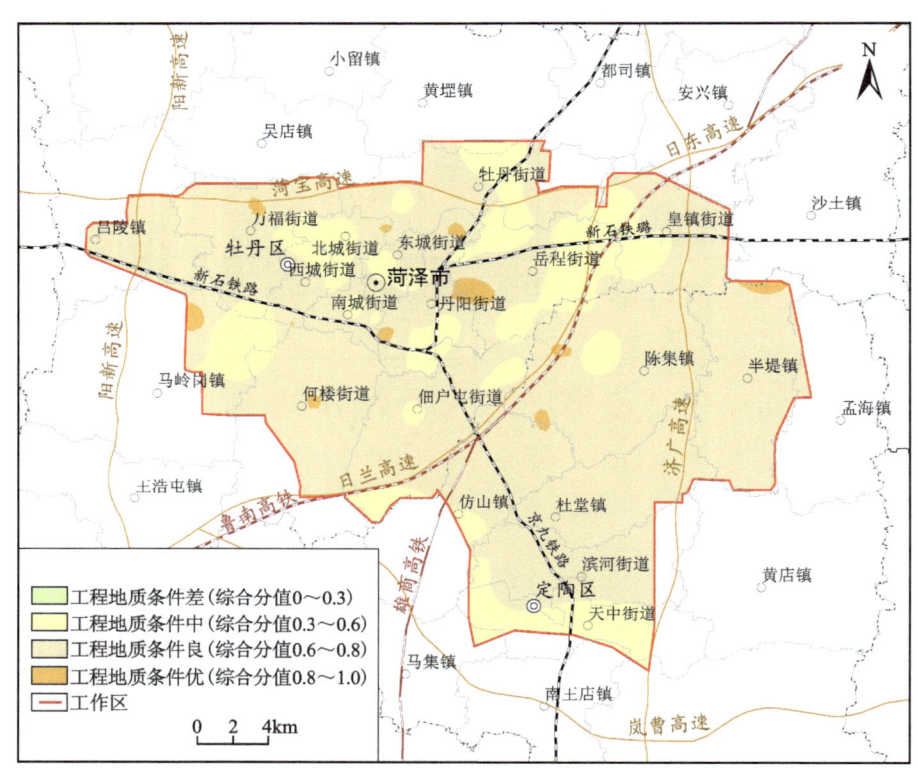

图7-16 工作区次深层(地面下30~50m)地下空间资源评价地下岩土层综合分区图

(4)深层(地面下50~100m)地下岩土分区:分为综合分值0.8~1.0、0.6~0.8、0.3~0.6三区。

①综合分值0.8~1.0区:零星分布于全区,面积约74.14km²。土体结构为多层复合结构,岩性以粉质黏土为主。围岩稳定性及工程力学性质好,相对地下空间开发来说是优良的岩土层。

②综合分值0.6~0.8区:分布于全区,面积656.01km²。土体结构为多层复合结构,岩性以粉土、粉质黏土为主。土体稳定性及工程力学性质较好,相对地下空间开发来说是较好的岩土层。

③综合分值0.3~0.6区:主要分布在佃户屯街道、马岭岗镇和万福街道等区,面积10.56km²。土体结构为多层结构,岩性以粉土、粉细砂为主,工程地质条件较复杂,土层整体稳定性较差。在地下空间开发中,需采取一定的技术手段进行处理和围护,施工技术较为复杂,施工成本相对较高(图7-17)。

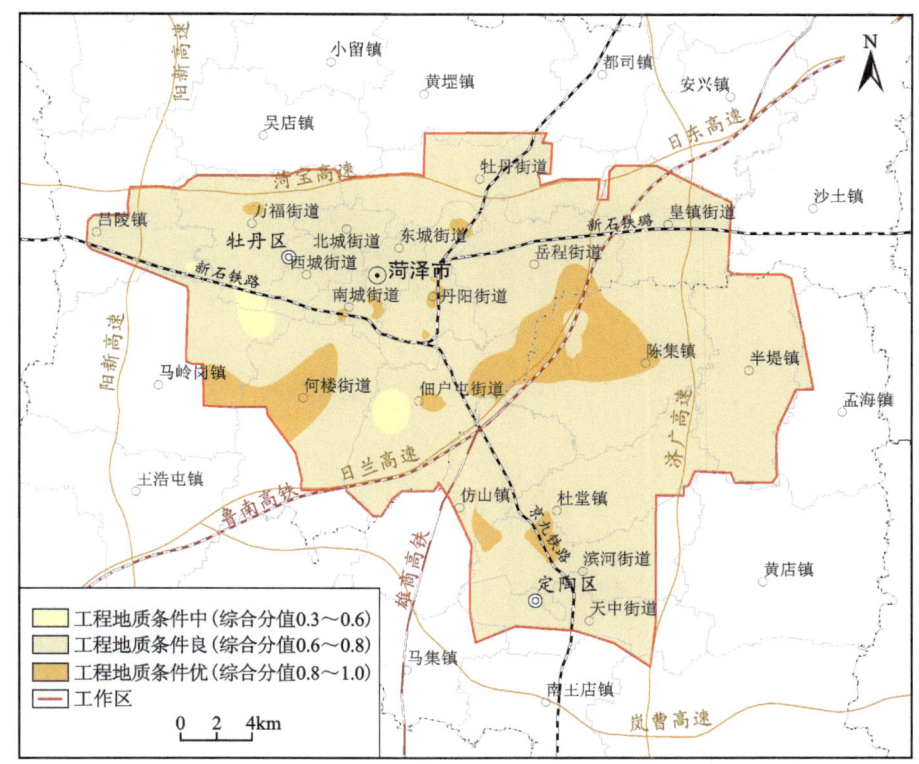

图 7-17 工作区深层（地面下 30~100m）地下空间资源评价地下岩土层综合分区图

2. 软弱土

1）机理分析

软弱土具有高含水量、高压缩性、低强度、低透水性、高灵敏度、高触变性、不均匀性等工程特性，在附加应力作用下会产生固结沉降变形，从而导致和加大地面下沉；在较强地震作用下，软土地基会产生震陷和不均匀沉降，对建筑物施工与安全造成不良影响和危害。由于软弱土具有塑性流变特性，在目前地下空间较深层次的开发利用中，会给施工带来不利影响，造成施工难度加大，从而增加工程建设费用，如地铁施工中的盾构掘进，软土的蠕变量大，土层的蠕动流动会造成开挖面失稳，同时因淤泥质土的黏性较高，易黏附盾构设备或造成管路堵塞，给掘进带来困难等；软土的高触变性在建筑施工、深基坑开挖、边坡稳定性方面都会给工程建设带来不利影响。此外，由于软土存在震陷隐患位于软弱土层中的各类桩抗水平地震力的能力较差，在强震作用下对桩基的建筑物也会产生不良影响和危害。

总之，软弱土的存在会不同程度地降低地下空间环境工程的地质质量。在地下空间工程施工建设中，应采取有效防治措施。需要指出的是，上述分析结果只反映软弱土层本身的稳定性，或者说只反映作为地基土质量的好坏，没有考虑软弱土层上、下非软土的作用。因此，在实际应用时应根据具体情况进行详勘，取得可靠的地基土设计参数，以便于在地下空间开发利用中安全、经济、合理地利用软土地基。

2）综合分析

区内无软弱土层（图 7-18）主要分布在万福街道、西城街道及杜堂镇—陈集镇一带，主要成分为淤泥质黏土、淤泥、粉土和粉质黏土等，层厚一般 2~8m。软弱土具有含水量高、压缩性高、强度低、透水性低、灵敏度高、触变性高等工程特性，在附加应力作用下会产生固结沉降变形，进而造成地面沉降增大。

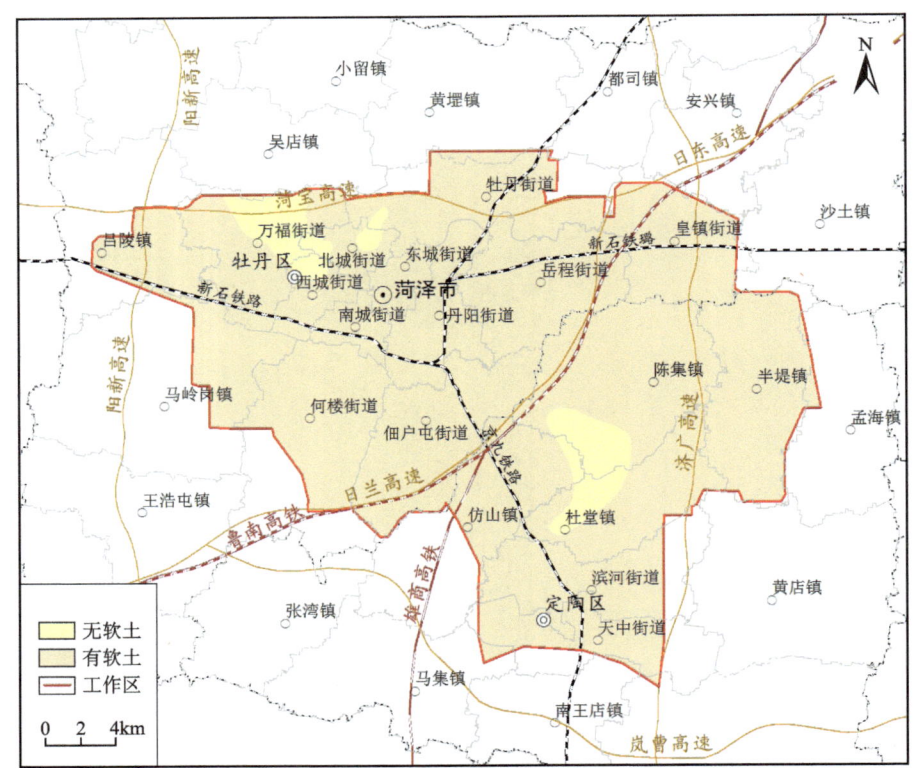

图 7-18 工作区有无软土分布图

3. 地面沉降速率

1）机理分析

地面沉降是在自然和人为因素作用下,地下一定深度内土体压缩而导致区域性地面标高降低的现象。地下水的超量开采、高层建筑物的高密度建设、地下空间的高强度开发、地下矿产资源的开采等会诱发地面沉降。一般而言,地面沉降主要是不合理开采地下矿体(地下水、天然气和石油、煤等)所致,是大城市比较普遍的不良地质现象。它具有生成缓慢持续时间长、影响范围广、成因机制复杂和防治难度大的特点,是一种对城市规划建设、经济发展和人民生活构成威胁的地质灾害。

地质环境条件在空间上的差异性,导致地面沉降在不同区段的表现不一致,即在沉降量与沉降速率及沉降产生的层位等方面不尽相同以及沉降发生的时间及动态变化不均衡等一系列沉降差异性问题。差异性沉降对地下空间资源的规划、开发、正常运营将产生非常严重的影响,主要包括以下 4 个方面。

（1）城市地下管网的破坏:根据城市的规模和建设,一些重要设施都是建在地下,如自来水管道、电缆、煤气管道等设施,由于地面沉降的不均匀性,且沉降都发生在土壤内部,所以经常造成这些设施的破坏。调查显示,在地面沉降现象较严重的地方,容易发生地下管线断裂,如煤气泄漏、自来水跑冒等现象,给国家和人民造成重大生命财产损失。

（2）城市地下交通安全受到威胁:地铁、地下高速路等地下交通网是城市经济快速发展后改善城区交通的必然选择,但其轨道对不均匀沉降非常敏感。不均匀沉降改变了地铁等交通工程的设计坡度,使其产生波浪式状况,将严重影响运营效益及使用年限,并增加道路维护费用。在沉降严重的地段,铁轨可能形成应力集中的地段,甚至会出现轨道断裂,造成交通事故。

（3）城市地下建筑物的损坏:地面沉降的产生将导致地下建筑物地基不均匀下沉、墙体开裂、地下建筑物内将与岩体空间直接连通,使地下水沿裂隙进入室内,严重时诱发地下室塌方,产生的灾害比地上建筑物更加严重。

（4）对地下空间开发施工造成不良影响：地下空间开发施工技术与地面建筑施工技术有显著不同，受土层分布及其特性的复杂性和技术手段的限制，人们在施工前难以准确把握土层的实际分布和力学特性，这在很大程度上增加了地下工程施工的工程风险和难度，而地面沉降的发生将进一步改变开挖方案和加大施工难度。地面沉降给地下空间开挖施工造成困难，引起标高的变化和混乱、分段施工的对接错位等。

2）综合分析

根据地面沉降速率，工作区累计沉降速率分为＜10mm/a、10～30mm/a 和 30～50mm/a（图 7-19）。其中，地面沉降速率＜10mm/a 区占绝大部分，面积 708.71km²；地面沉降速率 10～30mm/a 区，主要分布在佃户屯街道北部、岳程街道—皇镇街道、南城街道的一带及吕陵镇一带，面积 31.77km²；地面沉降速率 30～50mm/a 区主要分布在南城街道，面积 0.33km²。

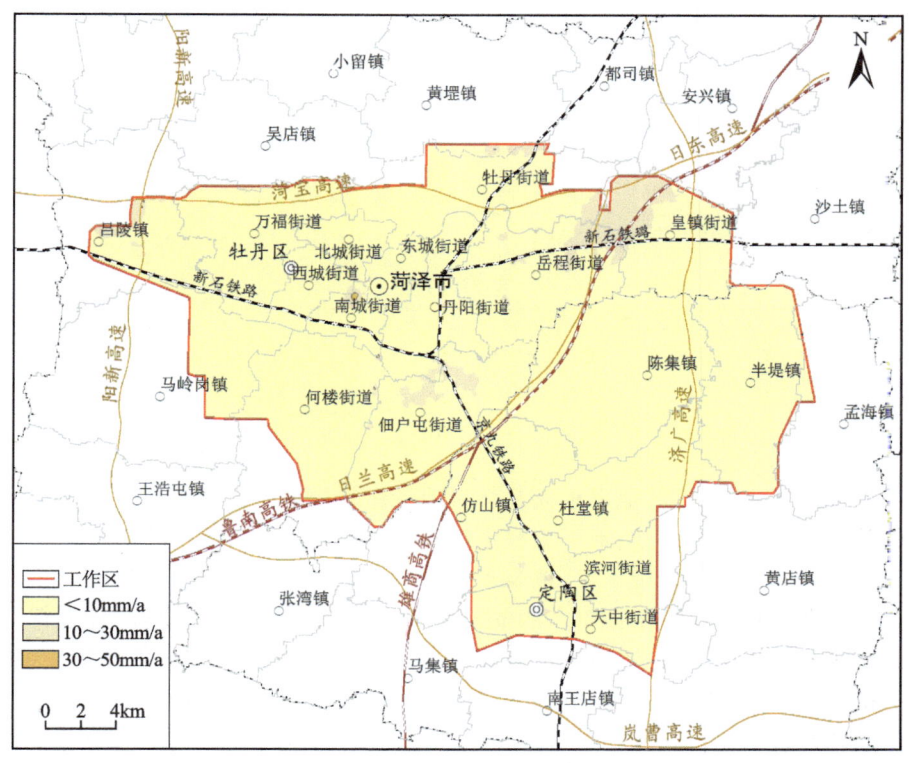

图 7-19　工作区沉降速率分布图

（三）生态资源保护

1. 生态湿地

1）原因分析

湿地是城市之肾，保护自然湿地，因地制宜建设人工湿地，对于维护城市生态环境具有重要意义。整个湿地像一个大地之肾，把水里的营养素留下来，滋养当地的水生植物和鱼类。工作区范围内的湿地主要包括河流湿地（东鱼河北支、赵王河、护城河等）和水库湿地（西城水库、南湖水库、刘楼水库等）。地下工程若处于该湿地之下，无疑会对地下建筑物构成一定的威胁，因此在地下工程施工前必须做好防水措施。

2）综合分析

根据《菏泽市海绵城市专项规划》（2016—2030 年）规定，西城水库、南湖水库、东鱼河北支、赵王河保护区范围为取水口侧正常水位线以上 200m 范围内的陆域（图 7-20）。

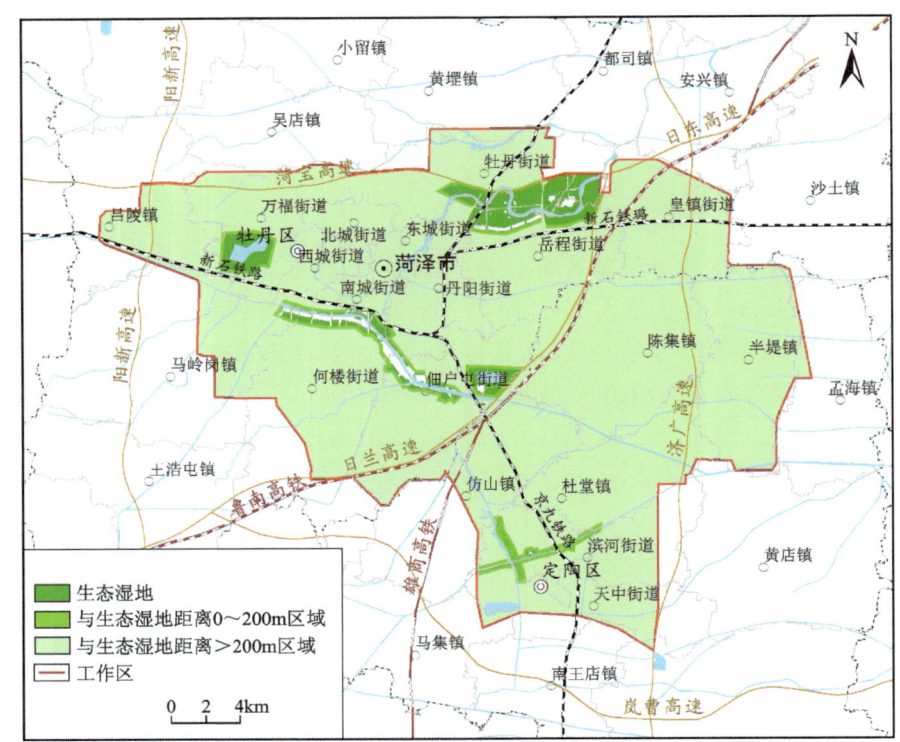

图 7-20 工作区与生态湿地相对距离分布图

2. 重要水体

1）原因分析

地下工程若处于重要水体之下，地表水无疑会对地下建筑构成一定的威胁，特别是在丰水期地下空间会面临一定的遭水灾的风险。因此，地下工程不仅要做好防地下水措施，还必须做好防地表水措施，特别是全地下建筑如果防水结构处理不好，地表水一旦溃入将造成不可想象的悲剧。

由于地表水对于建筑物和人身生命财产的危害是巨大的，且与地下水产生的危害有一定的区别，地下水是长期赋存且缓慢变化的，它的动态变化有着明显的滞后性，根据其动态变化特征可以有较充足的时间去采取防护措施；而地表水受季节影响显著，枯时干涸，丰时大涝，一旦水涝发现不及时或防护措施不当都会产生严重的危害。

2）综合分析

工作区范围内主要河流为万福河、东鱼河北支、洙水河、赵王河、环堤河、刁屯河、王秀生河、定陶新河、金堤河等，且都为小型河流，水库主要有西城水库、雷泽湖水库、刘楼水库，湖泊主要为青年湖。

根据重要水体对地下空间资源开发的影响，按照《菏泽市海绵城市专项规划》（2016—2030 年）的规定将重要水体的缓冲区划分为<30m、30～50m、50～300m 和>300m（图 7-21），形成了影响程度不同的若干区，并以此作为基本因子进行空间分析。

（四）人类工程活动的影响

1. 地面建筑类型及已开发地下工程

1）原因分析

随着高程建筑向地下空间发展，地下室的深度和层数也在进一步增加，建筑物地下 0～20m 的空间都被桩基础和地下室占用。而地下空间开发利用以不破坏已有设施为前提，特别是其下部一定厚度内的地下空间不宜任意开发。

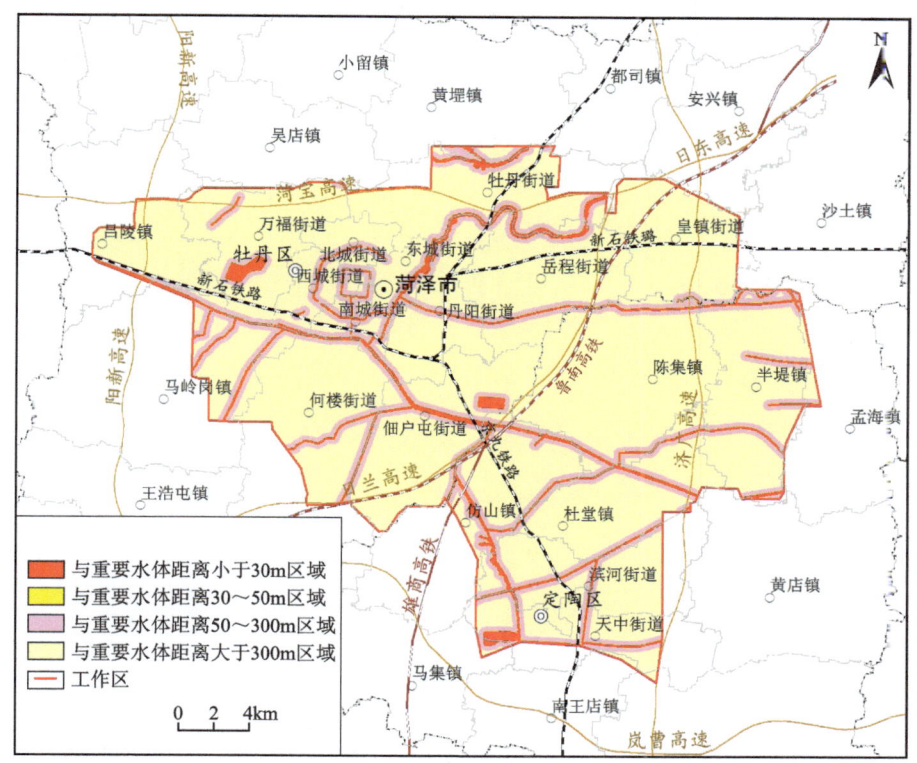

图 7-21 工作区与重要水体相对距离分布图

地下空间的开发必然受到地下管线的影响。城市管线系统是城市的血脉,也是最基础的设施之一,主要包括供水、排水、燃气、热力、供电、通信、消防、工业八大类近 30 种,种类繁多,数量较大。地下空间的开发必然消除管线的干扰,由于埋设物的正确位置较难把握,必然会造成重复性开挖。一种有效的途径是将各种地下埋设的管线集中到一条坚固的综合管廊中(共同沟),建立市政综合管线系统,提高管线的安全性和稳定性,从而避免无序地开发地下空间。此外,还有其他掩蔽工程、通讯工程、配套保障等人防工程,也是城市已有地下空间的重要内容,是国防的重要组成部分,地下空间的开发利用必须和人防结合起来。

2)综合分析

工作区根据有无建筑及类型可分为地下空间未开发、低层建筑、多层建筑、高层建筑及超高层建筑(图 7-22),其对地下空间影响深度分别为 0m、10m、30m、50m 和 100m。地下空间的开发利用会受到地面空间利用现状不同程度的影响,如高层建筑、高架立交桥、工业厂区分布状况。近年来,菏泽市中心城区的高程建筑如雨后春笋般立起,主要位于牡丹区、鲁西新区和定陶区,主要功能是商务综合楼、酒店及商品住房等。工作区范围内共有 4 座立交桥,分别是黄河路与人民路立交桥、丹阳路立交桥、大屯公铁立交桥和人民南路立交桥。

2. 与重要交通干线的距离

1)原因分析

菏泽市重要的交通干线主要为铁路、高速公路等,通过对列车动应力在土层中分布规律的研究分析发现:轮轨力增大、路基面的动应力增大,轴重越大,动应力越大,速度越高,动应力越大;轨下无构筑物时,列车动应力在地下 7~8m 的深度处就完成主要衰减量;轨下有构筑物时,无论在施工阶段还是在使用阶段,列车动力动应力传至结构物顶部时都会产生急剧加大。因此,必须采取措施以减小列车动应力荷载对盾构隧道结构的影响,从而从外因上减小盾构管片的变形,同时加强管片的强度和刚度,从内因

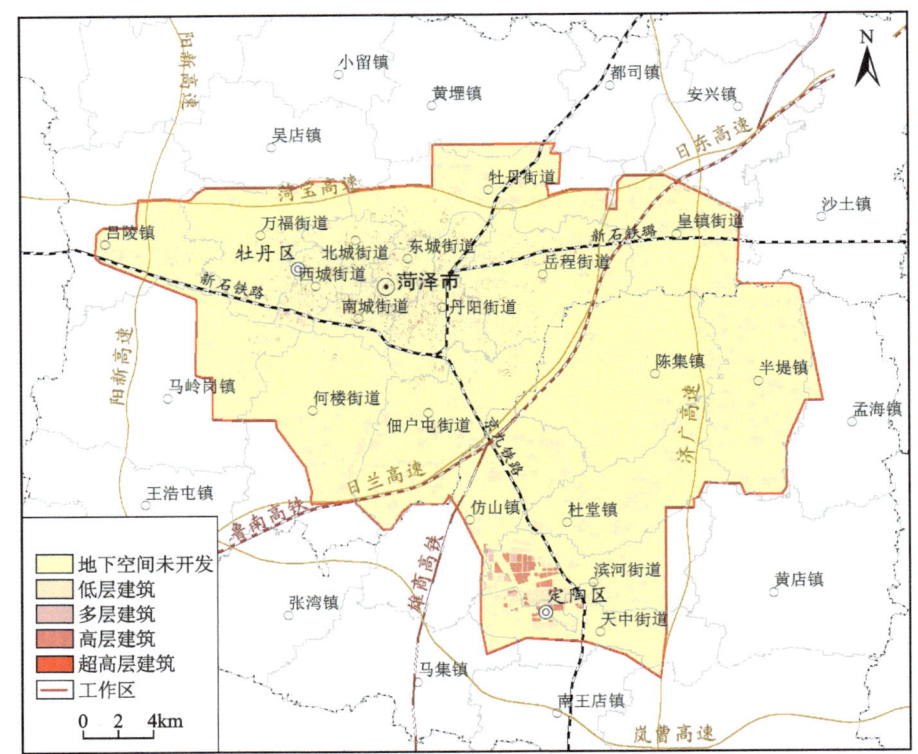

图 7-22 工作区地面建筑类型及已开发地下工程分布图

上提高抵抗变形的能力。另外,如果可以把市区铁路转入地下,不仅会避免地面产生噪声,还会新增一定数量的土地利用面积。

2)综合分析

主干道主要包括铁路、高速公路和国道等,如鲁南高铁、雄商高铁、京九铁路、新石铁路、日东高速、阳新高速、日兰高速、国道 G327、省道等,构成了工作区与外界相连的主要交通干线(图 7-23)。

(五)地质构造条件

1. 地基液化等级

松散饱水的土体在地震和动力荷载等作用下,受到强烈振动而丧失抗剪强度,土颗粒处于悬浮状态,致使地基失效的现象,称为振动液化,由于这种现象多发生在砂土地基中,又称为砂土液化。地震导致的砂土液化往往是区域性的,我国邢台、海城和唐山的 3 次大地震皆造成了大范围的砂土液化,使各类地面工程设施遭受破坏。所以,地震液化是岩土工程和工程地质学的重要研究课题之一。

地震液化现象多发生在海滨、湖岸和冲积平原区,这些地区结构较松散(软)的砂土和粉土分布较广。地震液化造成了地面下沉、地表塌陷、地面流滑以及地基土承载力丧失等宏观震害现象,它们对各类工程设施皆有危害性,结果分析详见第五章内容。

2. 断裂与新构造运动

1)机理分析

根据断裂构造在第四纪的活动情况,工作区断裂分为活动断裂和非活动断裂。断裂构造对地下工程的影响主要表现在以下几个方面。

(1)断裂错动直通地表,在地面产生位错,破坏位于错带上的建筑,不易用工程措施避免,如对地下生命线工程的破坏。地下线性工程,如供排水管道、暖气管道、天然气管道、通信电缆、电力系统等,一般

图 7-23 工作区与重要交通干线距离范围分布图

都直接埋入地下,当其跨越断裂带时,断裂垂直差异运动会对管道产生竖向拉张,超过其强度时便会遭破坏,当断裂破碎带发生水平方向的蠕动时还可能会对管道产生剪切破坏。同时,断裂的活动强度将威胁地下交通的稳定性,如断层的蠕动导致上覆地层变形、地表自由面出现张性裂缝,进而导致上覆地层坍塌。

(2)断裂活动产生的次生效应,如产生大量的崩塌、滑坡、滚石、地裂缝、砂土液化、地基失稳等,具有突发性、不可预见性和极大灾难性的特点。

(3)断裂破碎带裂隙密集,岩体强度低,是良好的地下水富集带,发育软弱夹层,对地下工程施工构成严重的安全隐患,如坍塌、冒顶及涌水等,故地下空间在开发利用时应做好止水和防水措施。

非活动断裂构造区域稳定性较好,对地下空间开发的影响相对较小。活断层是新构造运动的一种表现形式,自地壳形成以来仍在不断地运动和发展。除具备非活动性断裂的特性外,因其区域稳定性较差,存在发生一定突发性地震的可能,对地下空间开发的影响较大,主要表现在3个方面:①活断层地面错动和附近岩土体变形,会直接损害跨断层修建或建于其附近的建筑物与地下工程;②地震时,活断层发震会直接破坏其上的建筑物和开发的地下空间;③活断层是产生不良地质现象的重要因素,活断层发育地带往往产生较大的地形高差,地下水容易入渗,加大风化强度,容易产生滑坡、崩塌、泥石流等现象。在活断层的错动灾害研究方面,现代地震科学尚不能对实际工程提供科学有效的指导,因此一般对活断层应采取回避策略。

2) 综合分析

根据前文分析,工作区内小宋-解元集断裂为微弱或中等全新世活动断裂,菏泽断裂为早中更新世活动断裂,东明-成武断裂为晚更新世活动断裂,其他地区无活动断裂。根据与断裂距离,把工作区地段类别划分为断裂影响大(<50m)、断裂影响中等(50~250m)、断裂影响较小(250~500m)和断裂影响小(>500m)(图7-24)。开展各类规划及工程建设前应进行区域稳定性研究,详细分析断裂性质;建设选址尽量避让活动性断裂带,无法避免的情况下应提高建筑物抗震等级等措施,对结构进行抗震、减震控制。

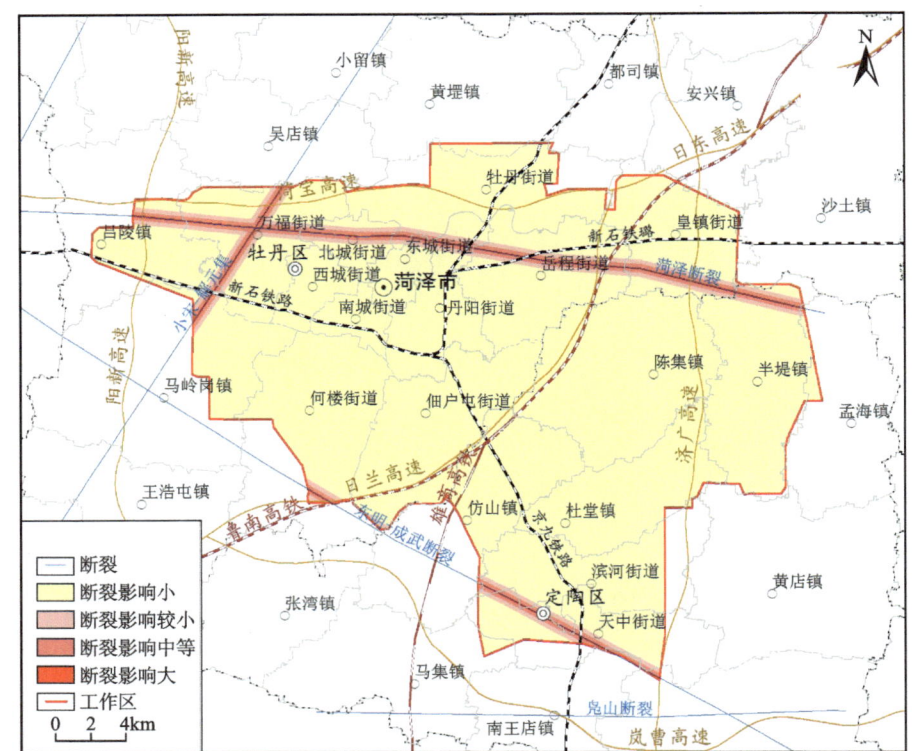

图 7-24 工作区与断裂距离范围分布图

三、菏泽城市地下空间资源质量评价

（一）城市地下空间资源各隶属度划分

为实现 GIS 软件的空间叠加功能，首先进行了各综合评估要素的分区，在已经取得权重的基础上，对不同分区赋值。为减少人为因素的影响，在 5 位专家对不同分区赋值时，按照模糊数学原理，采取隶属度划分进行赋值。对各要素的属性结构进行编辑，将权重与赋值的乘积添加到区属性中。

1. 地下水埋深

工作区地下水水位埋深应根据设计基准期内年平均最高水位或近期年内最高水位的原则采用。本次地下水水位埋深根据近期年内最高水位即 2023 年丰水期水位埋深计算，对水位埋深按照 15m、30m、50m 和 100m 进行了分区（表 7-43）。

表 7-43 地下水埋深与隶属度对应关系表

地下水埋深				隶属度			
0～15m	15～30m	30～50m	50～100m	优	良	中	差
≥15m	≥30m	≥50m	≥100m	1	0	0	0
8～15m	20～30m	40～50m	75～100m	0.2	0.6	0.2	0
3～8m	15～20m	30～40m	50～75m	0	0.2	0.6	0.2
<3m	<15m	<30m	<50m	0	0	0.2	0.8

2. 地下水富水性

地下空间开发深度分为 0～15m、15～30m、30～50m、50～100m。因此,在对工作区开发深度内地下水富水性评价时,当地下水富水性强时,易发生入渗、流土、流砂和产生浮托作用,会增加施工期间地下水控制的难度,从而增加地下空间的开发成本(表 7-44)。

表 7-44 地下水富水性与隶属度对应关系表

地下水富水性	隶属度			
	优	良	中	差
≤500m³/d	0.8	0.2	0	0
500～1000m³/d	0.2	0.6	0.2	0
1000～3000m³/d	0	0.2	0.6	0.2

3. 地下水腐蚀性

对地下水的腐蚀性进行了腐蚀性判别。菏泽市的浅层地下水大部分对混凝土结构具有弱腐蚀性和微腐蚀性,个别地方具有中腐蚀性和强腐蚀性(表 7-45)。

表 7-45 地下水腐蚀性与隶属度对应关系表

地下水腐蚀性	隶属度			
	优	良	中	差
微腐蚀性	0.8	0.2	0	0
弱腐蚀性	0.2	0.6	0.2	0
中腐蚀性	0	0.2	0.6	0.2
强腐蚀性	0	0	0.2	0.8

4. 岩性组合

本次岩性组合共整理了 256 个小区的钻孔资料,根据钻孔资料将工作区地层进行聚类汇总,最后得到工作区标准地层,对标准地层进行赋分,结合地下空间开发,主要考虑其围岩稳定性及工程力学性质,对其中相对地下空间开发最好地层以满分 1 分计,相对最差地层以 0.1 分计,其余地层分值介于 0.1～1 之间。按以上标准对收集整理的所有有效钻孔进行统计得分并按厚度加权汇总及归一化(表 7-46),得到各钻孔综合得分数据库,进而得到各钻孔控制区域内的综合得分分布图。

表 7-46 岩性组合与隶属度对应关系表

岩性组合	隶属度			
	优	良	中	差
0.8～1.0	0.8	0.2	0	0
0.6～0.8	0.2	0.6	0.2	0
0.3～0.6	0	0.2	0.6	0.2
0～0.3	0	0	0.2	0.8

5. 软弱土分布

工作区内无软弱土层主要分布在万福街道、西城街道及杜堂镇—陈集镇一带,与隶属度的关系见表 7-47。

表 7－47 有无软弱土与隶属度对应关系表

软弱土分布	隶属度			
	优	良	中	差
无软弱土	1.0	0	0	0
有软弱土	0	0	0.8	0.2

6. 地面沉降速率

地下水的超量开采、高层建筑物的高密度建设、地下空间的高强度开发等会诱发地面沉降,根据地面沉降速率可把工作区分为累计沉降速率＜10mm/a、10～30mm/a、30～50mm/a,基本无大于 50mm/a 区域(表 7－48)。

7. 生态湿地分布

工作区范围内的湿地主要包括河流湿地(东鱼河北支、赵王河、护城河等)和水库湿地(西城水库、南湖水库、刘楼水库等)。根据《菏泽市海绵城市专项规划》(2016—2030 年)规定,保护区范围为取水口侧正常水位线以上 200m 范围内的陆域(表 7－49)。

表 7－48 地面沉降速率与隶属度对应关系表

地面沉降速率	隶属度			
	优	良	中	差
＜10mm/a	0.8	0.2	0	0
10～30mm/a	0.2	0.6	0.2	0
30～50mm/a	0	0.2	0.6	0.2
＞50mm/a	0	0	0.2	0.8

表 7－49 生态湿地与隶属度对应关系表

生态湿地	隶属度			
	优	良	中	差
≥200m	0.8	0.2	0	0
＜200m	0	0.2	0.4	0.4
0m	0	0	0.2	0.8

8. 重要水体分布

根据重要水体对地下空间资源开发的影响,按照《菏泽市海绵城市专项规划》(2016—2030 年)的规定:将重要水体的缓冲区划分为＜30m、30～50m、50～300m 和＞300m,形成了影响程度不同的若干区(表 7－50),并以此作为基本因子进行空间分析。

9. 地面建筑类型及已开发地下工程

地下空间的开发利用会受到地面空间利用现状不同程度的影响,如高层建筑、高架立交桥、地下管线及人防工程的分布状况。本次工作采用土调数据提取及遥感解译的手段提取中心城区地物类型的分布情况(表 7－51)。

表 7-50　重要水体与隶属度对应关系表

重要水体	隶属度			
	优	良	中	差
>300m	0.8	0.2	0	0
50~300m	0.2	0.6	0.2	0
30~50m	0	0.2	0.6	0.2
<30m	0	0	0.2	0.8

表 7-51　地面建筑类型及已开发地下工程与隶属度对应关系表

地面建筑类型及已开发地下工程	隶属度			
	优	良	中	差
无建筑物	0.8	0.2	0	0
低层建筑及管线	0.2	0.6	0.2	0
多层建筑	0	0.4	0.6	0
高层建筑及人防工程	0	0	0.2	0.8
超高层建筑	0	0	0	1.0

10. 与重要交通干线距离

随着经济的高速发展,菏泽市重要交通干线数量也在增加,主要表现为铁路、高速和立交桥。大规模的交通干线错综复杂,形成交通网,会聚集城市人流的方向和程度。因此,在重要交通干线及周边 90m 内并且深度在 10m 内,为地下空间不可充分开发区,开发地下空间要注意避让与保护(表 7-52)。

11. 地基液化

由于粉土、砂土液化只发生在 0~20m 范围内,整个工作区内除零星分布着几处轻微液化地段外,全部为不液化或可不考虑液化影响的区域(表 7-53)。

表 7-52　与重要交通干线距离与隶属度对应关系表

与重要交通干线距离	隶属度			
	优	良	中	差
>90m	0.8	0.2	0	0
60~90m	0.2	0.6	0.2	0
30~60m	0	0.2	0.6	0.2
<30m	0	0	0.2	0.8

表 7-53　地基液化与隶属度对应关系表

地基液化等级	隶属度			
	优	良	中	差
不液化或可不考虑液化影响	1	0	0	0
轻微	0.6	0.4	0	0

12. 断裂与新构造运动

根据断裂构造与地下空间开发关系的认识,将活动性断裂分别缓冲 50m、250m、500m,形成了影响程度不同的若干区,并以此作为基本因子进行空间分析(表 7-54)。

表 7-54 断裂与新构造运动与隶属度对应关系表

断裂与新构造运动	隶属度			
	优	良	中	差
>500m	0.8	0.2	0	0
250~500m	0.2	0.6	0.2	0
50~250m	0	0.2	0.6	0.2
<50m	0	0	0.2	0.8

(二)城市地下空间综合资源质量评价

本次对菏泽市城市地下空间资源的质量评价所采用的方法是模糊综合评价法和层次分析法。地下空间剖分是进行资源质量评价的基础。定义属性信息的最小空间单元为评价单元,它是评价指标值、权重值和评价结果的载体。因此,在整个评价过程中,评价单元的划分很重要。本次研究把评价区按照地面下 0~15m、15~30m、30~50m、50~100m 进行划分,对 4 个层位分别进行资源质量评价,进而得出不同层位的地下空间综合质量分区图。

评估过程主要利用 GIS 软件进行各指标值综合分析,经评估字段叠加运算得到综合评估结果。划分单元的边界时完全由各因子图的分界线自动运算确定,避免了人为指定网格的缺点。

1. 浅层(地面下 0~15m)地下空间质量评价

根据计算结果可知,工作区 0~15m 地下空间质量分为适宜性优区、良区和差区 3 个区,其分布情况和面积详见表 7-55 与图 7-25。

表 7-55 工作区浅层(地面下 0~15m)地下空间质量评价适宜性分区一览表

适宜性	面积/km²	占比/%	分布范围
适宜性优区	739.05	99.76	除小宋-解元集断裂、东明-成武断裂部分地区以外的绝大部分区域
适宜性良区	0.58	0.08	零星分布于区内
适宜性中区	0.39	0.05	零星分布于区内
适宜性差区	0.81	0.11	零星分布于区内
合计	740.83	100.100	

《菏泽市国土空间总体规划(2021—2035 年)》第 85 条规定明确地下空间分区管控要求,将地下空间分为禁建区、限制区、适建区等,即地下空间禁建区主要包括陆地水域、水源保护区、地下文物保护区域、严重地质灾害等地下空间资源;地下空间限建区主要包括地质条件受限区,具有一定生态功能的公园绿地等;地下空间适建区为除禁建区和限建区外的其他区域,规划合理利用,鼓励地上地下空间协同发展。

本次禁建区主要包括陆地水域、水源保护区、地下文物保护区域等,限建区主要包括具有一定生态功能的公园绿地等,扣除后的结果如图 7-26 和表 7-56 所示。

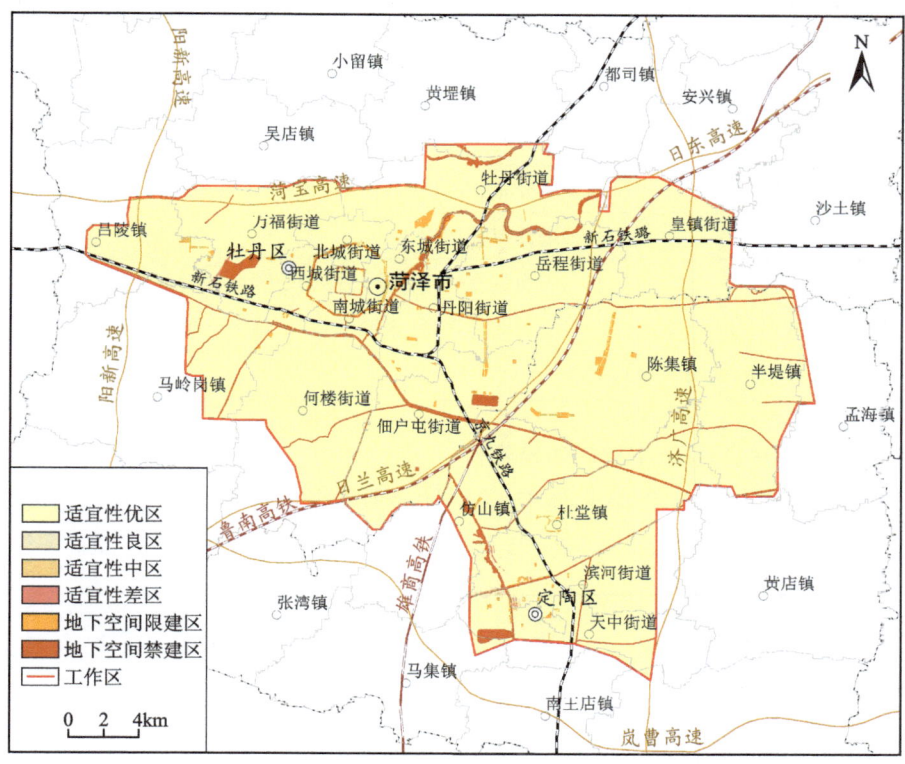

图 7-25 工作区浅层（地面下 0~15m）地下空间适宜性评价分区图

图 7-26 工作区浅层（地面下 0~15m）扣除限建区和禁建区地下空间质量评价适宜性分区图

表 7-56 工作区浅层(地面下 0~15m)地下空间质量评价适宜性分区一览表(扣除后)

适宜性	面积/km²	占比/%	分布范围
适宜性优区	705.45	95.22	除小宋-解元集断裂、东明-成武断裂部分地区以外的绝大部分区域
适宜性良区	0.58	0.08	零星分布于区内
适宜性中区	0.33	0.04	零星分布于区内
适宜性差区	0.49	0.07	零星分布于区内
地下空间限建区	7.70	1.04	主要为具有一定生态功能的公园绿地的区域
地下空间禁建区	26.34	3.55	主要为陆地水域、水源保护区、地下文物保护区域等
合计	740.79	100.00	

2. 次浅层(地面下 15~30m)地下空间质量评价

根据计算结果可知,工作区次浅层(地面下 15~30m)地下空间质量分为适宜性优区、良区、中区和差区 4 个区,其分布情况和面积详见图 7-27 与表 7-57。

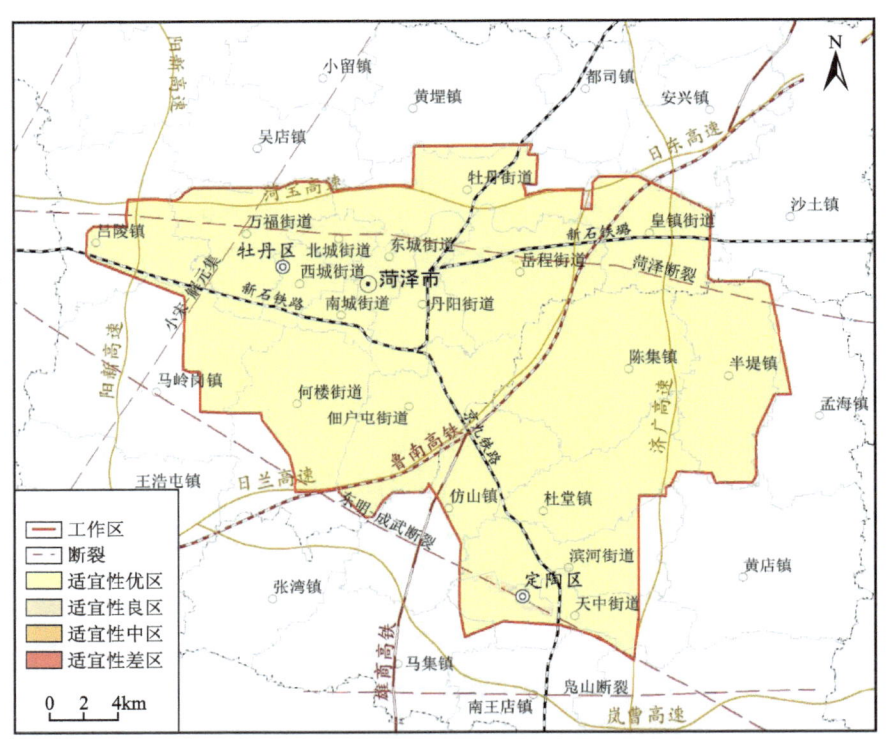

图 7-27 工作区次浅层(地面下 15~30m)地下空间适宜性评价分区图

表 7-57 工作区次浅层(15~30m)地下空间质量评价适宜性分区一览表

适宜性	面积/km²	占比/%	分布范围
适宜性优区	737.45	99.55	分布于工作区的绝大部分区域
适宜性良区	2.59	0.35	零星分布于区内
适宜性中区	0.70	0.09	零星分布于区内
适宜性差区	0.06	0.01	零星分布于区内
合计	740.80	100.00	

同理,根据《菏泽市国土空间总体规划(2021—2035年)》,扣除禁建区和限建区后结果见表7-58与图7-28。

表7-58 工作区次浅层(地面下15~30m)地下空间质量评价适宜性分区一览表

适宜性	面积/km²	占比/%	分布范围
适宜性优区	703.48	94.96	分布于工作区的绝大部分区域
适宜性良区	2.55	0.34	零星分布于区内
适宜性中区	0.70	0.10	零星分布于区内
适宜性差区	0.06	0.01	零星分布于区内
地下空间限建区	8.78	1.18	主要为具有一定生态功能的公园绿地的区域
地下空间禁建区	25.25	3.41	主要为陆地水域、水源保护区、地下文物保护区域等
合计	740.82	100.00	

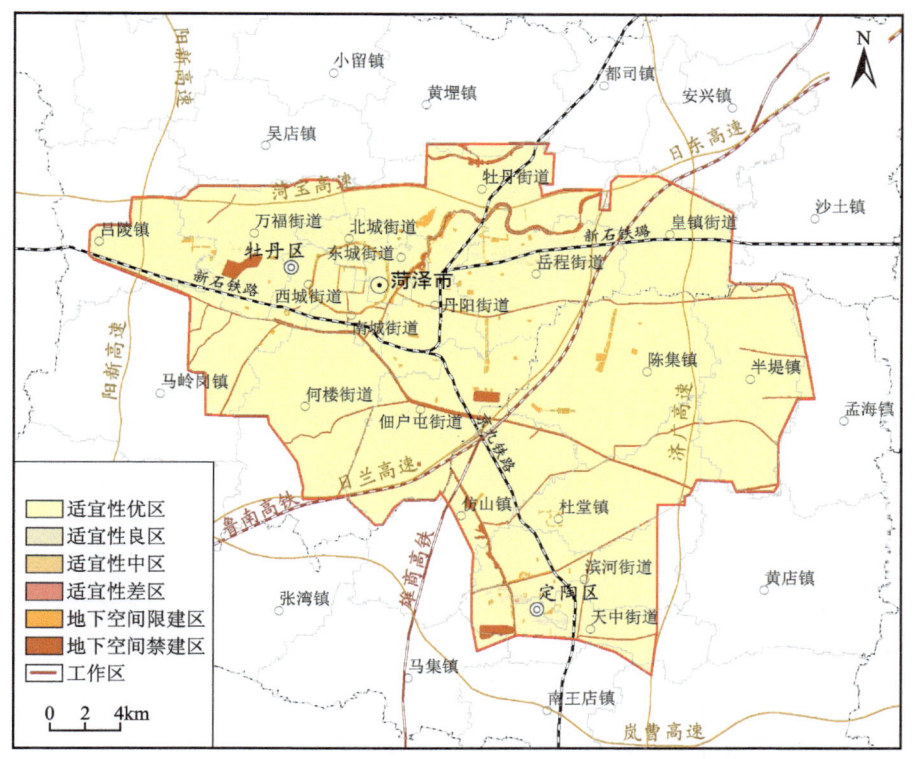

图7-28 工作区次浅层(地面下15~30m)扣除限建区和禁建区地下空间质量评价适宜性分区图

3. 次深层(30~50m)地下空间质量评价

根据计算结果可知,工作区次深层(30~50m)地下空间质量分为适宜性优区、良区、中区和差区4个区,其分布情况和面积详见表7-59与图7-29。同理,根据《菏泽市国土空间总体规划(2021—2035年)》,扣除禁建区和限建区后结果见表7-60和图7-30。

表 7-59　工作区次深层（地面下 30～50m）地下空间质量评价适宜性分区一览表

适宜性	面积/km²	占比/%	分布范围
适宜性优区	708.86	95.69	分布于除菏泽断裂、小宋-解元集断裂、东明-成武断裂两侧500m范围外的绝大部分区域
适宜性良区	21.10	2.85	分布于菏泽断裂、小宋-解元集断裂、东明-成武断裂距离在250～500m范围内的大部分区域
适宜性中区	9.20	1.24	分布于菏泽断裂、小宋-解元集断裂、东明-成武断裂距离在50～250m范围内的大部分区域
适宜性差区	1.64	0.22	分布于菏泽断裂、小宋-解元集断裂、东明-成武断裂距离小于50m的大部分区域
合计	740.80	100.00	

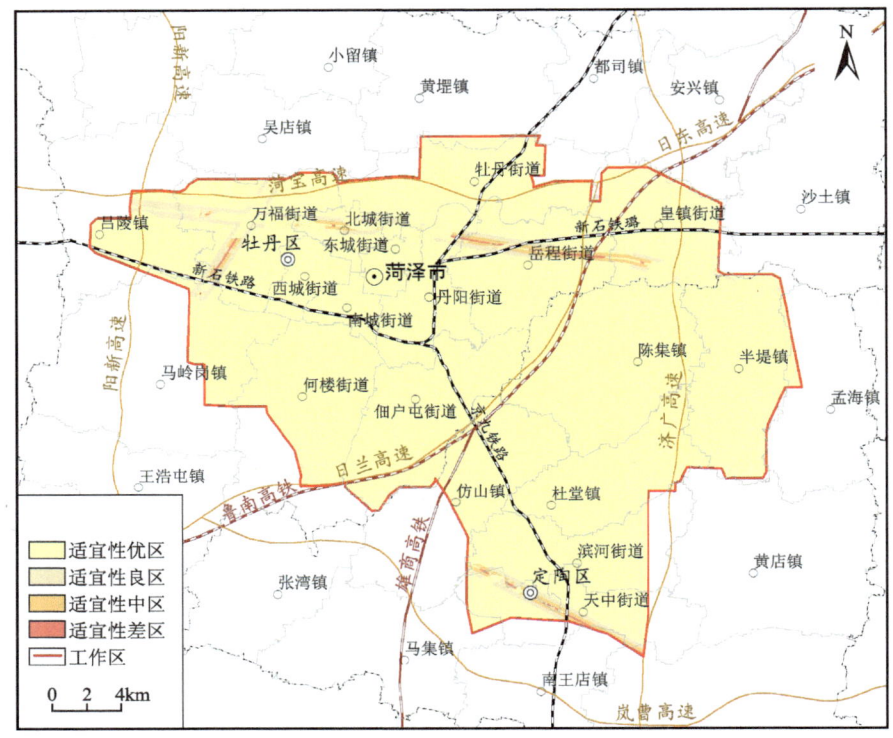

图 7-29　工作区次深层（地面下 30～50m）地下空间适宜性评价分区图

表 7-60　工作区次深层（地面下 30～50m）地下空间质量评价适宜性分区一览表（扣除后）

适宜性	面积/km²	占比/%	分布范围
适宜性优区	676.19	91.27	分布于工作区的绝大部分区域
适宜性良区	8.75	1.18	零星分布于区内
适宜性中区	20.34	2.75	零星分布于区内
适宜性差区	1.51	0.20	零星分布于区内
地下空间限建区	7.70	1.04	主要为具有一定生态功能的公园绿地的区域
地下空间禁建区	26.34	3.56	主要为陆地水域、水源保护区、地下文物保护区域等
合计	740.83	100.00	

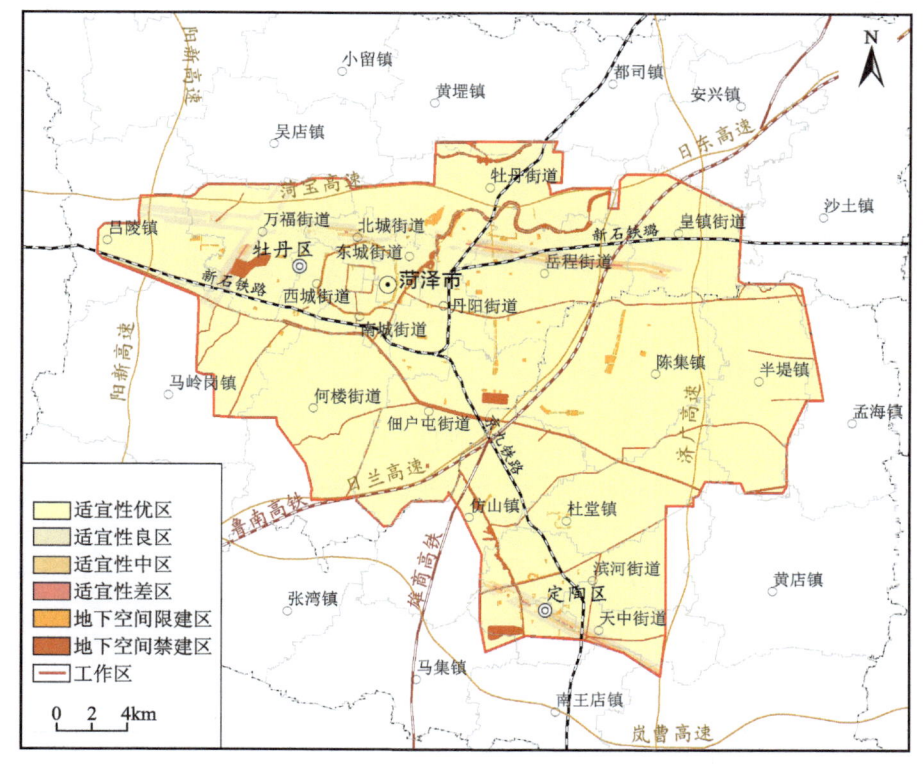

图7-30 工作区次深层（地面下30～50m）扣除限建区和禁建区地下空间质量评价适宜性分区图

4. 深层（地面下50～100m）地下空间质量评价

根据计算结果可知，工作区深层（地面下50～100m）地下空间质量分为适宜性优区、良区、中区和差区4个区，其分布情况和面积详见表7-61与图7-31。

同理，根据《菏泽市国土空间总体规划（2021—2035年）》，扣除禁建区和限建区，扣除后的结果如图7-32与表7-62。

表7-61 工作区深层（地面下50～100m）地下空间质量评价适宜性分区一览表

适宜性	面积/km²	占比/%	分布范围
适宜性优区	695.55	93.89	分布于除菏泽断裂、小宋-解元集断裂、东明-成武断裂两侧500m范围外的绝大部分区域
适宜性良区	30.60	4.13	分布于菏泽断裂、小宋-解元集断裂、东明-成武断裂距离在250～500m范围内的大部分区域
适宜性中区	10.71	1.45	分布于菏泽断裂、小宋-解元集断裂、东明-成武断裂距离在50～250m范围内的大部分区域
适宜性差区	3.93	0.53	分布于菏泽断裂、小宋-解元集断裂、东明-成武断裂距离小于50m的大部分区域
合计	740.79	100.00	

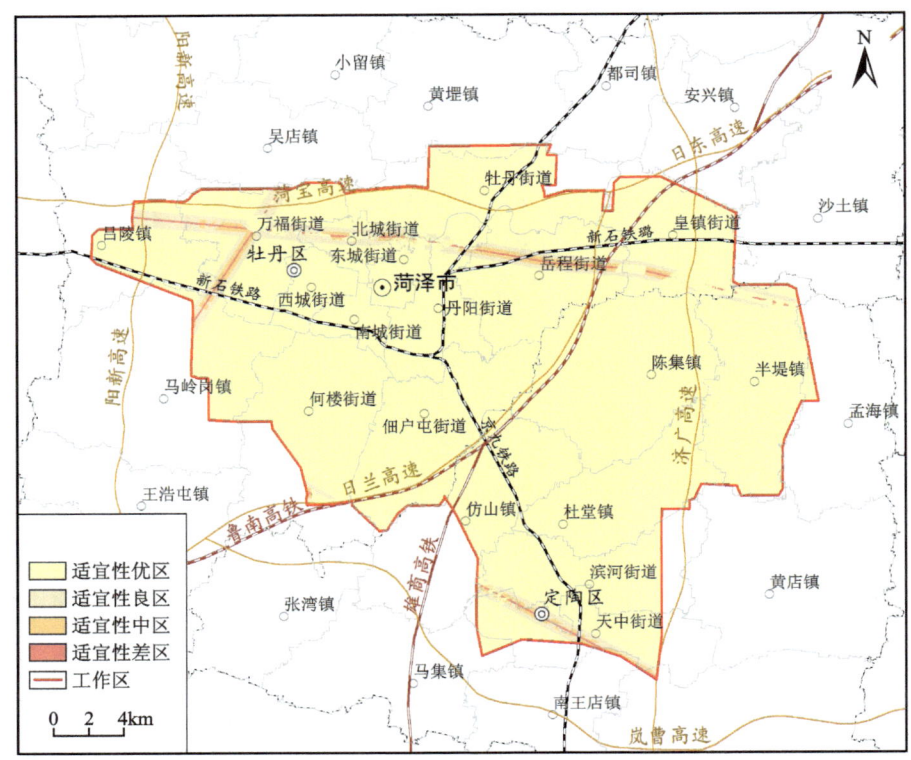

图 7-31　工作区深层（地面下 50～100m）地下空间适宜性评价分区图

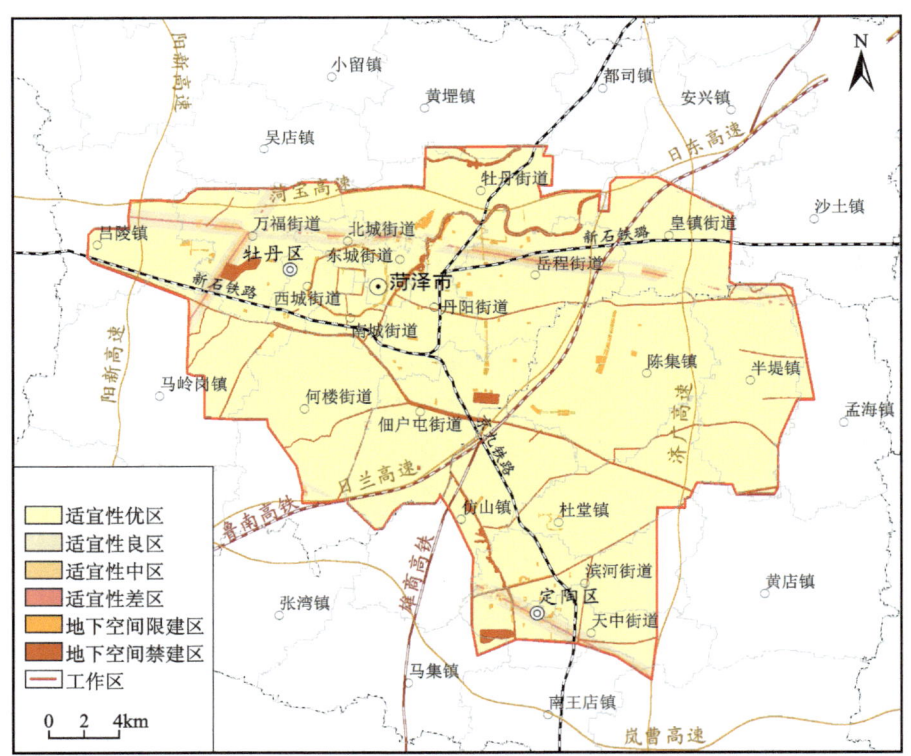

图 7-32　工作区深层（地面下 50～100m）扣除限建区和禁建区地下空间质量评价适宜性分区图

表 7-62　工作区深层（地面下 50～100m）地下空间质量评价适宜性分区一览表（扣除后）

适宜性	面积/km²	占比/%	分布范围
适宜性优区	663.28	89.53	分布于除菏泽断裂、小宋-解元集断裂、东明-成武断裂两侧 500m 范围外的绝大部分区域
适宜性良区	29.52	3.98	分布于菏泽断裂、小宋-解元集断裂、东明-成武断裂距离在 250～500m 范围内的大部分区域
适宜性中区	10.27	1.39	分布于菏泽断裂、小宋-解元集断裂、东明-成武断裂距离在 50～250m 范围内的大部分区域
适宜性差区	3.73	0.50	分布于菏泽断裂、小宋-解元集断裂、东明-成武断裂距离小于 50m 的大部分区域
地下空间限建区	7.70	1.04	主要为具有一定生态功能的公园绿地区域
地下空间禁建区	26.34	3.56	主要为陆地水域、水源保护区、地下文物保护区域等
合计	740.84	100.00	

第三节　地下空间资源量计算与评价

一、地下空间资源可开发程度的影响因素

从经济社会可持续发展和科学发展观的角度看，地下空间资源的开发必须能够有利于保护与维持正常的地质和生态环境；从生态环境安全的角度，地下空间的开发要避免对生态环境要素产生影响和破坏；从地质环境安全的角度，地下空间的工程选址要避开严重的不良地质现象，一方面使地下工程可以更加经济安全而且经久耐用，另一方面也避免由于地下工程的扰动进一步恶化地质环境引发地质灾害。因此，研究影响地下空间资源科学开发程度的影响因素十分重要，它一方面对地下空间的开拓起着制约作用，影响地下空间的施工与运行；另一方面又受地下空间开拓工程的反馈影响。

根据影响城市地下空间资源的自然条件、城市空间类型、规划条件等，将地下空间资源划分为可充分开发区、不可充分开发区、慎重与限制开发区和禁止开发区，并在此基础上分析各用地类型下可供开发的地下空间资源蕴藏量。

工作区内地下空间资源可开发程度受多种因素影响，具体可包括城镇村建筑物、绿地、水体、道路用地及广场、铁路用地、农田、特殊用地和工矿仓储用地等。

结合菏泽市城市自身特点，按分级、分序、抓主、淡次的原则，确定本次地下空间资源可开发程度的影响因素，详见表 7-63。

二、各用地类型计算参数

城市地面空间是城市活动的主体，城市立体协调发展就是要使地下空间在功能上成为地面空间的补充、完善和扩展，在空间上成为地面空间的有机延伸，使两者构成完整的空间系统。本次城市地下空间资源量计算设计模型，每一种地物类型扣除深度根据《城市地下空间资源评估与开发利用规划》，并结合菏泽市实际情况综合确定。

表 7-63 可开发程度影响因素

可开发程度	影响因素组成
可充分开发区	农田、绿地
不可充分开发区	城镇村建筑物,道路用地,广场、铁路用地
慎重与限制开发区	采矿用地、《菏泽市国土空间总体规划(2021—2035 年)》规定的地下空间限建区(中心城区绿线)
禁止开发区	特殊用地、《菏泽市国土空间总体规划(2021—2035 年)》规定的地下空间禁建区(陆地水域、水源保护区、地下文物保护区域)

(一)地物类型确定

地下空间开发作为城市立体化开发的一部分,必须兼顾地面开发现状,由单一系统向复合系统发展,使地上与地下相结合形成上下贯通、有机联系的空间体系。随着经济的发展,地面空间的重要地物类型是影响地下空间布局的重要因素,同时人类频繁的工程地质活动及对地质环境的破坏也是地下空间开发利用中不可忽视的因素。地下空间的开发利用会受到不同程度地面空间利用现状的影响,如高层建筑、高架立交桥、水面、铁路、工业厂区、历史保护建筑等分布状况。

(1)城镇村建筑物:近年来菏泽市中心城区高层建筑如雨后春笋般立起,主要位于鲁西新区,主要功用是商务综合楼、大型酒店、商品住房等。本次城镇村建筑物统计以遥感影像数据为基本资料,结合地面调查的有关资料和图件进行分析研究,对遥感数据进行信息提取。本次建筑物主要类型包括商服用地、住宅用地、公共管理与公共服务用地等(表 7-64)。为方便本次计算,这 3 种地类除多层建筑、高层建筑和超高层建筑外,全部为低层建筑。本次城镇村建筑物住宅层数划分主要是依据《民用建筑设计通则》(GB 50352—2005),共划分为低层建筑($H \leqslant 9m$,1~3 层)、多层建筑($9m < H \leqslant 30m$,4~9 层)、高层建筑($30m < H \leqslant 100m$,10~29 层)和超高层建筑($H > 100m$,30 层以上),具体面积见表 7-65。

表 7-64 商服用地地物类别分布面积表

地物类别		面积/m²
商服用地	商业服务业设施用地	19 817 587.01
	物流仓储用地	5 004 936.85
住宅用地	城镇住宅用地	49 826 646.57
	农村宅基地	91 390 443.21
公共管理与公共服务用地	机关团体新闻出版用地	3 213 354.63
	高教用地	2 655.52
	科教文卫用地	13 830 565.65
	公用设施用地	836 778.47
合计		183 922 967.91

(2)绿地:根据工作区实际用地情况,结合土地利用现状综合分析,本次绿地主要包括公园与绿地、果园、其他园地、乔木林地、其他林地、竹林地和其他草地 7 种地类,各地类分布面积见表 7-65。

表 7-65 各类地物面积一览表

地物及地类类别		面积/m²	小计
城镇村建筑物	低层建筑	171 103 826.29	183 922 967.91
	多层建筑	6 340 722.18	
	高层建筑	6 418 430.21	
	超高层建筑	59 989.23	
绿地	公园与绿地	4 216 589.85	119 628 316.42
	果园	25 675 030.40	
	其他园地	2 735 179.90	
	乔木林地	32 405 775.99	
	其他林地	47 065 362.29	
	竹林地	1 979.96	
	其他草地	7 528 398.03	
水体	沟渠	16 377 734.25	43 472 764.40
	河流水面	13 320 859.08	
	坑塘水面	7 263 253.63	
	内陆滩涂	188 525.57	
	水工建筑用地	2 444 729.44	
	水库水面	3 845 359.72	
	养殖坑塘	32 302.71	
道路用地及广场	公路用地	23 464 847.48	51 773 251.35
	城镇村道路用地	18 161 405.78	
	交通服务场站用地	3 193 088.33	
	机场用地	512 006.67	
	农村道路	6 040 578.39	
	管道运输用地	23 812.66	
	广场用地	377 512.04	
铁路用地	铁路用地	5 918 102.41	5 918 102.41
农田	旱地	1 304 660.83	289 787 919.72
	水浇地	284 224 874.72	
	水田	678.45	
	设施农用地	4 195 299.12	
	空闲地	28 720.39	
	裸土地	18 564.30	
	沙地	15 121.91	
特殊用地	特殊用地	1 777 862.29	1 777 862.29
工矿仓储用地	采矿用地	467 657.96	44 527 350.83
	工业用地	44 059 692.87	
合计		740 808 535.33	

（3）水体：根据工作区实际用地情况，结合牡丹区和定陶区第三次国土调查2022年度变更资料，水体主要包括沟渠、河流水面、坑塘水面、内陆滩涂、水工建筑用地、水库水面和养殖坑塘7种地类，各地类分布面积见表7-65。

（4）道路用地及广场：根据工作区实际用地情况，结合牡丹区和定陶区第三次国土调查2022年度变更资料，道路用地及广场主要包括公路用地、城镇村道路用地、交通服务场站用地、机场用地、农村道路、管道运输用地、广场用地，各地类分布面积见表7-65。

（5）铁路用地：工作区内铁路用地主要为京九铁路用地、新兖铁路用地、鲁南高铁用地和雄商高铁用地等，分布面积见表7-65。

（6）农田：根据工作区内土地利用现状综合分析，农田主要包括旱地、水浇地、水田、设施农用地、空闲地、裸土地和沙地，各地类分布面积见表7-65。

（7）特殊用地：工作区内特殊用地主要包括一些特殊用地，分布面积见表7-65。

（8）工矿仓储用地：根据工作区实际用地情况，结合牡丹区和定陶区第三次国土调查2022年度变更资料，本次工矿仓储用地主要包括采矿用地和工业用地，各地类分布面积见表7-65。

（二）各地物类别扣除深度

本次各地物类别扣除深度根据《城市地下空间资源评估与开发利用规划》，并结合菏泽市实际情况综合确定，本次评价确定的地物类别主要为城镇村建筑物（低层建筑、多层建筑、高层建筑、超高层建筑）、绿地、水体、道路用地及广场、铁路用地、农田、特殊用地和工矿仓储用地。

1. 城镇村建筑物

城镇村建筑物地下空间资源影响深度分级标准参考《城市地下空间资源评估与开发利用规划》，工作区内各类建筑物对地下空间影响分布情况分别对低层建筑扣除10m，多层建筑扣除30m，高层建筑扣除50m，超高层建筑扣除100m。

2. 绿地

根据以往经验资料，1m以上土层集中了植物的大部分根系。在对城市绿地植被区进行地下空间开发时，主要考虑植被所需的土层厚度与排水层厚度。树高在18m以上的称为大乔木，按生存所需最小土层厚度可分为浅根系乔木和深根系乔木。浅根系乔木有雪松、杜仲、悬铃木、刺槐等，其生存的最小土层厚度为90～100cm；深根系乔木有银杏、广玉兰、枫杨、榆树、国槐、黄连木、五角枫、栾树等，其生存的最小土层厚度为125～150cm，其主根影响深度可达3m以上。因此，绿地扣除深度取3m。

3. 水体

城市水域对城市景观、生态和文化传承等方面具有重要作用，在城市规划中一般采取保护性开发。水下地下空间开发会面临突水、涌水的危险，工程难度大，风险高；地下空间的施工和运行还可能导致水域局部生态环境破坏，并可能产生水体污染、地面沉降、地面塌陷、隧道突水等环境地质问题。水域地下空间开发方式主要有明挖疏排、止水暗挖、盾构法穿越等，不同施工方法对顶板覆土厚度要求不同，因此也决定了浅层地下空间资源开发的潜力。

在城市地下空间资源量评估中，水域底部至第一隔水层为止为水体对地下空间的影响深度，但在第一隔水层下开发地下空间时，还需要考虑隔水层承受上部水体的能力，因此从安全角度综合考虑，水体扣除深度取35m。

4. 道路用地及广场

城市道路主要由路面与路基组成，它们共同承受行车荷载和自然因素的作用。根据陈志龙和邓宏（2011）的《城市地下空间总体规划》，城市道路对地下空间资源的影响深度为3m，同时城市主要市政管线往往埋设于城市道路线,其他自来水管、路灯线、燃气管等埋设均小于5m,因此扣除深度取5m。

5. 铁路用地

铁路用地是指用于铁道线路和场站的用地,包括设计的路堤、路堑、道沟、桥梁、林木等用地,铁路用地是铁路运输生产的重要基础,是维护铁路运输安全的重要条件。根据赵涛"地下空间规划与设计"课程的相关资料,对连接城市交通的高速公路和铁路采取影响深度为10m,因此扣除深度取10m。

6. 农田

耕地由于远离市中心,地下空间开发价值较低,耕地地下空间开发主要考虑到农作物的生长土层厚度与排水层土层厚度,此外农田一般栽种有杨树、泡桐、榆树和柳树等作为防护林,其主根影响深度可达2~3m,因此农田扣除深度取3m。

7. 特殊用地

特殊用地一般是指军事设施、涉外、宗教、监教、墓地、陵园及其他自然保护区等特殊用途的非农业用地,考虑其特殊用途,本次在进行地下空间资源量估算时全部扣除。

8. 工矿仓储用地

工作区内工矿仓储用地主要为砖瓦用黏土矿,一般采坑5~10m,有的可达10m以上,且常年积水,综合考虑其影响深度,扣除深度取20m。

综上所述,各类地物类别低层建筑、多层建筑、高层建筑、超高层建筑、绿地、水体、道路用地及广场、铁路用地、农田、特殊用地和工矿仓储用地在进行地下空间资源量估算时扣除深度详见表7-66。

表7-66 各类地物及地类扣除深度

地物及地类类别	扣除深度/m	备注
低层建筑	10	城镇村建筑物
多层建筑	30	
高层建筑	50	
超高层建筑	100	
绿地	3	
水体	35	
道路用地及广场	5	
铁路用地	10	
农田	3	
特殊用地	全部扣除	
工矿仓储用地	20	

三、地下空间资源计算范围及公式

本次地下空间资源量计算范围为地面下0~100m,分为0~15m、15~30m、30~50m、50~100m共4个层次。不同的地物和地类类别根据其开发利用程度,并结合其用途扣除不同的深度,因此在不同深度范围内均有相应的扣除深度(表7-67)。

本次地下空间资源量水平计算范围为工作区范围,根据牡丹区土和定陶区地利用现状统计不同地物面积,从而确定各类地物计算面积。本次地物类别共划分为 7 个大类 32 个小类,各地物面积详见表 7-68。

表 7-67 各类地物及地类不同层次扣除深度 单位:m

序号	地物及地类类别		扣除深度				总扣除深度
			0～15m	15～30m	30～50m	50～100m	
1	城镇村建筑物	低层建筑	10	0	0	0	10
2		多层建筑	15	15	0	0	30
3		高层建筑	15	15	20	0	50
4		超高层建筑	15	15	20	50	100
5	绿地		3	0	0	0	3
6	水体		15	15	5	0	35
7	道路用地及广场		5	0	0	0	5
8	铁路用地		10	0	0	0	10
9	农田		3	0	0	0	3
10	特殊用地		15	15	20	50	100
11	工矿仓储用地		15	5	0	0	20

地下空间资源的影响要素较多,在进行地下空间资源量估算时可采取制约要素逐项排除的方法,即首先对各制约要素的空间范围进行叠加,获得不可开发的地下空间区域,然后扣除该部分区域即可获得可开发区域。地下空间资源量估算公式为

$$V = (H_{开发深度} - H_{扣除深度}) \times S_{地物面积} \tag{7-13}$$

式中:V 为各地物地下空间资源量(m^3);$H_{开发深度}$ 为各地物开发深度(m);$H_{扣除深度}$ 为各地物扣除深度(m);$S_{地物面积}$ 为各地物面积(m^2)。

四、地下空间资源量计算结果

1. 总体积

通过计算各类地物天然资源量总体积为 740.81 亿 m^3,其中地面下 0～15m 范围内天然资源量总体积为 111.12 亿 m^3,地面下 15～30m 范围内天然资源量总体积为 111.12 亿 m^3,地面下 30～50m 范围内天然资源量总体积为 148.16 亿 m^3,地面下 50～100m 范围内天然资源量总体积为 370.40 亿 m^3。其中,城市建筑物地下空间天然资源量总体积为 183.92 亿 m^3,绿地地下空间天然资源量总体积为 119.63 亿 m^3,水体地下空间天然资源量总体积为 43.47 亿 m^3,道路用地及广场地下空间天然资源量总体积为 51.77 亿 m^3,铁路用地地下空间天然资源量总体积为 5.92 亿 m^3,农田地下空间天然资源量总体积为 289.78 m^3,特殊用地地下空间天然资源量总体积为 1.78 m^3,工矿仓储用地地下空间天然资源量总体积为 44.53 m^3。详见表 7-68、表 7-69。

2. 扣除体积

通过计算各类地物共扣除天然资源量 63.64 亿 m^3,其中地面下 0～30m 范围内扣除天然资源量 58.90 亿 m^3,地面下 30～100m 范围内扣除天然资源量 4.74 亿 m^3(表 7-70、表 7-71)。

表 7-68 各类地物及地类天然资源量总体积计算表（一）

地物及地类		面积/m²	0~15m		15~30m		30~50m		50~100m	
			计算厚度/m	体积/m³	计算厚度/m	体积/m³	计算厚度/m	体积/m³	计算厚度/m	体积/m³
城镇村建筑物	低层建筑	171 103 826.30	15	2 566 557 395.00	15	2 566 557 395.00	20	3 422 076 526.00	50	8 555 191 315.00
	多层建筑	6 340 722.18	15	95 110 832.70	15	95 110 832.70	20	126 814 443.60	50	317 036 109.00
	高层建筑	6 418 430.21	15	96 276 453.15	15	96 276 453.15	20	128 368 604.20	50	320 921 510.50
	超高层建筑	59 989.23	15	899 838.45	15	899 838.45	20	1 199 784.60	50	2 999 461.50
绿地		119 628 316.42	15	1 794 424 746.00	15	1 794 424 746.00	20	2 392 566 328.00	50	5 981 415 820.00
水体		43 472 764.40	15	652 091 466.00	15	652 091 466.00	20	869 455 288.00	50	2 173 638 220.00
道路用地及广场		51 773 251.35	15	776 598 770.30	15	776 598 770.30	20	1 035 465 027.00	50	2 588 662 568.00
铁路用地		5 918 102.41	15	88 771 536.15	15	88 771 536.15	20	118 362 048.20	50	295 905 120.50
农田		289 787 919.72	15	4 346 818 796.00	15	4 346 818 796.00	20	5 795 758 394.00	50	14 489 395 985.00
特殊用地		1 777 862.29	15	26 667 934.35	15	26 667 934.35	20	35 557 245.80	50	88 893 114.50
工矿仓储用地		44 527 350.83	15	667 910 262.50	15	667 910 262.50	20	890 547 016.60	50	2 226 367 542.00
合计		740 808 535.34		11 112 128 030.00		11 112 128 030.00		14 816 170 706.00		37 040 426 766.00
总体积/m³		74 080 853 534								

表 7-69 各类地物及地类（分项）天然资源量总体积计算表

地物及地类类别		面积/m²	0~15m		15~30m		30~50m		50~100m	
			计算厚度/m	体积/m³	计算厚度/m	体积/m³	计算厚度/m	体积/m³	计算厚度/m	体积/m³
城镇村建筑物	低层建筑	171 103 826.30	15	2 566 557 395.00	15	2 566 557 395.00	20	3 422 076 526.00	50	8 555 191 315.00
	多层建筑	6 340 722.18	15	95 110 832.70	15	95 110 832.70	20	126 814 443.60	50	317 036 109.00
	高层建筑	6 418 430.21	15	96 276 453.15	15	96 276 453.15	20	128 368 604.20	50	320 921 510.50
	超高层建筑	59 989.23	15	899 838.45	15	899 838.45	20	1 199 784.60	50	299 9461.50
	小计	183 922 967.92		2 758 844 519.30		2 758 844 519.30		3 678 459 358.40		9 196 148 396.00
绿地	公园与绿地	4 216 589.85	15	63 248 847.75	15	63 248 847.75	20	84 331 797.00	50	210 829 492.50
	果园	25 675 030.40	15	385 125 456.00	15	385 125 456.00	20	513 500 608.00	50	1 283 751 520.00
	其他园地	2 735 179.90	15	41 027 698.50	15	41 027 698.50	20	54 703 598.00	50	136 758 995.00
	乔木林地	32 405 775.99	15	486 086 639.90	15	486 086 639.90	20	648 115 519.80	50	1 620 288 800.00
	其他林地	47 065 362.29	15	705 980 434.40	15	705 980 434.40	20	941 307 245.80	50	2 353 268 115.00
	竹林地	1 979.96	15	29 699.40	15	29 699.40	20	39 599.20	50	98 998.00
	其他草地	7 528 398.03	15	112 925 970.50	15	112 925 970.50	20	150 567 960.60	50	376 419 901.50
	小计	119 628 316.42		1 794 424 746.45		1 794 424 746.45		2 392 566 328.40		5 981 415 822.00
水体	沟渠	16 377 734.25	15	245 666 013.80	15	245 666 013.80	20	327 554 685.00	50	818 886 712.50
	河流水面	13 320 859.08	15	199 812 886.20	15	199 812 886.20	20	266 417 181.60	50	666 042 954.00
	坑塘水面	7 263 253.63	15	108 948 804.50	15	108 948 804.50	20	145 265 072.60	50	363 162 681.50
	内陆滩涂	188 525.57	15	2 827 883.55	15	2 827 883.55	20	3 770 511.40	50	9 426 278.50
	水工建筑用地	2 444 729.44	15	36 670 941.60	15	36 670 941.60	20	48 894 588.80	50	122 236 472.00
	水库水面	3 845 359.72	15	57 680 395.80	15	57 680 395.80	20	76 907 194.40	50	192 267 986.00
	养殖坑塘	32 302.71	15	484 540.65	15	484 540.65	20	646 054.20	50	1 615 135.50
	小计	43 472 764.40		652 091 466.00		652 091 466.10		869 455 288.00		2 173 638 220.00
道路用地及广场	公路用地	23 464 847.48	15	351 972 712.20	15	351 972 712.20	20	469 296 949.60	50	1 173 242 374.00
	城镇村道路用地	18 161 405.78	15	272 421 086.70	15	272 421 086.70	20	363 228 115.60	50	908 070 289.00

续表 7-69

地物及地类类别		面积/m²	0~15m		15~30m		30~50m		50~100m	
			计算厚度/m	体积/m³	计算厚度/m	体积/m³	计算厚度/m	体积/m³	计算厚度/m	体积/m³
道路用地及广场	交通服务场站用地	3 193 088.33	15	47 896 324.95	15	47 896 324.95	20	63 861 766.60	50	159 654 416.50
	机场用地	512 006.67	15	7 680 100.05	15	7 680 100.05	20	10 240 133.40	50	25 600 333.50
	农村道路	6 040 578.39	15	90 608 675.85	15	90 608 675.85	20	120 811 567.80	50	302 028 919.50
	管道运输用地	23 812.66	15	357 189.90	15	357 189.90	20	476 253.20	50	1 190 633.00
	广场用地	377 512.04	15	5 662 680.60	15	5 662 680.60	20	7 550 240.80	50	18 875 602.00
	小计	51 773 251.35		776 598 770.25		776 598 770.25		1 035 465 027.00		2 588 662 567.50
铁路用地	铁路用地	5 918 102.41	15	88 771 536.15	15	88 771 536.15	20	118 362 048.20	50	295 905 120.50
	小计	5 918 102.41		88 771 536.15		88 771 536.15		118 362 048.20		295 905 120.50
农田	旱地	1 304 660.83	15	19 569 912.45	15	19 569 912.45	20	26 093 216.60	50	65 233 041.50
	水浇地	284 224 874.70	15	4 263 373 121.00	15	4 263 373 121.00	20	5 684 497 494.00	50	14 211 243 735.00
	水田	678.45	15	10 176.75	15	10 176.75	20	13 569	50	33 922.50
	设施农用地	4 195 299.12	15	62 929 486.80	15	62 929 486.80	20	83 905 982.40	50	209 764 956.00
	空闲地	28 720.39	15	430 805.85	15	430 805.85	20	574 407.80	50	1 436 019.50
	裸土地	18 564.30	15	278 464.50	15	278 464.50	20	371 286.00	50	928 215.00
	沙地	15 121.91	15	226 828.65	15	226 828.65	20	302 438.20	50	756 095.50
	小计	289 787 919.70		4 346 818 796.00		4 346 818 796.00		5 795 758 394.00		14 489 395 985.00
特殊用地	特殊用地	1 777 862.29	15	26 667 934.35	15	26 667 934.35	20	35 557 245.80	50	88 893 114.50
	小计	1 777 862.29		26 667 934.35		26 667 934.35		35 557 245.80		88 893 114.50
工矿仓储用地	采矿用地	467 657.96	15	7 014 869.40	15	7 014 869.40	20	9 353 159.20	50	23 382 898.00
	工业用地	44 059 692.87	15	660 895 393.10	15	660 895 393.10	20	881 193 857.40	50	2 202 984 644.00
	小计	44 527 350.83		667 910 262.50		667 910 262.50		890 547 016.60		2 226 367 542.00
合计		740 808 535.32		11 112 128 031.10		11 112 128 031.10		14 816 170 706.40		37 040 426 767.50
总体积/m³					74 080 853 533						

表 7-70 各类地物及地类扣除天然资源量体积一览表

地物及地类		0~15m 扣除		15~30m 扣除		30~50m 扣除		50~100m 扣除		合计/m³
		深度/m	体积/m³	深度/m	体积/m³	深度/m	体积/m³	深度/m	体积/m³	
城镇村建筑物	低层建筑	10	1 711 038 263.00	0	0	0	0	0	0	1 711 038 263.00
	多层建筑	15	95 110 832.70	15	95 110 832.70	0	0	0	0	190 221 665.40
	高层建筑	15	96 276 453.15	15	96 276 453.15	20	128 368 604.20	0	0	320 921 510.50
	超高层建筑	15	899 838.45	15	899 838.45	20	1 199 784.60	50	2 999 461.50	5 998 923.00
绿地		3	358 884 949.20	0	0	0	0	0	0	358 884 949.30
水体		15	652 091 466.00	15	652 091 466.00	5	217 363 822.00	0	0	1 521 546 754.00
道路用地及广场		5	258 866 256.80	0	0	0	0	0	0	258 866 256.80
铁路用地		10	59 181 024.10	0	0	0	0	0	0	59 181 024.10
农田		3	869 363 759.10	0	0	0	0	0	0	869 363 759.20
特殊用地		15	26 667 934.35	15	26 667 934.35	20	35 557 245.80	50	88 893 114.50	177 786 229.00
工矿仓储用地		15	667 910 262.50	5	222 636 754.20	0	0	0	0	890 547 016.60
合计/m³			4 796 291 039.35		1 093 683 278.85		382 489 456.60		91 892 576.00	6 364 356 350.90

表 7-71 各类地物及地类(分项)扣除天然资源量体积计算表

地物及地类类别		面积/m²	0~15m		15~30m		30~50m扣除		50~100m扣除	
			深度/m	体积/m³	深度/m	体积/m³	深度/m	体积/m³	深度/m	体积/m³
城镇村建筑物	低层建筑	171 103 826.30	10	1 711 038 263.00	0	0	0	0	0	0
	多层建筑	6 340 722.18	15	95 110 832.70	15	95 110 832.70	0	0	0	0
	高层建筑	6 418 430.21	15	96 276 453.15	15	96 276 453.15	20	128 368 604.20	0	0
	超高层建筑	59 989.23	15	899 838.45	15	899 838.45	20	1 199 784.60	50	2 999 461.50
绿地	公园与绿地	4 216 589.85	3	12 649 769.55	0	0	0	0	0	0
	果园	25 675 030.40	3	77 025 091.20	0	0	0	0	0	0
	其他园地	2 735 179.90	3	8 205 539.70	0	0	0	0	0	0
	乔木林地	32 405 775.99	3	97 217 327.97	0	0	0	0	0	0
	其他林地	47 065 362.29	3	141 196 086.90	0	0	0	0	0	0
	竹林地	1 979.96	3	5 939.88	0	0	0	0	0	0
	其他草地	7 528 398.03	3	22 585 194.09	0	0	0	0	0	0
水体	沟渠	16 377 734.25	15	245 666 013.80	15	245 666 013.80	0	0	0	0
	河流水面	13 320 859.08	15	199 812 886.20	15	199 812 886.20	0	0	0	0
	坑塘水面	7 263 253.63	15	108 948 804.50	15	108 948 804.50	0	0	0	0
	内陆滩涂	188 525.57	15	2 827 883.55	15	2 827 883.55	0	0	0	0
	水工建筑用地	2 444 729.44	15	36 670 941.60	15	36 670 941.60	0	0	0	0
	水库水面	3 845 359.72	15	57 680 395.80	15	57 680 395.80	0	0	0	0
	养殖坑塘	32 302.71	15	484 540.65	15	484 540.65	0	0	0	0
道路用地及广场	公路用地	23 464 847.48	5	117 324 237.40	0	0	0	0	0	0
	城镇村道路用地	18 161 405.78	5	90 807 028.90	0	0	0	0	0	0
	交通服务场站用地	3 193 088.33	5	15 965 441.65	0	0	0	0	0	0
	机场用地	512 006.67	5	2 560 033.35	0	0	0	0	0	0

续表 7-71

地物及地类类别		面积/m²	0～15m		15～30m		30～50m 扣除		50～100m 扣除	
			深度/m	体积/m³	深度/m	体积/m³	深度/m	体积/m³	深度/m	体积/m³
道路用地及广场	农村道路	6 040 578.39	5	30 202 891.95	0	0	0	0	0	0
	管道运输用地	23 812.66	5	119 063.30	0	0	0	0	0	0
	广场用地	377 512.04	5	1 887 560.20	0	0	0	0	0	0
铁路用地	铁路用地	5 918 102.41	10	59 181 024.10	0	0	0	0	0	0
农田	旱地	1 304 660.83	3	3 913 982.49	0	0	0	0	0	0
	水浇地	284 224 874.70	3	852 674 624.10	0	0	0	0	0	0
	水田	678.45	3	2 035.35	0	0	0	0	0	0
	设施农用地	4 195 299.12	3	12 585 897.36	0	0	0	0	0	0
	空闲地	28 720.39	3	86 161.17	0	0	0	0	0	0
	裸土地	18 564.30	3	55 692.90	0	0	0	0	0	0
	沙地	15 121.91	3	45 365.73	0	0	0	0	0	0
特殊用地	特殊用地	1 777 862.29	15	26 667 934.35	15	26 667 934.35	20	35 557 245.80	50	88 893 114.50
工矿仓储用地	采矿用地	467 657.96	15	7 014 869.40	0	0	0	0	0	0
	工业用地	44 059 692.87	15	660 895 393.10	0	0	0	0	0	0
合计		740 808 535.33		4 796 291 039.49		871 046 524.75		165 125 634.60		91 892 576.00

3. 可开发利用体积

通过计算菏泽市中心城区可开发利用的地下空间天然资源量总体积为 677.16 亿 m³，其中地面下 0～15m 范围内体积 63.16 亿 m³，地面下 15～30m 范围内体积 100.18 亿 m³，地面下 30～50m 范围内体积 144.34 亿 m³，地面下 50～100m 范围内体积 369.49 亿 m³（表 7-72、表 7-73）。

表 7-72 各类地物及地类可开发利用地下空间天然资源量总体积一览表　　单位：m³

序号	地物及地类		0～15m	15～30m	30～50m	50～100m	合计
1	城镇村建筑物	低层建筑	855 519 132.00	2 566 557 395.00	3 422 076 526.00	8 555 191 315.00	15 399 344 368.00
2		多层建筑	0	0	126 814 443.60	317 036 109.00	443 850 552.60
3		高层建筑	0	0	0	320 921 510.50	320 921 510.50
4		超高层建筑	0	0	0	0	0
5	绿地		1 435 539 797.00	1 794 424 746.00	2 392 566 328.00	5 981 415 820.00	11 603 946 691.00
6	水体		0	0	652 091 466.00	2 173 638 220.00	2 825 729 686.00
7	道路用地及广场		517 732 513.50	776 598 770.30	1 035 465 027.00	2 588 662 568.00	4 918 458 879.00
8	铁路用地		29 590 512.05	88 771 536.15	118 362 048.20	295 905 120.50	532 629 216.90
9	农田		3 477 455 037.00	4 346 818 796.00	5 795 758 394.00	14 489 395 985.00	28 109 428 212.00
10	特殊用地		0	0	0	0	0
11	工矿仓储用地		0	445 273 508.30	890 547 016.60	2 226 367 542.00	3 562 188 067.00
	合计		6 315 836 991.55	10 018 444 751.75	14 433 681 249.40	36 948 534 190.00	67 716 497 183.00

表 7-73 各类地物及地类（分项）可供开发利用天然资源量体积计算表　　单位：m³

地物及地类类别		0～15m	15～30m	30～50m	50～100m	合计
城镇村建筑物	低层建筑	855 519 132.00	2 566 557 395.00	3 422 076 526.00	8 555 191 315.00	15 399 344 368.00
	多层建筑	0	0	126 814 443.60	317 036 109.00	443 850 552.60
	高层建筑	0	0	0	320 921 510.50	320 921 510.50
	超高层建筑	0	0	0	0	0
绿地	公园与绿地	50 599 078.20	63 248 847.75	84 331 797.00	210 829 492.50	409 009 215.45
	果园	308 100 364.80	385 125 456.00	513 500 608.00	1 283 751 520.00	2 490 477 948.80
	其他园地	32 822 158.80	41 027 698.50	54 703 598.00	136 758 995.00	265 312 450.30
	乔木林地	388 869 311.90	486 086 639.90	648 115 519.80	1 620 288 800.00	3 143 360 271.60
	其他林地	564 784 347.50	705 980 434.40	941 307 245.80	2 353 268 115.00	4 565 340 142.70
	竹林地	23 759.52	29 699.40	39 599.20	98 998.00	192 056.12
	其他草地	90 340 776.41	112 925 970.50	150 567 960.60	376 419 901.50	730 254 609.01
水体	沟渠	0	0	327 554 685.00	818 886 712.50	1 146 441 397.50
	河流水面	0	0	266 417 181.60	666 042 954.00	932 460 135.60
	坑塘水面	0	0	145 265 072.60	363 162 681.50	508 427 754.10
	内陆滩涂	0	0	3 770 511.40	9 426 278.50	13 196 789.90
	水工建筑用地	0	0	48 894 588.80	122 236 472.00	171 131 060.80

续表 7-73

地物及地类类别		0～15m	15～30m	30～50m	50～100m	合计
水体	水库水面	0	0	76 907 194.40	192 267 986.00	269 175 180.40
	养殖坑塘	0	0	646 054.20	1 615 135.50	2 261 189.70
道路用地及广场	公路用地	234 648 474.80	351 972 712.20	469 296 949.60	1 173 242 374.00	2 229 160 510.60
	城镇村道路用地	181 614 057.80	272 421 086.70	363 228 115.60	908 070 289.00	1 725 333 549.10
	交通服务场站用地	31 930 883.30	47 896 324.95	63 861 766.60	159 654 416.50	303 343 391.35
	机场用地	5 120 066.70	7 680 100.05	10 240 133.40	25 600 333.50	48 640 633.65
	农村道路	60 405 783.90	90 608 675.85	120 811 567.80	302 028 919.50	573 854 947.05
	管道运输用地	238 126.60	357 189.90	476 253.20	1 190 633.00	2 262 202.70
	广场用地	3 775 120.40	5 662 680.60	7 550 240.80	18 875 602.00	35 863 643.80
铁路用地	铁路用地	29 590 512.05	88 771 536.15	118 362 048.20	295 905 120.50	532 629 216.90
农田	旱地	15 655 929.96	19 569 912.45	26 093 216.60	65 233 041.50	126 552 100.51
	水浇地	3 410 698 497.00	4 263 373 121.00	5 684 497 494.00	14 211 243 735.00	27 569 812 847.00
	水田	8 141.40	10 176.75	13 569.00	33 922.50	65 809.65
	设施农用地	50 343 589.44	62 929 486.80	83 905 982.40	209 764 956.00	406 944 014.64
	空闲地	344 644.68	430 805.85	574 407.80	1 436 019.50	2 785 877.83
	裸土地	222 771.60	278 464.50	371 286.00	928 215.00	1 800 737.10
	沙地	181 462.92	226 828.65	302 438.20	756 095.50	1 466 825.27
特殊用地	特殊用地	0	0	0	0	0
工矿仓储用地	采矿用地	0	7 014 869.40	9 353 159.20	23 382 898.00	39 750 926.60
	工业用地	0	660 895 393.10	881 193 857.40	2 202 984 644.00	3 745 073 895.00
合计		6 315 836 991.68	10 241 081 506.35	14 651 045 071.80	36 948 534 191.50	68 156 497 761.33

4. 地下空间资源量评价

根据地下空间资源量可开发程度的影响因素,将地下空间资源的可开发程度分别划分为可充分开发区、不可充分开发区、慎重与限制开发区和禁止开发区。

0～15m 地下空间范围内:可充分开发区主要包括耕地和绿地(扣除中心城区绿线),分区总体积 48.21 亿 m³;不可充分开发区主要包括城市建筑物(低层建筑物)、道路用地及广场、工业用地和铁路用地等,分区总体积 14.03 亿 m³;慎重与限制开发区主要包括采矿用地和中心城区绿线,分区总体积 0.92 亿 m³;禁止开发区主要为特殊用地、多层建筑、高层建筑、超高层建筑及禁建区(陆地水域、水源保护区和地下文物保护区域),本次全部扣除(图 7-33,表 7-74)。

15～30m 地下空间范围内:可充分开发区主要包括耕地、绿地(扣除中心城区绿线)、低层建筑、道路用地及广场和铁路用地,分区总体积 94.58 亿 m³;不可充分开发区主要包括工业用地等,分区总体积 4.41 亿 m³;慎重与限制开发区主要包括采矿用地和中心城区绿线,分区总体积 0.60 亿 m³;禁止开发区主要为特殊用地、多层建筑、高层建筑、超高层建筑及禁建区(陆地水域、水源保护区和地下文物保护区域),本次全部扣除(图 7-34,表 7-75)。

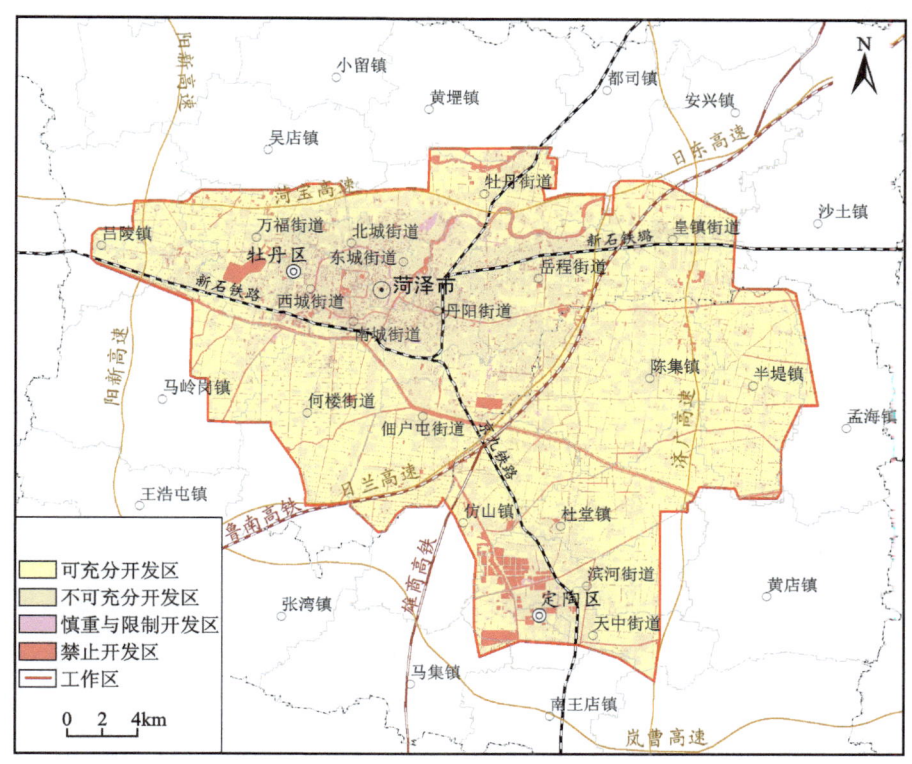

图 7-33 工作区 0～15m 地下空间可开发程度分区图

表 7-74 工作区 0～15m 地下空间各类分区可供开发利用天然资源量体积一览表

可开发程度分区	地类或地物	扣除深度/m	计算深度/m	面积/m²	可开发利用体积/m³	分区总体积/亿 m³
可充分开发区	耕地	3	12	289 787 919.70	3 477 455 036.00	48.21
	绿地（扣除绿线）	3	12	111 931 362.27	1 343 176 347.00	
不可充分开发区	低层建筑	10	5	171 103 826.30	855 519 131.50	14.03
	道路用地及广场	5	10	51 773 251.35	517 732 513.50	
	工业用地	15	0	44 059 692.87	0	
	铁路用地	10	5	5 918 102.41	29 590 512.05	
慎重与限制开发区	采矿用地	15	0	467 657.96	0	0.92
	中心城区绿线	3	12	7 696 954.13	92 363 449.56	
禁止开发区	特殊用地	15	0	1 777 862.29	0	6.52
	多层建筑	15	0	6 340 722.18	0	
	高层建筑	15	0	6 418 430.21	0	
	超高层建筑	15	0	59 989.23	0	
	禁建区	15	0	43 472 764.40	0	
合计				740 808 535.30	6 315 836 989.61	71.88

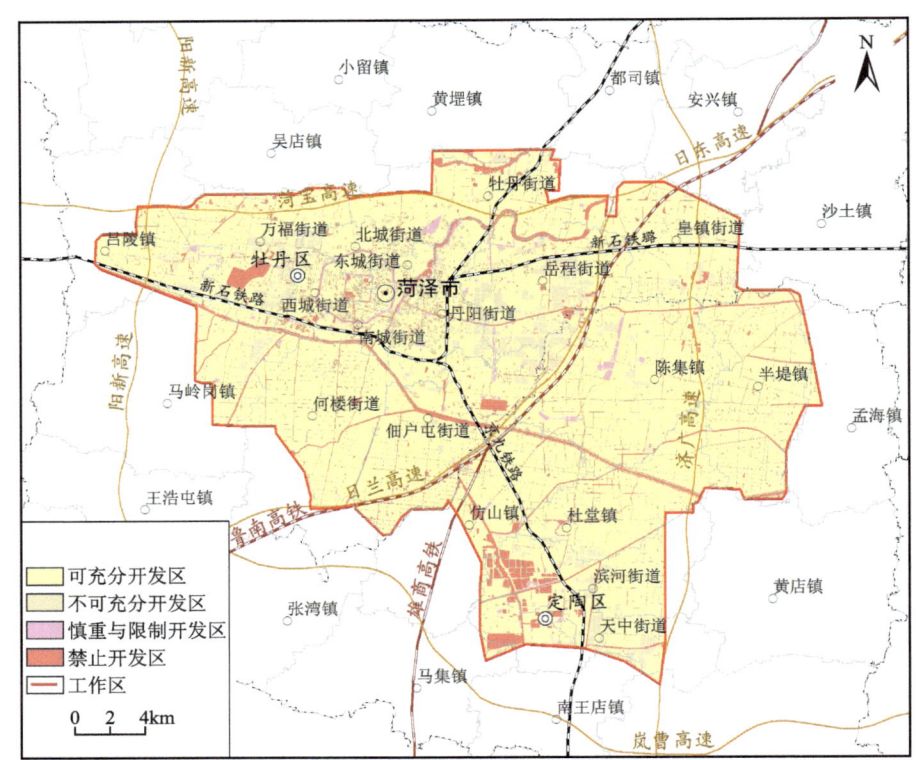

图 7-34 工作区 15～30m 地下空间可开发程度分区图

表 7-75 工作区 15～30m 地下空间各类分区可供开发利用天然资源量体积一览表

可开发程度分区	地类或地物	扣除深度/m	计算深度/m	面积/m²	可开发利用体积/m³	分区总体积/亿 m³
可充分开发区	耕地	0	15	289 787 919.70	4 346 818 796.00	94.58
	绿地（扣除绿线）	0	15	111 931 362.27	1 678 970 434.00	
	低层建筑	0	15	171 103 826.30	2 566 557 395.00	
	道路用地及广场	0	15	51 773 251.35	776 598 770.30	
	铁路用地	0	15	5 918 102.41	88 771 536.15	
不可充分开发区	工业用地	5	10	44 059 692.87	440 596 928.70	4.41
慎重与限制开发区	采矿用地	5	10	467 657.96	4 676 579.60	0.60
	中心城区绿线	0	15	7 696 954.13	115 454 312.00	
禁止开发区	特殊用地	15	0	1 777 862.29	0	8.71
	多层建筑	15	0	6 340 722.18	0	
	高层建筑	15	0	6 418 430.21	0	
	超高层建筑	15	0	59 989.23	0	
	禁建区	15	0	43 472 764.40	0	
合计				740 808 535.30	10 018 444 751.75	108.90

30～50m 地下空间范围内：可充分开发区主要包括耕地、绿地（扣除中心城区绿线）、低层建筑、道路用地及广场、铁路用地、多层建筑和工业用地，分区总体积 136.18 亿 m³；慎重与限制开发区主要包括采矿用地和中心城区绿线，分区总体积 1.63 亿 m³；禁止开发区主要为特殊用地、多层建筑、高层建筑、超高层建筑及禁建区（陆地水域、水源保护区和地下文物保护区域），本次全部扣除（图 7-35，表 7-76）。

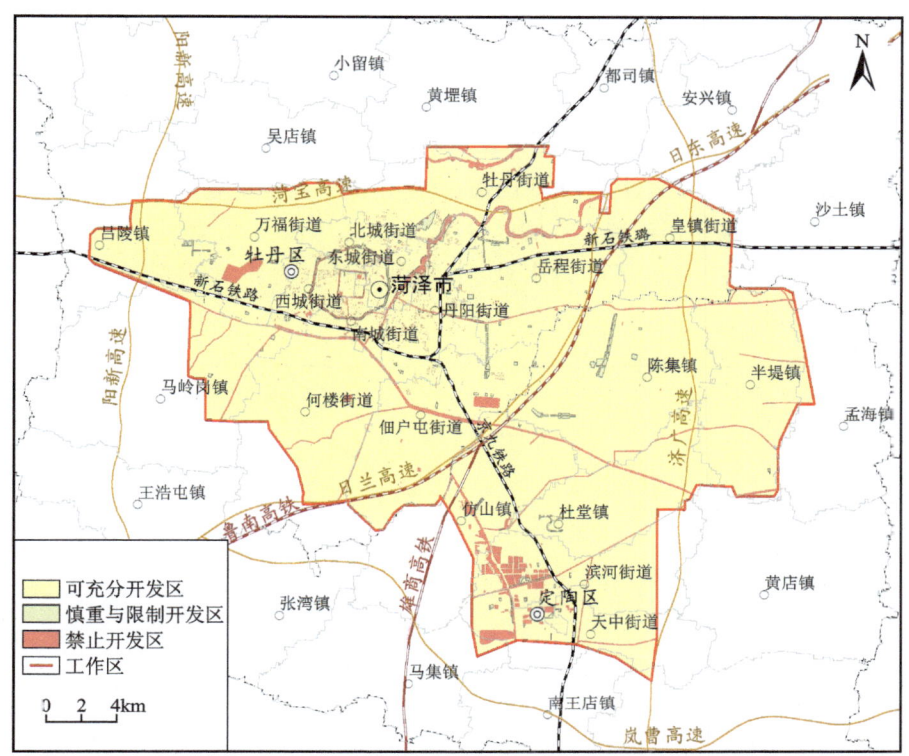

图 7-35　工作区 30～50m 地下空间可开发程度分区图

表 7-76　工作区 30～50m 地下空间各类分区可供开发利用天然资源量体积一览表

可开发程度分区	地类或地物	扣除深度/m	计算深度/m	面积/m²	可开发利用体积/m³	分区总体积/亿 m³
可充分开发区	耕地	0	20	289 787 919.70	5 795 758 394.00	136.18
	绿地（扣除绿线）	0	20	111 931 362.27	2 238 627 245.00	
	低层建筑	0	20	171 103 826.30	3 422 076 526.00	
	道路用地及广场	0	20	51 773 251.35	1 035 465 027.00	
	铁路用地	0	20	5 918 102.41	118 362 048.20	
	多层建筑	0	20	6 340 722.18	126 814 443.60	
	工业用地	0	20	44 059 692.87	881 193 857.40	
慎重与限制开发区	采矿用地	0	20	467 657.96	9 353 159.20	1.63
	中心城区绿线	0	20	7 696 954.13	153 939 082.60	
禁止开发区	特殊用地	20	0	1 777 862.29	0	
	高层建筑	20	0	6 418 430.21	0	

续表 7-76

可开发程度分区	地类或地物	扣除深度/m	计算深度/m	面积/m²	可开发利用体积/m³	分区总体积/亿 m³
禁止开发区	超高层建筑	20	0	59 989.23	0	10.35
禁止开发区	禁建区	20	0	43 472 764.40	0	10.35
合计				740 808 535.30	13 781 589 783.00	148.16

50～100m 地下空间范围内：可充分开发区主要包括耕地、绿地（扣除中心城区绿线）、低层建筑、中心城区以外水体、道路用地及广场、多层建筑、工业用地、铁路用地和高层用地等，分区总体积 352.25 亿 m³；慎重与限制开发区主要包括采矿用地和中心城区绿线，分区总体积 4.08 亿 m³；禁止开发区主要为特殊用地、超高层建筑及禁建区（中心城区陆地水域、水源保护区和地下文物保护区域），本次全部扣除（图 7-36，表 7-77）。

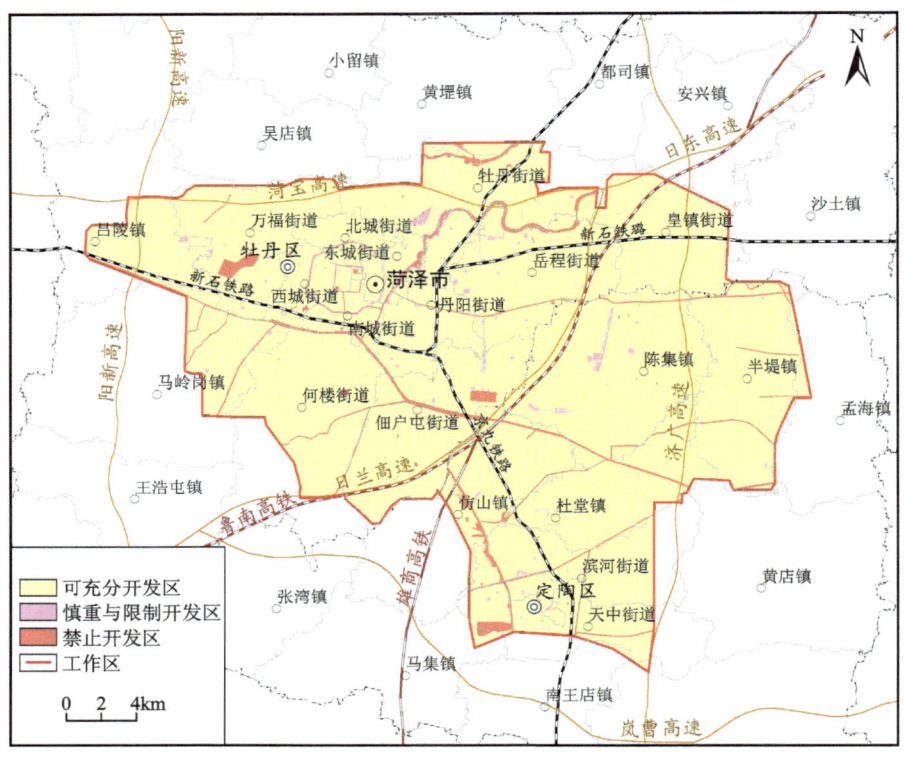

图 7-36　工作区 50～100m 地下空间可开发程度分区图

综上所述，本次地下空间资源量可供开发体积采取保守估算，可充分开发区、不可充分开发区、慎重与限制开发区和禁止开发区面积分别为 631.22km²、18.44km²、7.23km² 和 39.64km²，分别占区内可供开发利用天然资源量总体积的 90.62%、2.65%、1.04% 和 5.69%，地下空间资源可供开发的潜力巨大（表 7-78）。

表 7-77　工作区 50~100m 地下空间各类分区可供开发利用天然资源量体积一览表

可开发程度分区	地类或地物	扣除深度/m	计算深度/m	面积/m²	可开发利用体积/m³	分区总体积/亿 m³
可充分开发区	耕地	0	50	289 787 919.70	14 489 395 985.00	352.25
	绿地（扣除绿线）	0	50	111 931 362.27	5 596 568 114.00	
	低层建筑	0	50	171 103 826.30	8 555 191 315.00	
	水体	0	50	17 176 238.89	858 811 944.50	
	道路用地及广场	0	50	51 773 251.35	2 588 662 568.00	
可充分开发区	多层建筑	0	50	6 340 722.18	317 036 109.00	352.25
	工业用地	0	50	44 059 692.87	2 202 984 644.00	
	铁路用地	0	50	5 918 102.41	295 905 120.50	
	高层建筑	0	50	6 418 430.21	320 921 510.50	
慎重与限制开发区	采矿用地	0	50	467 657.96	23 382 898.00	4.08
	中心城区绿线	0	50	7 696 954.13	384 847 706.50	
禁止开发区	特殊用地	50	0	1 777 862.29	0	14.07
	超高层建筑	50	0	59 989.23	0	
	禁建区	50	0	26 296 525.51	0	
合计				740 808 535.30	35 633 707 915.00	370.40

表 7-78　工作区可供开发利用程度分区情况一览表

可开发程度分区	可开发利用天然资源量总体积/亿 m³				小计/亿 m³	占比/%
	0~15m	15~30m	30~50m	50~100m		
可充分开发区	48.21	94.58	136.18	352.25	631.22	90.62
不可充分开发区	14.03	4.41	0	0	18.44	2.65
慎重与限制开发区	0.92	0.60	1.63	4.08	7.23	1.04
禁止开发区	6.52	8.71	10.34	14.07	39.64	5.69
合计	69.68	108.30	148.15	370.40	696.53	100.00

第八章 三维可视化城市地质信息系统

以地质数据库为基础的菏泽市信息化系统建设,采用多源交互复杂地质体建模方法,从 MapGIS 10 为基础平台,以城市地质专业信息应用的 MapGIS-TDE 三维平台为开发平台,结合数据库技术、三维地质建模与可视化技术、模型数学分析评价技术等为关键技术,实现菏泽市城市地质调查的多源、异构、海量地质数据的统一管理、规范处理与发布,成果以二维地质专题图表与地学数据的定量计算分析和三维动态显示相结合,实现菏泽市城市地质数据库的构建、地质专业信息平台、地质信息服务网的一体化构建(图 8-1)。

第一节 菏泽市城市地质数据库建设

地质数据库建设是整个菏泽市三维可视化城市地质信息管理与服务系统建设的基石,它既是地质数据采集中心,又是地质数据及成果的共享与服务中心,包含基础地质、工程地质、水文地质、矿产资源、地球物理、地球化学、环境地质等多源、异构数据为一体的菏泽市城市地质数据库,满足各类试验数据、监测数据的一体化采集、海量属性数据、空间数据的存储与管理,能够表达项目中形成的原始资料、中间资料和成果资料。

一、数据源分析及处理

信息管理和服务系统是以地理信息系统为基础,以网络 GIS、三维可视化等为手段,建立动态的、实用的、直观的集信息和技术服务为一体的数字化平台,实现为社会经济建设服务的功能。信息系统建设所依赖的原始数据包括已有地质调查成果和本次取得的地质调查资料。

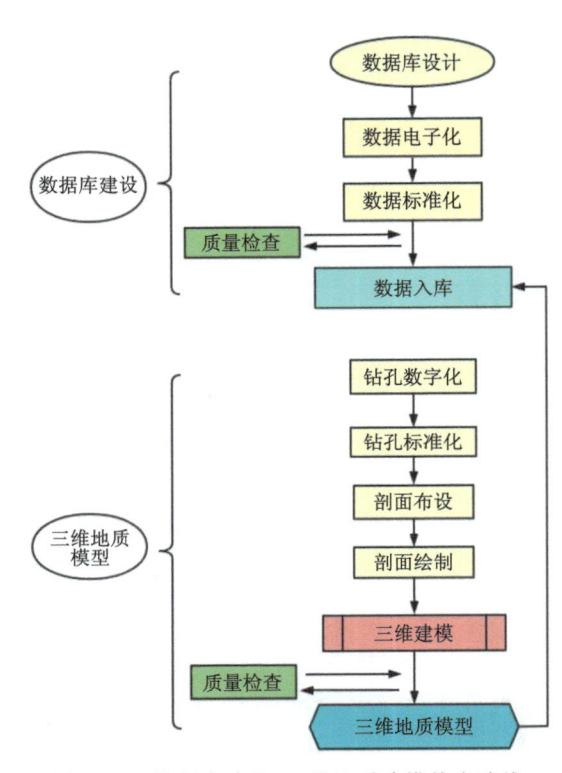

图 8-1 数据库建设、三维地质建模技术路线

1. 数据来源

数据主要包括收集的地理底图、遥感影像、钻探数据、热响应试验孔及本次野外调查数据和施工钻孔等资料。

2. 数据特点

三维地质建模主要使用两类数据:一类是反映地表变化特征的基础地理数据,如地理底图、DEM 数据、遥感影像数据，这类数据对三维地质模型只起到空间定位、地形约束、修饰作用；另一类是反映地下地质结构变化情况的地质勘探解释数据，如钻孔、剖面、地质图等，进行三维地质建模时需要使用这类数据精确确定地层、断层等点状、线状、面状及体状的地质构造信息，这类数据是进行三维地质建模的关键数据。由于三维地质模型的确定性和拓扑严格性，相应地也要求这类数据必须具有严格的、确定的几何和拓扑一致性。故在系统建设过程中结合三维地质建模对数据精度和一致性的要求，按一定的规则对原始钻孔、剖面、地质图进行概化处理，使得这些反映垂向地质结构的数据逐步变得有序化，为进一步自动或半自动生成三维地质模型奠定基础。

(1) 多样性：系统涉及基础地质、水文地质、工程地质、环境地质等多个专业、多种类型的原始资料和成果资料数据。

(2) 多尺度：同种地质要素在不同尺度上表现出不同的性质，只有使用多尺度的数据才能完全地体现出地质信息的分析应用需求和差异。

(3) 多维性：地质数据由表征地上特征的 DEM 数据、地表特征的基础地理数据、地下特征的地下三维地质数据组成。

(4) 异构性：地质原始数据存储格式类型不一，系统所有数据将分别按照空间矢量数据、空间栅格数据、非空间专题属性数据、非结构化的描述数据等格式进行集成存储和管理。

(5) 海量性：系统可支持的地质综合数据库数据量可达到 TB 级。

二、数据库层次结构设计

1. 数据库结构

菏泽市城市地质数据库是由一组紧密相关的数据库群构成，包含元数据库、影像数据库、文档资料数据库、属性数据库、基础地理图形库、水文地质图形库、工程地质图形库、三维模型数据库。数据库中数据类型多样、相互关系复杂。

数据库中的数据若按数据格式分又可分为矢量数据、影像栅格数据、属性数据和文档资料数据。矢量、栅格数据组织要做到逻辑上无缝连接，实现海量数据库管理；属性、资料数据通过在数据采集时埋设相应的关联信息，实现与矢量、栅格信息之间的数据关联；数据库中对于重要数据不能出现二义性，存储结构合理。

2. 数据库层次

系统涉及的数据来源广、类型多、数据量大、关系复杂，需按一定方式进行分类。根据使用方式和作用不同，在纵向上划分为不同的层，即原始资料数据层、基础数据层、模型数据层、成果资料数据层，其抽象层次依次由低到高，上层数据基于下层数据构建。在每一个数据层上即水平方向上，则参照专业分类和数据类型将本层数据进行分类。实际建库时既可以按照每层一个库的方式构建，也可以将所有数据存放在同一个物理数据库中。

(1) 原始数据层：是指各类钻孔(井)卡片中的野外现场描述、各种测试数据、动态监测数据以及本项目实施过程中取得的各种原始资料。这一层次的数据作为系统最原始资料保存一般不允许更改。这一层次的数据为搜集或采集到的第一手资料的数字化形式，涉及不同时期、不同来源的数据，格式复杂。

(2) 基础数据层：指系统进行常规分析评价、三维建模所使用的基础数据的集合，包括地理空间数据、遥感影像数据、钻孔数据、基础地质数据、水文地质数据、工程地质数据、标准规范数据等。按数据类型分为矢量图形、属性数据表、栅格数据、影像数据、文本数据。这一层次的数据是基于原始数据层的数据经标准化处理或重新解释后得到的，只有授权用户可以修改。

(3) 模型数据层：是指三维地质结构模型、属性模型的数据集合，其中各类模型都由用户基于基础数据层的数据自行构建，可根据需要进行修改。

（4）成果数据层：是指系统生成的各类成果资料的数据集合，包括有关专业的成果图件、三维模型分析结果，按数据类型分有矢量图形、三维空间数据、数据表、图片数据、视频数据等。这一层次的数据由用户基于基础数据层数据和模型数据层的模型进行分析而得到，允许进行编辑修改。

三、数据库建设

1. 数据库建库准备

（1）选择建库平台：MapGIS 系统是目前国内地质出图系统中使用最为广泛、专业技术人员比较熟悉的平台。以往的调查成果图形软件均可兼容，故本次建库使用 MapGIS 系统。

（2）计算机软、硬件配置：在建库过程中所采用的计算机中配置安装 Office 办公软件、MapGIS 系统等，同时项目组还配备相应的数据采集仪、扫描仪、绘图仪、打印机等设备。

（3）系统库：在数据库建设的过程中采用统一的 MapGIS 格式的颜色、图案、子图等图形库，本次共有两个系统库，"菏泽城市地质"系统库和"菏泽图件系统库"。"菏泽城市地质"系统库涵盖了基础地质、工程地质的模型三维符号库及颜色，"菏泽图件系统库"包含了菏泽市二维图件的符号及颜色。

（4）数据源的选择：菏泽市城市地质数据库建设所应用的数据源要求资料必须完整、齐全。收集的原始资料包括三大类。第一类为图形资料，主要为与建立基础图形数据库和成果数据相关的纸质图、已数字化的图形数据、已建立的数据库等资料。第二类为文字资料，包括报告、野外原始记录卡片、记录本等，主要用于基础图形数据库的属性填写。第三类为在地质勘查中采用仪器或采样观测所获得的具有点空间特征的数据，包括各类钻孔数据、试验数据、观测数据等，主要为点空间数据库所包含的数据。同时要求数据源的精度、质量符合规范要求。对较老的资料进行现势性更新，从而保证数据库内容的准确和可靠。

（5）数据预处理：预处理主要包括现势性更新、资料整理、投影变换等方面。作为数据源的资料，尤其是地形图，在数字化前进行现势性更新，使之尽可能反映现势情况；用作数据源的钻孔、试验数据、监测数据、统计数据等资料在录入前进行整理，使其适应菏泽市城市地质数据库的录入格式要求；由于选择的数据源来自不同的坐标体系，统一把数据投影变换到数据库要求的坐标系统中；选择的数据源有不同的数据格式，统一把数据转换成数据库系统的 MapGIS 格式（选择的数据源来自不同的专业和项目，所用系统库也不尽相同，替换成"菏泽城市地质"）。

2. 数据库建设实施方案

整理收集的原始文档资料，确定数据入库的相关标准，形成属性数据库、空间数据库、文档资料数据库等综合一体化的菏泽市城市地质数据库。

（1）数据库建设流程：菏泽市城市地质数据库建设主要在研究城市地质调查相关标准的基础上，对收集或调查得到的地质资料进行数字化、规范化处理后，借助平台的建库工具进行数据入库，最终形成菏泽市城市地质数据库。

（2）属性数据库建设：属性数据库建设包括表单式数据录入、数据导入、数据转换。数据录入主要包括对钻孔柱状图、地质调查表等纸质资料、监测数据的数字化。数据导入主要针对电子数据如 Excel 表格或 Access 形式的数据。数据转换主要针对其他软件格式的数据，如工程勘察软件。

（3）空间数据库建设：空间数据按类型可以划分为栅格数据（如遥感影像）和矢量数据（如地理底图、等值线图等）。电子化图件数据可以利用系统空间数据导入或格式转换功能导入空间数据库，纸质图件数据则经图件扫描、矢量化后进行入库，系统支持多种不同空间数据格式之间的转换。

（4）文档资料数据库建设：对 Word、Excel、PDF 等格式的文档资料数据（文档、表格、图片、视频）提供入库功能,对录入前数据内容、格式等进行正确性检查,完成文档资料数据的入库。

四、数据库维护与更新

地质调查是一个动态的过程,在系统建设完成后,把新的调查资料和信息,通过一定的方式不断录入数据库中。

1. 基础地理数据维护更新

在获取新的地理数据后需进行格式转换、拓扑建区、删除不必要的要素等处理,再对道路、河流等要素进行属性赋值。将现势库中的有关数据导入历史数据库中,将新的地理数据更新到现势库中。

2. 文档资料维护更新

文档资料的处理主要包括原件处理、扫描、栅格文件整饰、PDF 制作等,部分数据进行录入和图件矢量化。处理后的文档以 PDF 格式入库。文档资料入库方式主要为增量入库,极少存在将数据库已有的文档资料更新的情况。

3. 空间数据维护更新

空间数据主要包括地质成果图等,对这部分的数据更新是将旧的成果图导入到历史库中,将新的数据替换进已有数据库中。

4. 属性数据维护更新

属性数据包括地质钻孔数据、动态监测数据、测试测量数据等。在进行数据更新前,按照标准对数据进行处理或标准化。对于地质钻孔数据,根据专业进行分类,根据数据现状进行筛选,对已有数据进行增加或替换;对于监测数据,则按时间顺序增加到现势数据库中。

5. 三维地质模型维护更新

(1)三维模型几何数据维护更新:对于地表地形及各类地质曲面,当建模数据更新时可采用重建的方法建立新的模型;对于工程地质复杂模型这种采用基于单元格"分区-拼接"交互式建模方法建立的三维地质体结构模型,通过以单元格为单位的局部更新实现模型维护更新。

(2)三维模型属性维护更新:系统提供对模型要素属性编辑修改的功能,可通过该功能实现三维模型自有属性的维护更新,通过有关数据库有关属性表的维护更新实现三维模型关联属性的更新。

(3)纹理维护更新:系统支持制订纹理文件方式的动态贴图功能,用户可通过编辑、替换纹理文件进行纹理维护更新。

第二节 建立菏泽市城市地质三维模型

本次采用数字高程模型数据的精度为 5m,采用的坐标系统为 2000 国家大地坐标系、1985 高程系。全区网格划分了 82 个单元格,采用人机交互建模的方式构建了 100m 以浅的三维地质结构模型,符合《山东省城市地质调查技术要求(试行)》的相关标准。本次建模区覆盖 3 个组,分别为黄河组、黑土湖组、平原组,按照标准将地层划分为 15 个地层,采用的全部地层的标准和编码规则见表 8-1。

表 8-1 地质分层标准及编码规则

序号	地层编码	地质时代	地层名称	地层描述
1	0-1-1-1	黄河组	杂填土	杂色,稍湿,松散,成分以粉土为主,含有大量碎砖块、瓦片、混凝土块等建筑垃圾,为近期回填,土质均匀性差
2	0-1-1-2	黄河组	黏土	棕黄色、棕红色,可塑,局部软塑高韧性,高干强度,有光泽,土质均匀性较差,局部为粉质黏土
3	0-1-1-3	黄河组	粉质黏土	黄褐色,可塑,无摇振反应,有光泽,干强度中等,韧性中等。该层具中—高压缩性,土质均匀性较差
4	0-1-1-4	黄河组	粉土	黄褐色,稍密—中密,稍湿—湿,摇振反应迅速,无光泽反应,干强度低韧性低。该层具中压缩性,土质均匀性较差
5	0-1-1-5	黄河组	粉砂	黄褐色,稍密,饱和,主要成分为石英和长石,次为云母等,颗粒级不良。该层具中等压缩性土质均匀性较差
6	0-1-1-8	黄河组	淤泥质土	灰褐色,软塑,成分以黏性土为主,含有少量杂质,偶见腐殖质,为近期回填,土质均匀性差
7	0-1-10-2	黑土湖组	黏土	浅褐灰色—棕褐色,软塑—可塑,无摇振反应,稍有光泽,韧性、干强度中等,局部为黏土
8	0-1-10-3	黑土湖组	粉质黏土	灰褐色,软塑,无摇振反应,有光泽,干强度中等,韧性中等。该层具中—高压缩性,土质均匀性较差
9	0-1-10-4	黑土湖组	粉土	黄褐色,稍密—中密,湿,摇振反应迅速,无光泽反应,干强度低,韧性低。该层具中压缩性土质均匀性较差
10	0-1-10-5	黑土湖组	粉细砂	褐灰色,稍密,饱和,磨圆度、分选性中等
11	0-1-10-8	黑土湖组	淤泥质土	黑灰色,稍密,湿,摇振反应中等,夹淤泥质黏土
12	0-2-2-2	平原组	黏土	褐红色,坚硬,无摇振反应,有光泽,干强度中等,干强度高,韧性高。该层具中压缩性,土质均匀性一般
13	0-2-2-3	平原组	粉质黏土	黄褐色,坚硬,无摇振反应有光泽,干强度中等,韧性中等,含铁质氧化物。该层具中压缩性,土质均匀性一般
14	0-2-2-4	平原组	粉土	褐黄色,密实,湿,摇振反应迅速,无光泽反应,干强度低,韧性低。该层具中—低压缩性,土质均匀性较差
15	0-2-2-5	平原组	粉细砂	黄褐色,密实,饱和,主要成分为石英和长石,次为云母等,颗粒级不良。该层具中等—低压缩性。土质均匀性稍差

一、钻孔数字化

钻孔数字化录入内容包括钻孔综合信息表、钻孔分层信息表、钻孔地层描述表、相关测试分析结果表等数据表格。不同钻孔类型数字化录入内容略有差异,遵循的基本原则是原始性与真实性,能填尽填,据实填写。各类数据表格采用 PgSql 数据库格式存储,共计数字化 353 个钻孔。

二、钻孔标准化

1. 钻孔标准化处理

按照国家标准、行业标准、地方标准、系统建设标准，借助 GIS、Excel、Access 等工具，并结合地质专业人员知识经验对数字化处理后的地质资料进行分类规范整理，即在钻孔录入的基础上根据钻孔标准化表格要求的内容对照山东省地质结构模型分层标准对钻孔进行标准化处理（主要是标准化地质代号和增加地层编码的内容），共计标准化 353 个钻孔，钻孔实际深度为 110m 左右。

2. 钻孔虚拟下推处理

在钻孔标准化的基础上，基于钻孔信息，结合剖面数据、平面地质数据和区域内整体地质结构特征，对钻孔进行下推处理，向下推断钻孔深部的地层、构造等地质内容，共计虚拟下推 132 个钻孔，下推深度为 110m 左右。

三、剖面布置

根据工作区内钻探数据分布，结合地质结构情况，参考其他地质资料，布置剖面线，根据已布置的剖面线手动录入钻孔编码。本次三维建模工作共收集参考了 353 个钻孔数据，布设了 26 条剖面线，其中东西方向 11 条剖面，南北方向 15 条剖面，剖面长度共计 490.895km，其中控制剖面使用施工勘探孔 15 个，热响应试验孔 12 个，工程地质勘查孔 250 个，水文地质孔 3 个，虚拟孔 73 个。剖面绘制及单元格构建参考利用钻孔 147 个。

其中，本次虚拟钻孔点位的布设根据已有钻孔的分布情况，结合交叉剖面的布设原则，在缺少交叉钻孔区域、实际勘查钻孔分布密度较小区域、工作外围部分区域进行点位的布设，以满足《山东省城市地质调查技术要求（试行）》钻孔分布密度要求和剖面交互式建模技术路线的需求，本次总计布设虚拟孔 26 个。

四、剖面成果

在全面了解菏泽区域地质条件和地质演化史的基础上编制剖面，剖面编制以工作区钻孔数字化、标准化 353 个钻孔成果数据为基础，以菏泽市 1∶5 万地质图、1∶5 万区域地质调查成果为地表控制面，按照四级分层的统一要求进行构建。二维剖面的纵横比控制为 1∶10；地表采用数字高程模型（5m 精度）约束进行绘制（图 8-2～图 8-5）。

五、三维建模

三维地质模型基于交叉剖面数据进行构建。系统首先将交叉剖面转换成三维剖面，利用建模区域内多条交叉剖面将空间分割成多个单元格，建模的最小单位就是单元格。利用单个单元格内一系列闭合轮廓线建立起曲面片，进而确定该单元格内所有地质体的空间几何形态。除剖面数据外，钻孔和等值线图也是重要的三维地质建模数据，在单元格内的空白区域如果有钻孔或等值线数据，可以进一步揭示地下地质体或地质构造的部分信息，辅助构建单元格层面，从而提高模型的准确性。

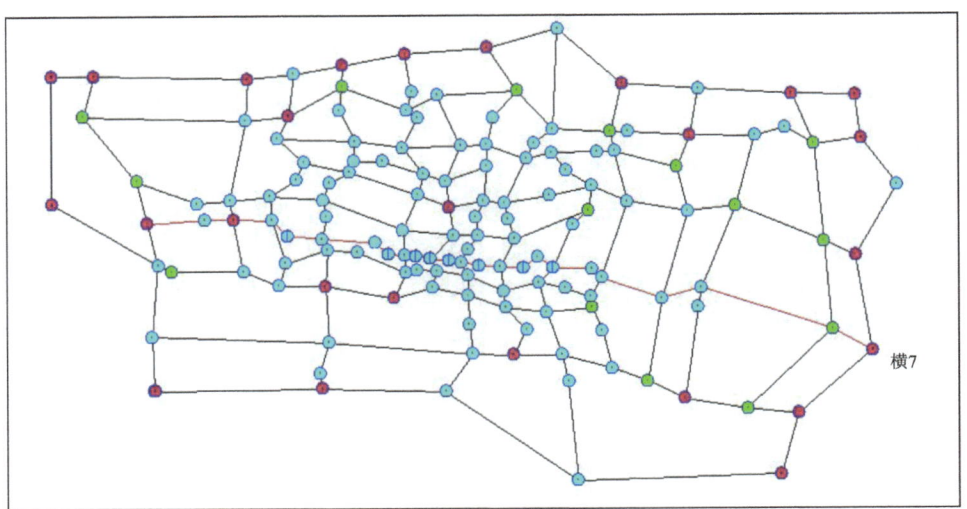

图 8-2 横 7 所在剖面位置示意图

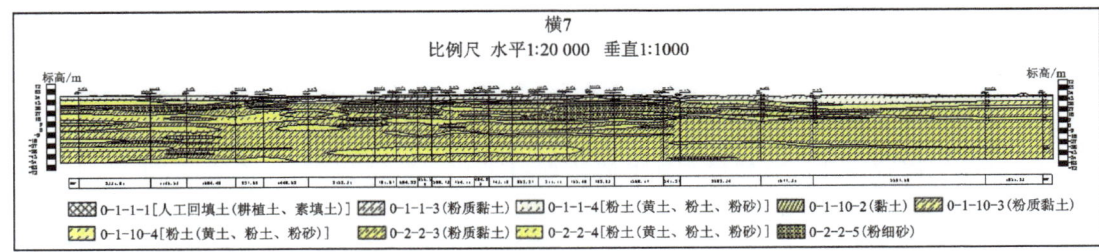

图 8-3 横 7 剖面绘制成果示意图

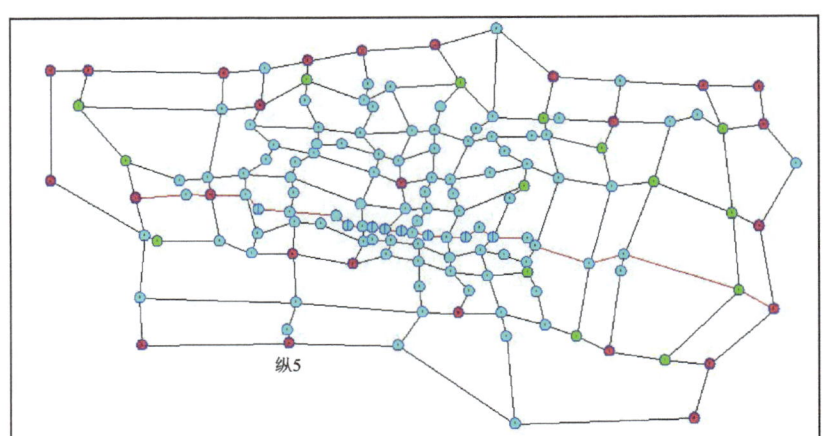

图 8-4 纵 5 所在剖面位置示意图

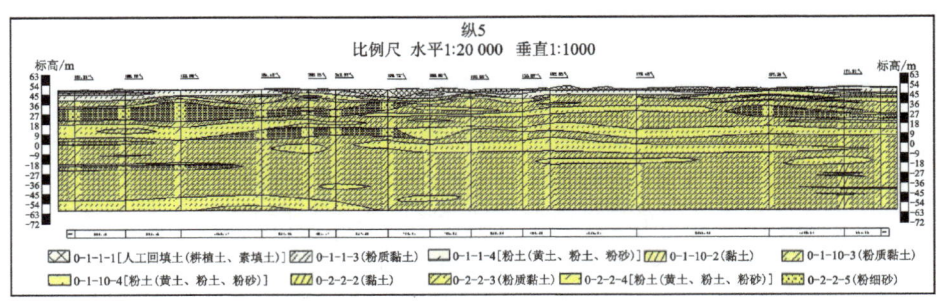

图 8-5 纵 5 剖面绘制成果示意图

在构建每一个地层面时,必须保证所选择的当前地层边界是封闭的,但实际上地质体的尖灭、相变的出现可能导致在单元格的边界上不能找出当前地层界面的封闭边界线,必须通过在三维场景中手动添加辅助线,选择封闭的边界线来构网。一条辅助线属于多个地质面的封闭的边界的一部分,并且创建的多个地质面在当前辅助线处保证几何、拓扑保持一致。在选定封闭的边界之后,如果存在当前地层的钻孔点位、高程等值线等数据,则构网时可利用这些数据进行插值,这样比单纯利用封闭的边界所构建的地质面更加准确和美观。

对于非交叉剖面,可以将两个邻近的剖面作为一个单元格,而两个剖面间两侧的未封闭的边界可以通过手动添加辅助线的方式进行封闭,封闭完成后,建模方法同上。

三维地质结构模型的构建以单元格块体为单位,结合地质专家的指导意见构建单元格并进行精细化检查,检查无误后将小地质体合并进行网格粗化和后处理,为城市空间数值模拟提供合格的三维城市地质结构模型(图8-6)。菏泽市三维地质结构模型共计82个块体,根据《山东省城市地质调查技术要求(试运行)》的标准划分了15个地层。

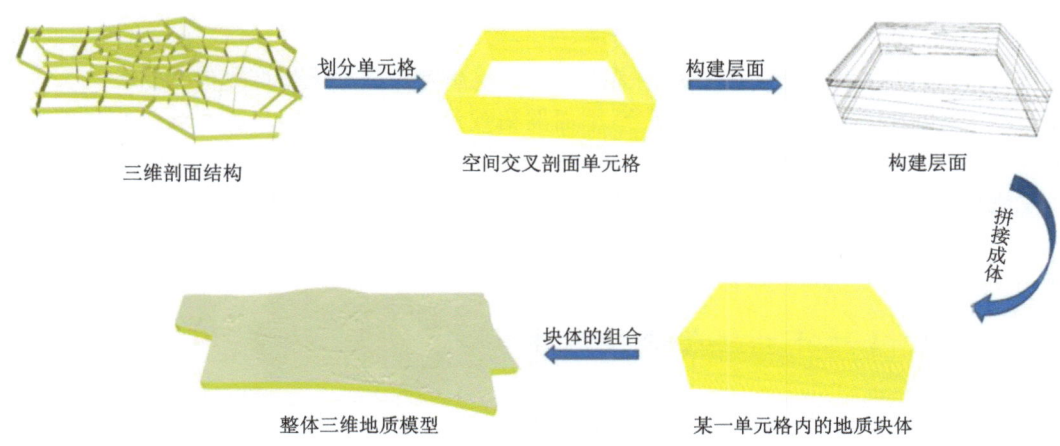

图8-6 三维地质模型构建流程图

六、质量检查

根据三维剖面建立单元格块体,参考地质资料和相关数据确定单元格内部形态,构建完毕后,通过线切割地质体功能进行质量检查。本次共构建82个单元格,质量检查后有2个单元格存在问题,正确率达到97.56%,针对不合格的单元格重新进行检查、修正,最终保证100%正确率。

七、三维地质结构模型调试、合并集成

已完成的独立的单元格模型无法直接应用,需根据模型属性进行合并。在合并过程中,需对已合并的模型进行多次反复切割测试,对存在问题的模型进行调整或重建,直至检查无误为止,保证三维地质模型后续的分析应用。

八、属性模型构建

地质体内部含有多种反映属性特征的参数,如含水率、比重、重度、孔隙比、饱和度、液限L、塑限、塑

性指数 I_P、液性指数 I_L、黏聚力、内摩擦角 Φ、压缩系数 a_{1-2}、压缩模量 E_s、承载力特征值,属性模型的构建即在所建网格模型上将所需地质参数进行属性差值,构建过程涉及资料收集、网格剖分、属性插值等,总计完成含水率、比重、重度、干重度、孔隙比、饱和度、液限、塑限、塑性指数、液性指数、黏聚力、内摩擦角、压缩系数、压缩模量、承载力特征值 15 个属性模型。

1. 资料收集

收集整理三维地质结构模型、系统库等,三维地质结构模型作为属性插值的源数据,保证其无拓扑错误。收集整理钻探数据,包括基本信息、标准分层信息、土工试验数据,并对数据进行处理,使之符合插值要求。收集整理图件资料或者相关报告,辅助对地质情况进行分析,协助确定网格剖分精度和插值属性内容。

2. 网格剖分

通过对地质资料及三维地质结构模型分析,确认模型的网格模型的剖分形态方法和剖分精度。

通用网格剖分形态的方法包括六面体网络、四面体网络、角点网络等。经对比分析后,本次选择六面体网络剖分方法,因其在控制模型的计算精度、变形特征、划分网格数量、抗畸变程度及再次划分插值等方面有较大优势,通过该方法也是进一步提高了三维地质结构模型网格剖分的质量。

平面按照 100m×100m 的网格进行划分,平面网格数量为 47 104 个,纵向设定 2m 间距,纵向网格最大层数为 67 层,整体模型最终剖分为 3 155 946 个网格块体,通过模型可看到,网格剖分后的结果保留了原始三维地质结构模型的原始形态,每个网格块体赋有地层编码、地层岩性、地层描述、坐标、高程等信息。

九、三维模型地上地下一体化拼接工作

不同于地上信息的可见性,地下信息的获取需要依靠地质调查手段,基于各类地质调查手段采集的地质数据构建的三维地质结构模型是表达地质结构和地质现象的重要工具。随着三维地质建模技术的不断发展,三维地质模型的构建趋于精细化,在此基础上,将三维倾斜摄影模型、数字高程模型、遥感影像及三维地质结构模型等进行集成展示,实现对地上地下数据一体化管理与可视化(图 8-7)。

图 8-7 三维模型地上地下一体化拼接

地上地下数据一体化管理与可视化的建立不是一次性的设计成果,而是一个动态的、连续的、不断进行自我修正和更新的过程。由于地下空间的开发具有一定程度的不可逆性,因此更加需要在进行地

上地下数据一体化管理与可视化建立时具有可持续发展理念。通过对于空间体系的科学预测与估计，在设计过程中留有后续发展空间，同时原有的数据也具备不断调整更新的潜质。运用有机更新的设计手法，不断延长与更新地上地下数据一体化管理与可视化的使用寿命。

十、模型实际应用

研究与应用表明，基于 MapGIS 平台的三维地质建模克服了复杂地形面准确模拟的难点，能精确构建完善的三维可视化模型，同时也突破了地下不可见区域地质信息迅速方便三维表达的限制，在质量上满足了实际要求。

三维模型的建立为工程地质岩体的认知表达提供了新的技术途径，为地质人员的分析判断提供综合信息，使得地质人员跳出了传统二维推测的局限对基于三维模型的地质推测更趋合理，也使得后续勘探点的增加布置更为科学。

建模结果提供了精确的地质可视化模型，为工程以后的三维设计应用推广做好了铺垫，为工程的设计、施工、勘探布置以及数值模拟分析等提供了模型资料，为设计人员的分析和设计提供了可视化参考。三维模型服务于实际生产应用，改变了传统工作模式与思路，提高了生产效率与精度。

对于同一地质现象，当不同地质数据蕴含的地质现象不同时，生成的三维地质模型在相应的地区则会出现异常。以此，即可发现这些多源异构数据的不一致之处，从而对地质数据进行校正，提高地质数据的质量与有效性。

1. 助力于基坑开挖与轨道交通规划

三维地质建模运用计算机技术，在虚拟三维环境下将空间信息管理、地质解译、空间分析与预测、地学统计、实体内容分析以及图形可视化等工具结合起来，运用于地质分析。

三维地质模型可最大程度地集成现有数据资料，直观表达地质体的空间形态与人工构筑物的分布情况，对地质体和人工构筑物进行分层控制、开挖模拟、避让规划等交互分析，从而高效辅助工程技术人员进行分析与决策。

在完善的三维地质模型的基础上，通过添加设计工况，实现对原有模型的基坑开挖操作，对基坑的坑壁、坑底所涉及的岩土体进行分析，为基坑支护以及工程建设提供科学的有利依据。此模型是对工程项目施工区域勘察数据、地质图、地形图、物探数据、钻孔数据等不同数据进行结合的基础上形成，能更直观地突出地质内部属性基本变化，对地质结构相关形态进行分析，通过可视化形式反映出相应的地质环境，通过对空闲环境以及不同数值进行有效模拟，有助于相关部门做出相应决策，更好地控制多项风险因素，更加有效、广泛地应用于轨道交通规划。在有效掌握地质结构基本形态上展示出实际结构，让相关设计人员能够更为真实地掌握相应的地质情况，有助于促进设计与施工活动开展，规避工程风险。

2. 属性模型的属性插值方法与可视化表达

本次构建属性模型是在地质体体元剖分、属性插值中实现属性模型和空间结构模型的一致性，体现了地质知识的表达，解决了相当大的难点问题。在三维地质结构模型构建时引入"等时地层"的概念，在纵向上采用分层插值的方式对属于同一等时地层的地质体属性数据进行求值，在横向上采用分区域插值的方法，通过提取沉积相边界来添加控制线约束插值，很好地解决了三维地质结构模型对地属性模型的插值约束问题。采用理论与实践相结合的方式，利用菏泽市城市地质调查数据将基于角点网格的体元模型和属性插值算法实际应用到城市地质调查的三维建模中去。

该属性模型的构建方法解决了基于地质体构造网格模型创建纯六面体地质网格的建模难题，并且能够有效满足实际工程的三维地质建模以及岩土数值分析需要。

第三节　菏泽市三维可视化信息系统

地质二三维一体化分析评价子系统基于多源数据融合智能成图技术、三维多尺度复杂地质结构模型构建与定量分析技术、二三维一体化分析评价功能技术,基于最新的数据库系统架构,研制城市地质二三维一体化分析评价子系统,实现对入库数据的二维查询显示、专业统计出图、三维地质模型的构建以及基于地质体三维结构模型进行三维可视化、查询、任意切割、开挖等可视化和分析功能。

一、数据展示

可提供显示不同比例尺的地质工作区影像地质图地理底图、遥感影像等基础地理数据,显示钻孔点位等专业属性点位数据,显示本地或者数据库中的图件和文档资料数据等,能够实现空间数据和属性数据的展示、浏览、查询、统计等功能。

二、地理底图显示

对于同一种比例尺的数据通过指定图库层类的显示比例范围来动态确定是否显示图库层类数据,按照放大比例不同在不同比例尺数据之间进行动态切换显示。

三、遥感影像显示

提供不同影像库的独立显示,按照放大比例不同在不同分辨率影像数据之间进行动态切换显示(与地理底图类似),与不同比例尺底图进行叠加显示。

四、数据查询

系统中提供多种数据查询功能,包括通用查询、属性查询、空间数据查询等。

五、数据统计

系统中提供钻孔数量统计及属性统计等数据统计功能。

六、钻孔标准化

1. 标准地层编辑

标准地层的编辑主要是在系统中建立新的地层信息及标准,并使之与数据库中的地层信息进行匹配,使数据库中的地层得到规范化,也是生成柱状图与剖面图的前提。

对于基础地质中原始钻孔提取所有分层信息，由专业人员调整地层顺序，自动生成该区域的钻孔标准分层，可以创建、编辑、删除标准地层表，根据专业人员指定的图案号和颜色号生成标准分层的材质。通过一系列工具使地质专业人员对钻孔进行标准化分层的工作效率大大提高。

2. 钻孔标准化

系统提供钻孔标准化的工具，辅助地质专业人员对每个钻孔的原始分层进行标准化操作。批量标准化用于将所有钻孔点的分层信息进行标准化，利用所有钻孔涉及的原始分层信息，选择分层标准对整个原始分层进行标准化，不对具体某一钻孔的某一地层的层顶埋深、层底埋深、层厚等进行约束。

七、地质专题图

地质专题图是对地质数据、地质现象直观表达的一种科学手段，地质图件是地质内容最基本的表示形式，是整个地质工作成果的基础。图件的显示方式有两种：一是叠加在地理底图上显示（适用于各种点位图、等值线图、分区图等，允许多幅成果图件同时叠加在地理底图上显示）；二是在成果图件视图中独立显示（适用于柱状图、剖面图等）。系统支持地质钻孔柱状图自动生成、地质剖面自动生成、各种等值线、等值面、等值体自动生成等功能。采用一套基于模板定制的柱状图、剖面图、等值线图、统计图、地质专题图及各种评价结果图件等图表制作方法。

八、三维地质建模

根据不同专业数据采用三维数字化技术，建立有关专业的三维地质模型和属性模型，重建地下地质体三维空间形态及其组合关系，实现地下复杂空间结构与关系的分析及过程的虚拟再现。系统提供多种建模方法，包括钻孔建模、全自动多源三维地质建模、地质产状下推建模、属性建模、曲面建模以及断层建模。可根据入库钻孔的基本信息、标准分层信息，以及分层符号、材质等自动建立不同地层等级的钻孔模型。

九、三维模型分析

为了更好地了解地质体内部的情况，系统提供一系列的三维模型显示与分析功能，包括模型拾取、任意剖切、爆炸显示与拖拽、透明显示、虚拟钻孔、隧道开挖与地下漫游、三维交互定位等功能。

1. 三维场景设置

可设置地质面、地质实体等地质单元的透明度，实现模型的半透明显示，设置灯光、材质等一系列场景显示参数，以增强场景的真实感，设置坐标轴、包围盒、图例、方向标等场景辅助对象的显示。

2. 三维场景交互操作

三维窗口操作：支持鼠标和键盘两种操作方式进行模型放大（开窗放大）、缩小、旋转、实时平移。

3. 三维模型地形分析

三维模型地形分析实现了对地形模型的分析功能，主要包括洪水淹没分析、坡度分析、坡向分析、填挖方分析、单点地形参数查询、两点通视性判断、可视域分析、日照分析、地表距离量测、面积量测等。

4. 三维模型通用拾取

三维模型通用拾取实现了对多类型模型的拾取功能，只需用同一个操作功能菜单，即可完成对地层模型、钻孔模型、属性模型等的拾取查询操作,另外对于切割后的模型也都能进行拾取,并用列表的方式罗列出模型所带的属性,更直观地展示地层的地质属性意义。

5. 三维模型切割

系统提供一整套的三维实体剖切分析功能,如平面切割、基坑切割、折线切割、任意平面切割、隧道模拟、创建虚拟钻孔等。通过剖切,可更真实地获取模型内部的组织情况,剖切后的模型可进行保存。

6. 三维模型地层爆炸

三维模型地层爆炸实现了对地质体模型按地层进行爆炸分离,有利于研究各地层间的关系。

7. 三维模型隧道漫游

三维模型隧道漫游支持对地质体模型的内部空间结构按线路进行展示,可以对感兴趣的路径、位置进行路径穿越模拟,对地下空间开发利用、地下管线建设、地铁建设工作等提供辅助参考。

第四节　数据管理与维护子系统

地质数据管理与维护系统主要用于管理和维护空间数据库,实现包含地质空间数据、属性数据等综合地质资料数据库的一体化组织与管理。以三维地质结构模型为依托,可以实现地质数据的增量更新和分布式跨区域多级数据库管理。针对地质数据来源多、结构不一、不同期次的特征,系统针对性地提供包括异构地质数据录入与导入、原始分层数据标准化处理、数据一致性检查及更新维护等系列工具,降低建库难度,提高建库效率,为实现对多源、异构地质数据的一体化组织与管理。

一、数据管理

数据建库功能主要辅助专业人员快速、方便地建立规范、标准的地质专题数据库。通过初始化数据库工具可以迅速、准确地将与地质调查专题相关的数据表结构创建完成。

为完成地质数据信息标准化数字化处理、提取与建库等任务,将提供对新采集数据的直接录入和多种格式数据的导入、导出功能,以实现各类数据信息的快速高效录入和批量导入。

建好的数据库能够挂接多种统计图表的绘制模板,最新水质标准下的水质评价模板、等值线自动生成程序、钻孔柱状图自动生成模板以及参数计算模板等。

数据库支持数据查询、筛选,可对数据进行实时更新;能够绘制历时曲线、统计图表、等值线等,同时可定制各种用户熟悉和方便使用的统计、动态演示模板,对数据进行分析处理;支持定制各种数据计算公式和计算结果展示模板,可对数据进行计算。

二、数据查询统计

提供数据统计与质量检查功能,包括针对可以进行逻辑查错的数据如钻孔数据(钻孔基本信息表、标准分层描述表)、地下水监测数据等,在数据导入之前或者导入后,系统提供数据检查和统计的工具。针对有比例尺精度要求的钻孔数据,为及时掌握收集钻孔资料的分布情况及密度情况,开发钻孔分布与密度检查功能。能够实现对系统涉及的各类数据的关联查询与统计,包括图形与属性数据之间以及图形与资料数据之间的互检索、属性数据的统计等,系统还能对多参数地质数据进行统计分析,可以多种方式表达分析结果,查询结果可以图表的形式给出,图表能自动嵌入到 Word 文档中并可进行编辑;查询结果能够以 Excel 格式输出;统计结果可生成直方图、饼图、柱状图等统计图。

三、地质数量增量更新

由于地质工作的不断进行,在系统建设完成后,将会不断有新的地质调查资料、监测数据等资料形成,必须使新的数据不断进入数据库中。

对于地理数据及地质成果图件类数据等,需要将旧的数据保存到历史数据库中,再以新的数据替换现实数据库中的地理数据;对于文档、图件、模型数据等,则需要将现有数据与已有数据进行比较,对于资料缺乏的地方则增加新的数据;对于资料已经比较丰富的地区,需要根据规则进行筛选,然后进行更新或增加;对于动态监测数据,已经记录其数据采集时间,则可直接增加到现势数据库中。

四、数据浏览

针对不同的数据类型提供不同的浏览方式,可以直接从数据管理面板上双击以查看相应的数据,也可以在用户的操作过程调取相应的数据进行浏览。

五、数据扩展与管理

针对收集到的地质数据特点,系统支持任意扩展地学数据专业,将不同专题的数据按照存在方式的不同以专业树型组织起来进行管理,经过大量的地质业务分析工作后抽象出了一批控制表,各个控制表由做地质业务分析所需的关键字段的集合构成,专业与控制表进行绑定,再基于控制字典进行用户表格式的映射。对于属性数据,通过控制表的形式可脱离用户表格式的限制,使数据库的扩展性和应用性更好。同样对于其他格式矢量数据,系统通过配置中间件的形式,可与 GIS 等主流软件数据进行无缝对接,无需数据转换,直接进行数据读取。

六、用户管理

系统提供用户和用户组的创建、删除、修改功能。系统中分为用户与用户组的概念,一个用户组可以包含多个用户,一个用户可以隶属于多个用户组。用以登录系统时需要提供用户名和密码,同时还可指定用户组(即以何种身份登录)删除用户,同时删除用户组中对用户的包含关系。用于创建具有不同数据权限和功能权限的用户组,用户的功能权限取决于其登录系统时选择的用户组(角色)。

七、权限管理

由于项目所取得的地质资料数据包括原始数据、基础数据以及成果数据等,部分具有很高的保密价值以及利用价值,因此需要在此信息系统建设中,采取一定的权限控制管理功能。系统用户的权限管理将为整个系统提供稳定的运行环境和高度安全的服务保障,权限管理包括用户管理、数据权限管理、功能权限管理。用户管理主要提供添加、修改、删除、编辑用户信息的功能。数据权限管理可以设置项目的数据权限,数据权限的粒度可以细化到系统数据树目录和节点。功能权限管理主要限制某个用户某个角色的各个功能使用权限。

八、日志管理

日志管理可实现数据的访问、操作的记录和管理。日志管理分为日志查询、日志统计、日志清理导出及保存。日志查询是按指定字段进行查询的,分为指定用户查询、指定数据查询、指定时间区间查询、指定操作查询和多条件查询。日志统计是对查询到的日志进行统计,以便使用户有个直观的印象。日志清理设置以用户指定的规则进行日志清理。

第五节 数据共享与社会化服务子系统

一、系统结构设计

数据共享与社会化服务子系统集成了部分可公开的城市地质数据成果,面向社会大众,提供城市地质数据共享与社会化服务,实现了门户导航、新闻中心、电子地图、专题服务、服务中心、地质科普知识服务、开发中心等应用功能,具备图层、瓦片、文档目录服务,矢量数据、栅格数据、第三方开源地图、OGC等地图接入服务,空间要素、属性、样式等查询服务,地理处理、几何分析、三维分析服务等功能,旨在让"地质资源保障与地质环境安全"的理念逐步深入人心,提高社会大众对地质知识的认识和理解。

二、系统功能模块

系统功能模块主要包括门户导航板块、新闻中心板块、电子地图板块、专题服务板块、服务中心板块、地质科普知识服务板块、开发中心板块、后台管理等内容。

第六节 地质环境监测子系统

一、系统结构设计

地质环境监测子系统集成全部城市地质数据成果,面向自然资源和规划局业务科室,提供地下水环境监测系统、地质环境问题及地质灾害监测系统、矿山地质环境监测系统、土壤地球化学监测系统、地质资源环境监测一张图共 5 个应用,实现城市地质调查成果、分析评价成果、三维地质建模成果的查询、浏览、定位、量测、空间分析等应用功能,方便业务人员在日常业务工作中快速获取地质要素信息,为城市规划、项目建设、资源开发、环境保护等提供地质数据与应用支撑。

地质环境监测子系统围绕服务城市规划、建设和管理的核心任务,结合城市地质调查与研究成果,立足于城市发展的实际需求,以应用需求为引领,主要实现了以下应用功能。

二、系统功能模块

1. 地下水环境监测系统

平台接入并管理地下水监测数据，综合分析监测数据变化，为城市建设、地质环境分析研判，提供数据与应用支撑。直观展示各类地质环境监测点位分布、基本信息、监测数据变化曲线、等值线分区图等信息。平台集成克里金插值算法，可以广泛用于各类观测数据的空间插值计算，在一定程度上减少图件绘制的工作量，提高工作效率。

2. 地质环境问题及地质灾害监测系统

平台接入并管理地质灾害点位，具备地质灾害隐患点、监测数据管理功能，留有端口支持定制化接入地质灾害动态监测数据，能够为地质灾害监测和政府地质灾害管理与防治提供数据和应用服务支撑。

3. 矿山地质环境监测系统

系统建设矿山地质环境监测应用，具备矿山地质环境监测数据管理、地图展示等功能，支持矿山多期实景三维数据对比展示，为矿山生态修复治理提供数据与应用支撑。

4. 土壤地球化学监测系统

系统建设土壤地球化学监测应用，实现了野外调查资料管理、分析数据管理、指标库管理、统计分析、一张图信息展示等应用功能，具备支撑土壤化学监测的应用服务能力。

5. 地质资源环境监测一张图

地质资源环境监测一张图以本次项目开展城市地质调查与研究工作，形成的地下基础地质、工程地质、水文地质等地质图件和三维地质模型为基础，汇聚融合自然资源基础地理、三区三线、调查监测等数据成果，构建形成地上、地下立体一张图，具备图层叠加、数据查询、三维展示、量测分析等应用功能，为成果应用提供展示窗口。

地质一张图基于GIS地图，实现了城市地质二维地图、三维地图成果的一体化显示，完整表达了地上实景三维、地下地质模型三维空间信息，实现了多维时空信息的集成应用。系统具备图层目录、地图浏览、地图查询、视图管理、地图导航、量测工具、标注工具等功能，实现对地图数据的加载显示、查询定位、量测分析等应用。

第九章 城市规划建设的地质可行性与建议

第一节 菏泽市城市总体规划概述

将菏泽市牡丹区主城区与定陶区连接,拓展城市发展空间。各县城区建立布局合理、特色鲜明和统筹发展的产业分工体系,发挥城市辐射功能。

牡丹城区是综合性城市中心,承担了未来菏泽市城市的主要服务功能。在服务业上,要重点发展商贸物流、金融保险和文化教育等现代服务业;在农业上,要重点发展花、果集和林木等高效型农业和城市农业。丹阳街道办事处东部以化工、居住等职能为主。万福街道办事处重点发展新医药、新能源和新材料等战略性新兴产业。牡丹区地处黄泛区,地势平坦,地质环境条件能满足当前规划建设的需求。在城市建设地质条件上,受地壳稳定性制约,需注意建筑物抗震设防,尽量减少建设高层建筑,并做好建筑物的地基处理。将菏泽经济开发区东部作为工业区规划是可行的。广州路以东、上海路以西一带可作为城市工业建设区,应加强该区土地污染防治和土地节约利用。昆明路以西,宜大力发展现代化工及居住,缓解中心城区建设压力。可在土壤营养条件良好的牡丹街道办事处、黄堽镇等地段进行生态农业建设,该区应防止污染和地下水过量开采引发的地质环境问题。

定陶区是菏泽的历史文化古城区,将加快打造定陶旅游产业隆起带,"挖掘"古曹国文化,大力发展旅游业。定陶区北部规划将加强改造、建设和完善道路网,改善城区交通条件以及增强与牡丹区的便捷联系。定陶区北部地质环境条件较好,可作为重点规划建设区,但需注意地壳稳定性的问题。

第二节 建 议

参照城市总体规划和矿产资源总体规划,结合对该区地质环境条件的调查结果,把菏泽市区划分为城市综合开发用地适宜区、高层建筑用地适宜区、低层建筑用地适宜区、矿产资源开发用地适宜区、垃圾填埋场用地适宜区和地质环境保护用地。

城市综合开发用地适宜区主要分布在北城街道办事处、牡丹街道办事处一带,主要为浅平洼地、缓平坡地,植被相对稀疏,同时又濒临城区,除地面沉降外,地质灾害基本不发育,环境地质问题较小。

高层建筑用地适宜区主要分布在牡丹城区的西部及东部、东北部,定陶区的北部。地貌类型为缓平坡地,工程地质条件较好。

低层建筑用地适宜区在区内大面积分布。地貌类型以缓平坡地、河槽洼地为主。

地质环境保护用地主要分布在牡丹城区的西城水库、东城水库,定陶区的仿山旅游休闲度假村一带,定陶区的仿山旅游休闲度假村是菏泽市重要的旅游资源,城市建设过程中应予以避让。城市供水、城市废弃物处置的地质条件、城市天然建筑材料的供给条件等六大因素,实现城市建设与地质环境保护的共同协调发展。

目前菏泽市的城市建设主要依附于牡丹城区的东部、东北部及西部，城区东部地带的开发利用程度较高。根据本次城市建设地质环境适宜性的评价结果，北城街道办事处、牡丹道办事处一带城市建设的地质环境条件较好，适宜城市建设；东城区丹阳街道办事处东一带是城市较适宜的建设区域。

结合城市发展规划与地质环境、城市资源开发利用状况，提出以下建议：生态农业发展区土壤地球化学环境条件良好，但是由于牡丹城区的东部、西部化工产业的发展，该区域水土环境局部产生污染，在城市规划建设中应加强该区域的生态环境防治工作；同时，牡丹城区也是深层地下水开采区，已经引发了地面沉降灾害，在城市规划建设中应对该区域的深部资源实行控制开采。

参考文献

陈墨香,邓孝,1990.华北平原新生界盖层地温梯度图及其简要说明[J].地质科学(3):269-277.
陈志龙,邓宏,2011.城市地下空间总体规划[M].南京:东南大学出版社.
高大钊,2010.岩土工程勘察与设计—岩土工程疑难问题答疑笔记整理之二[M].北京:人民交通出版社.
郝明,2023.多元复杂地质结构城市地质三维建模技术研究及示范应用[D].武汉:中国地质大学(武汉).
贺转利,何禹,2024.综合物探方法在城市地质调查中的应用研究:以湖南省常德市鼎城区隐伏基岩探测为例[J].中国矿业,33(4):242-251.
贾琛,路小慧,王华锋,等,2020a.山东省菏泽市城市地质调查四维地质信息化建设报告[R].济宁:山东省鲁南地质工程勘察院(山东省地质矿产勘查开发局第二地质大队).
贾琛,王华锋,张晓飞,等,2020b.山东省菏泽市地下空间资源潜力调查报告[R].济宁:山东省鲁南地质工程勘察院(山东省地质矿产勘查开发局第二地质大队).
贾琛,王华锋,张晓飞,等,2023.山东省菏泽断裂北部地区灰岩热储地热资源调查评价报告[R].济宁:山东省鲁南地质工程勘察院(山东省地质矿产勘查开发局第二地质大队).
李云峰,葛伟亚,张庆,等,2024.中国城市地质工作发展历程及展望[J].地质论评,70(S1):348-350.
李哲,姜玉敏,赵振伟,等,2016.山东省菏泽城市地质调查[R].济南:山东省地矿工程勘察院.
吕敦玉,余楚,侯宏冰,等,2015.国外城市地质工作进展与趋势及其对我国的启示[J].现代地质,29(2):466-473.
马哲民,史启朋,刘肖,等,2019.山东省菏泽凸起地热田成因机理及地热资源综合评价报告[R].济宁:山东省鲁南地质工程勘察院(山东省地质矿产勘查开发局第二地质大队).
马哲民,仝路,贾琛,等,2018.山东省菏泽市城区岩溶热储回灌试验[J].山东国土资源,34(11):52-58.
宋帅良,王华锋,马哲民,等,2017.菏泽市浅层地温能调查评价报告[R].济宁:山东省鲁南地质工程勘察院(山东省地质矿产勘查开发局第二地质大队).
王华锋,贾琛,亓贞才,等,2022a.菏泽市牡丹区地质灾害风险普查成果报告[R].济宁:山东省鲁南地质工程勘察院(山东省地质矿产勘查开发局第二地质大队).
王华锋,贾琛,亓贞才,等,2022b.菏泽经济开发区地质灾害风险普查成果报告[R].济宁:山东省鲁南地质工程勘察院(山东省地质矿产勘查开发局第二地质大队).
王华锋,马龙,孟凡奇,等,2024a.黄河泛滥平原第四系地面塌陷机理研究:以菏泽市牡丹区为例[J].山东国土资源,40(11):12-18.
王华锋,张晔,贾琛,等,2024b.菏泽市城市地质调查报告[R].济宁:山东省鲁南地质工程勘察院(山东省地质矿产勘查开发局第二地质大队).
徐军祥,杨亚宾,徐秋晓,等,2020.山东省城市地质[M].北京:地质出版社.
杨坤朋,胡波,2024.城市地质信息平台建设探索与实践:以山东省济宁市为例[J].山东国土资源,40(6):36-44.
章梦霞,2019.三维视角下的城市地下空间开发地质适宜性评价研究[D].北京:中国地质大学(北京).
朱吉祥,2022.城市地质三维建模多尺度多属性耦合机制[D].北京:中国地质科学院.
朱巍,张静,唐雯,等,2024.城市浅层地热能开发地质环境问题研究[J].地质与勘探,60(1):113-120.